T0220063

Grundlagen der Naturwissenschaftsdidaktik

Claudia Nerdel

Grundlagen der Naturwissenschaftsdidaktik

Kompetenzorientiert und aufgabenbasiert für Schule und Hochschule

 Springer Spektrum

Prof. Dr. Claudia Nerdel
Technische Universität München
TUM School of Education
Fachdidaktik Life Sciences
München
Deutschland

ISBN 978-3-662-53157-0   ISBN 978-3-662-53158-7   (eBook)
DOI 10.1007/978-3-662-53158-7

Die Deutsche Nationalbibliothek verzeichnet diese Publikation in der Deutschen Nationalbibliografie; detaillierte bibliografische Daten sind im Internet über http://dnb.d-nb.de abrufbar.

Springer Spektrum
© Springer-Verlag GmbH Deutschland 2017

Planung: Dr. Lisa Edelhäuser

Gedruckt auf säurefreiem und chlorfrei gebleichtem Papier

Springer Spektrum ist Teil von Springer Nature
Die eingetragene Gesellschaft ist Springer-Verlag GmbH Deutschland
Die Anschrift der Gesellschaft ist: Heidelberger Platz 3, 14197 Berlin, Germany

Vorwort
Naturwissenschaftsdidaktik kompetenzorientiert und aufgabenbasiert lernen

Kompetenzorientierung in der Lehrerbildung

Nach der Bologna-Reform bedeutet Kompetenzorientierung auch in der Naturwissenschaftsdidaktik der Lehrerbildung ein hohes Maß an Eigenverantwortung für den Lernprozess. Präsenzzeiten im Lehramtsstudium sind nur noch in ausgewählten Veranstaltungen und in geringem Maße verpflichtend, das Eigenstudium ist integraler Bestandteil des studentischen *Workloads*. Letzteres kann nur erfolgreich gelingen, wenn Ihnen als Studierende geeignete Lern- und Aufgabenmaterialien zur Verfügung stehen, um theoretische und praktische Aspekte naturwissenschaftsdidaktischer Lehrveranstaltungen angemessen zu vertiefen.

Welche Fähigkeiten und Fertigkeiten sollen Sie als angehende Lehrkräfte im Studium der Naturwissenschaftsdidaktik nun erwerben?

Die Kultusministerkonferenz hat Standards und Kerncurricula (KMK 2004, 2008 i.d.F. 2015) für die Lehrerbildung ausgearbeitet und die Anforderungen an die fachliche und fachdidaktische Bildung definiert. Danach sollen angehende Lehrkräfte in den Naturwissenschaften über anschlussfähiges Fachwissen und fachdidaktisches Professionswissen verfügen (Jüttner und Neuhaus 2013; Kunter et al. 2011) sowie Erkenntnis- und Arbeitsmethoden der Fächer beherrschen. Gegenstand der zweiten Phase der Ausbildung (Referendariat) ist die unterrichtliche Anwendung und Reflexion der in der ersten Phase an der Universität erworbenen Kompetenzen.

Der Beitrag dieses Buches zu Ihrem Wissens- und Fähigkeitserwerb

Das vorliegende Arbeitsbuch *Grundlagen der Naturwissenschaftsdidaktik* setzt sich daher zum Ziel, einen Beitrag zu Ihrem Wissens- und Fähigkeitserwerb in folgenden Kategorien zu leisten (KMK 2008 i.d.F. 2015):

1. Grundlagen des naturwissenschaftlichen Lernens und Lehrens
   - Ergebnisse naturwissenschaftsbezogener Lehr-Lern-Forschung, fachdidaktischer Konzeptionen und curricularer Ansätze kennen und anwenden können.
   - Grundlagen standard- und kompetenzorientierter Vermittlungsprozesse in den Naturwissenschaften themenbezogen erfassen und bei der Planung von Unterricht berücksichtigen können.

- Lernschwierigkeiten und Schülervorstellungen in den Themengebieten des Biologie- und Chemieunterrichts rezipieren und fachlich reflektieren können.
- Fachbezogene Reflexion und Kommunikation beherrschen und vermitteln.
- Grundlagen der Leistungsdiagnose und -beurteilung in den naturwissenschaftlichen Unterrichtsfächern kennen und anwenden können.

2. Konzeptionen und Gestaltung von naturwissenschaftlichem Unterricht
   - Unterrichtskonzepte und -medien inhaltlich bewerten und fachgerecht gestalten können.
   - Kompetenzorientierten naturwissenschaftlichen Unterricht planen und gegebenenfalls in geeigneten Lehrveranstaltungen wie z. B. fachdidaktischen Praktika im Unterrichtsfach umsetzen können.

3. Naturwissenschaftsdidaktisches Urteilen und Forschen sowie Weiterentwicklung von Praxis
   - Basale Arbeits- und Erkenntnismethoden der Naturwissenschaftsdidaktik kennen und gegebenenfalls in eigenen Projekten in Ihrem Studium anwenden.

Aufgaben als Lernmaterial in der Naturwissenschaftsdidaktik für angehende Lehrkräfte

Aufgabenkonstruktion und die Gestaltung von zielführenden Arbeitsaufträgen sind tägliche Herausforderungen einer (angehenden) Lehrkraft. Diese Fähigkeiten sollten Lehrkräfte daher sehr gut beherrschen und auf unterschiedliche Themenbereiche und Schwierigkeiten zur Differenzierung in einer heterogenen Klassensituation anwenden können. Umso mehr verwundert es, dass es in der fachdidaktischen Literatur kaum Ansätze gibt, angehende Lehrkräfte selbst mit Aufgabenmaterial die Grundlagen einer Fachdidaktik lernen zu lassen. Die gängigen Materialien zum Selbststudium und zur Seminararbeit in der Naturwissenschaftsdidaktik sind zumeist klassische Lehrbücher, die zentrale Befunde der (empirischen) Fachdidaktiken in der Regel in separaten Werken für die drei Unterrichtsfächer Biologie, Chemie und Physik strukturiert darstellen. Studierende haben mit diesen Materialien nur wenig Möglichkeit, erlerntes Wissen in den unterschiedlichen Kontexten und Fragen der Unterrichtsgestaltung anzuwenden und zu diskutieren.

Lernaufgaben für die Naturwissenschaftsdidaktik

Diese sollten in Anlehnung an die Aufgabenkultur für den naturwissenschaftlichen Unterricht (Gropengießer 2008) unter anderem folgende Kriterien erfüllen:
- Sie stellen die Bedeutung des naturwissenschaftsdidaktischen Grundwissens in den Vordergrund und vermeiden das kleinschrittige Abfragen von Details.
- Sie enthalten offene Fragestellungen, die den angehenden Lehrkräften Gelegenheit zur Entwicklung eigener Lösungswege geben.
- Sie animieren dazu, eigene fachdidaktische Fragestellungen zu formulieren.
- Sie sind materialgeleitet und fördern damit die Fähigkeit der Studierenden, mit unterschiedlichen Darstellungsformen (Text, Diagramm, Abbildungen usw.),

die für den naturwissenschaftlichen Unterricht gleichermaßen relevant sind, umgehen zu können.
- Sie sind in konkrete Situationen eingebettet und ermöglichen dadurch einen Praxis- und Berufsbezug für die Gestaltung von naturwissenschaftlichem Unterricht.
- Sie vernetzen Wissenselemente, indem Sie erworbene Kenntnisse aus dem Kontext der theoretischen Betrachtung herauslösen und deren Übertragung auf unterschiedliche unterrichtliche Zusammenhänge ermöglichen.

Dieses Skript versteht sich als Lernangebot und Arbeitsmaterial, das auf der Basis moderat konstruktivistischer Ansätze des Lehrens und Lernens entwickelt wurde. Es bietet Anfängern und Fortgeschrittenen in der Naturwissenschaftsdidaktik ausgearbeitete Lösungsbeispiele (sogenannte *Beispielaufgaben*), bei denen man eingeladen ist, über eine Problemlösung selbst nachzudenken, bei Bedarf zu spicken und sich Anregungen für die Lösung der Fragestellung zu holen. Wichtig ist die aktive Auseinandersetzung mit dem Lernmaterial – ganz gleich, ob Sie sich eine vorgeschlagene Lösung selbst erklären oder ob Sie versuchen, die Fragestellung ohne Hilfe zu lösen.

Einladung zur Metareflexion: Methoden zum Selbstlernen auf das Lehren im naturwissenschaftlichen Unterricht übertragen

Ganz nebenbei lernen Sie als angehende Lehrkräfte durch die Arbeit mit diesem Buch wichtige Gestaltungsprinzipien von Aufgabenmaterial kennen, das Ihnen im Schulalltag ebenfalls von Nutzen sein und Sie zu einer abwechslungsreichen Aufgabenkultur für Ihre Schüler/-innen inspirieren kann.

Methodische Ansätze für Ihr Selbststudium

Reziprokes Lehren zum Textteil (nach Rosenshine und Meister 1994)   Wechseln Sie als Lernender in die Rolle des Lehrenden und formulieren Sie Fragen auf der Basis des Theorieteils. Welche Aspekte erschließen sich aus dem Lernmaterial, welche weiterführenden Fragen werden noch nicht durch das Lernmaterial beantwortet? Ihre Fragen liefern Diskussionsstoff für Seminarsitzungen und nehmen mit Glück auch schon einmal eine Prüfungsfrage vorweg. Die Meta-Studien von Hattie (2009, S. 203) belegen einen starken Effekt dieser Methode für den Unterricht.

Selbsterklären und Lautes Denken   Der Lerneffekt von Erklärungen, die anderen Personen im Rahmen von z. B. Peer-Tutoring gegeben werden, ist in zahlreichen Untersuchungen belegt (Hattie 2009, S. 186f.). Experimentieren Sie damit, sich unsere Lösungsbeispiele selbst zu erklären und denken Sie dabei ruhig einmal laut! Der Expertiseforschung zufolge hat auch diese Lernaktivität einen sehr positiven Einfluss auf den Lernerfolg, insbesondere bei Novizen, die mit einem Lernstoff noch nicht so gut vertraut sind (Chi et al. 1994; Kroß und Lind 2001).

Einsatz von Aufgaben mit gestuften Hilfen für Anfänger und Könner   Gestufte Hilfen bieten Schritt für Schritt Hinweise bei Fragestellungen. Anders als bei einem ausgearbeiteten Lösungsbeispiel sind die einzelnen Lösungsschritte nur nacheinander und nicht gleichzeitig abrufbar. Die Hinweise können strategischer (z. B. Quellenangaben, die bei der Problemlösung helfen können) oder inhaltlicher (z. B. Begriffsklärung, initiale Lösungsschritte) Art sein. Für den naturwissenschaftlichen Unterricht gibt es viele Beispiele guter Praxis (z. B. Forschergruppe Kassel 2006; Mogge und Stäudel 2008; Stäudel 2008).

Naturwissenschaftliches Arbeiten und experimentelle Aufgaben   Experimentieren ist eine zentrale Erkenntnismethode der Naturwissenschaften, die Sie als Lehrkraft beherrschen müssen. Wir unterstützen Sie neben Ihren universitären Praktika durch Beispiele experimenteller Problemstellungen und Planungsfragen, damit die didaktische Reflexion von Experimenten, die Umsetzung dieser Arbeitsweise und ihre unterrichtliche Einbindung gut gelingt.

Aufgaben mit Repräsentationswechseln   Um fit in der naturwissenschaftlichen Fach- und Unterrichtssprache zu werden, müssen Sie Fach- und fachdidaktische Begriffe beherrschen und mit den typischen Darstellungsweisen in den Naturwissenschaften vertraut sein (zur Bedeutung der Fachsprache im naturwissenschaftlichen Unterricht s. Nitz et al. 2014). Darüber hinaus sollten Sie sie ineinander überführen und aufeinander beziehen können. Die textliche Erläuterung von Symbolen und Bildern ist ein wichtiger Bestandteil unterrichtlicher Kommunikation. Mit unserem Aufgabenmaterial erhalten Sie die Gelegenheit, zwischen Texten, Bildern und symbolischen Darstellungen zu wechseln und die Kommunikation mit diesen Repräsentationen schriftlich und mündlich zu üben.

Vom konkreten Beispiel oder einer Anwendungssituation zum naturwissenschaftsdidaktischen Konzept und zurück   Viele Untersuchungen zeigen, dass gelernte Fakten zu einem komplexen theoretischen Sachverhalt häufig als träges Wissen abgespeichert werden (Renkl 2001). Träges Wissen ist als Faktenwissen isoliert und kann häufig nicht auf neue Anwendungssituationen übertragen werden. Wir möchten Ihnen daher mit unseren Aufgaben und Lösungsbeispielen authentische Problemsituationen für den naturwissenschaftlichen Unterricht aufzeigen, in denen fachdidaktisches Theoriewissen für die Problemlösung relevant wird.

Übung macht den Meister   Unsere Übungsaufgaben am Ende eines jeden Kapitels bieten Ihnen zusätzliche Lernmöglichkeiten zu den genannten Lernzielen der Lehrerbildung mit geeigneten Feedbackformaten, die Sie gezielt auf Seminare, Klausuren und Modulprüfungen vorbereiten können.

Wir wünschen Ihnen viel Spaß mit diesem fachdidaktischen Arbeitsbuch und viel Erfolg für Ihr naturwissenschaftliches Lehramtsstudium.

Claudia Nerdel
München, Dezember 2016

Literatur

Chi MTH, de Leeuw N, Chiu M-H et al (1994) Eliciting self-explanations improves understanding. Cognitive Sci 18:439–477

Forschergruppe Kassel (2006) Archimedes und die Sache mit der Badewanne. Gestufte Lernhilfen im naturwissenschaftlichen Unterricht. In: Becker, G. u. a.: Friedrich Jahresheft 2006, S 84–88

Gropengießer H (2008) Mit Aufgaben lernen. In: Gropengießer H, Hötteke D, Nielsen T et al. Mit Aufgaben lernen – Unterricht und Material 5–10. Friedrich-Verlag, Seelze, S 4–11

Hattie JAC (2009) Visible learning. Routledge Tailor & Francis Group, London

Jüttner M, Neuhaus B (2013) Das Professionswissen von Biologielehrkräften – Ein Vergleich zwischen Biologielehrkräften, Biologen und Pädagogen. Zeitschrift für Didaktik der Naturwissenschaften 19:31–49

KMK (2004) Standards für die Lehrerbildung: Bildungswissenschaften. http://www.kmk.org/fileadmin/Dateien/veroeffentlichungen_beschluesse/2004/2004_12_16-Standards-Lehrerbildung.pdf. Zugegriffen: 15. Febr 2016

KMK (2008 i.d.F. 2015) Ländergemeinsame inhaltliche Anforderungen für die Fachwissenschaften und Fachdidaktiken in der Lehrerbildung. http://www.kmk.org/fileadmin/Dateien/veroeffentlichungen_beschluesse/2008/2008_10_16-Fachprofile-Lehrerbildung.pdf. Zugegriffen: 15. Febr 2016

Kroß A, Lind G (2001) Einfluss des Vorwissens auf Intensität und Qualität des Selbsterklärens beim Lernen mit biologischen Beispielaufgaben. Unterrichtswissenschaft 29(1):5–25

Kunter M, Baumert J, Blum W et al (2011) Professionelle Kompetenz von Lehrkräften: Ergebnisse des Forschungsprogramms COACTIV. Waxmann, Münster

Mogge S, Stäudel L (2008) Aufgaben mit gestuften Hilfen für den Biologie-Unterricht. Friedrich Verlag, Seelze

Nitz S, Ainsworth SE, Nerdel C et al (2014) Do students preceptions of teaching predict the development of representational competence and biological knowledge? Learn Instr 31:13–22

Renkl A (2001) Träges Wissen. In: Rost D (Hrsg) Handwörterbuch der Pädagogischen Psychologie, 2. Aufl. PVU Beltz, Weinheim, S 717–721

Rosenshine B, Meister C (1994) Reciprocal teaching: a review of the research. Rev Educ Res 64(4): 479–530

Stäudel L (2008) Aufgaben mit gestuften Hilfen für den Chemie-Unterricht. Friedrich Verlag, Seelze

Danksagung

Ich bedanke mich ganz herzlich bei der Technischen Universität München (TUM), die mir im Sommer 2012 im Rahmen des BMBF geförderten Programms „TUM: Agenda Lehre" den Lehrpreis *Freisemester für die Lehre* zuerkannt hat. Mithilfe dieser Förderung wurde die Entwicklung und Evaluation dieser aufgabenbasierten Naturwissenschaftsdidaktik in den Folgesemestern möglich.

Des Weiteren haben mich meine Mitarbeiterin Christina Beck und Michael Achter sowie unsere wissenschaftlichen Hilfskräfte Tobias Nöbauer Franziska Höfter und Bettina Danner durch anregende Diskussionen über adressatengerechte Aufgaben, „Materialspenden" aus Forschung und Lehrveranstaltungen für die weitere Verarbeitung, aufmerksames Korrekturlesen und emsige Literaturrecherche unterstützt. Auch Ihnen gebührt mein allerbester Dank!

Ergänzungsmaterial online:

https://goo.gl/qMkNd6

Inhaltsverzeichnis

Einführung in die Naturwissenschaftsdidaktik anhand von fünf Leitfragen

© Springer-Verlag GmbH Deutschland 2017
C. Nerdel, *Grundlagen der Naturwissenschaftsdidaktik*,
DOI 10.1007/978-3-662-53158-7_1

1.1   Was versteht man unter Naturwissenschaften und wie kommen Naturwissenschaftler zu ihren Erkenntnissen?

Unter diesem Aspekt ist zunächst zu überlegen, welche Disziplinen unter den Naturwissenschaften zusammengefasst werden. Hierzu gehören Biologie, Chemie, Astronomie/Physik und Geologie (Lexikon der Biologie 1999). Ihnen gemeinsam sind ein empirisches Vorgehen und vergleichbare Erkenntnismethoden. Bei den Erkenntnismethoden (▶ Kap. 7) stehen Experiment und Modellierung im Mittelpunkt, hinzu kommen Beobachtungen, Untersuchungen (z. B. Mikroskopieren), Messungen und weitere explorative Verfahren, bei denen die Reproduzierbarkeit der Ergebnisse eine wichtige Voraussetzung für ihre Gültigkeit ist. Hierbei kann einerseits von vielen einzelnen Beobachtungen induktiv auf die Allgemeingültigkeit eines Phänomens geschlossen werden. Andererseits müssen Hypothesen, die aus einer Theorie oder einem Modell gewonnen werden, bei der deduktiven Vorgehensweise potentiell durch Experimente falsifizierbar sein (Engel 2014; ◘ Abb. 1.1). Diese Widerlegbarkeit gilt als Kriterium für Wissenschaftlichkeit. Nach neueren Ansätzen sind Theorien durch einzelne Experimente weder vollständig positiv zu bestätigen noch können sie so experimentell widerlegt werden. Daher ist die Gültigkeit einer Theorie immer auf Bewährung, die ein kritisches Hinterfragen, neue Untersuchungen und die Reflexion der Ergebnisse im Erkenntnisprozess nötig macht. Im Gegensatz zu den Naturwissenschaften mit empirischem Vorgehen gewinnen Geisteswissenschaften ihre Erkenntnisse durch widerspruchsfreies Schlussfolgern innerhalb eines Axiomensystems (Weik 2001).

1.2   Was versteht man unter naturwissenschaftlicher Grundbildung und welchen Sinn hat naturwissenschaftlicher Unterricht?

Das Konzept der *Naturwissenschaftlichen Grundbildung* (Scientific Literacy; Gräber und Nentwig 2002) hat sich aus dem angelsächsischen Sprachraum bis zu uns durchgesetzt.

Nach den *National Science Education Standards* (National Academy of Sciences 1996) versteht man unter *Scientific Literacy*:

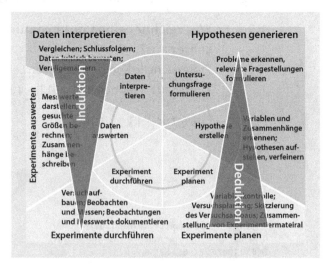

◘ **Abb. 1.1**   Der experimentelle Erkenntnisprozess (verändert nach Duit und Mikelskis-Seifert 2010)

Daten interpretieren

Hypothesen generieren

Vergleichen; Schlussfolgern; Daten kritisch bewerten; Verallgemeinern

Probleme erkennen, relevante Fragestellungen formulieren

Induktion

Daten interpretieren

Untersuchungsfrage formulieren

Experimente auswerten

Messwerte darstellen; gesuchte Größen berechnen; Zusammenhänge beschreiben

Daten auswerten

Hypothese erstellen

Variablen und Zusammenhänge erkennen; Hypothesen aufstellen, verfeinern

Experiment durchführen

Experiment planen

Deduktion

Versuch aufbauen; Beobachten und Messen; Beobachtungen und Messwerte dokumentieren

Variablenkontrolle; Versuchsplanung; Skizzierung des Versuchsaufbaus; Zusammenstellung von Experimentiermaterial

Experimente durchführen

Experimente planen

» Scientific literacy is the knowledge and understanding of scientific concepts and processes required for personal decision making, participation in civic and cultural affairs, and economic productivity. It also includes specific types of abilities.
Scientific literacy means that a person can ask, find, or determine answers to questions derived from curiosity about everyday experiences. It means that a person has the ability to describe, explain, and predict natural phenomena. Scientific literacy entails being able to read with understanding articles about science in the popular press and to engage in social conversation about the validity of the conclusions. Scientific literacy implies that a person can identify scientific issues underlying national and local decisions and express positions that are scientifically and technologically informed. A literate citizen should be able to evaluate the quality of scientific information on the basis of its source and the methods used to generate it. Scientific literacy also implies the capacity to pose and evaluate arguments based on evidence and to apply conclusions from such arguments appropriately.
(National Academy of Sciences 1996, S. 22)

Zum Weiterlesen
National Science Education Standards.

http://goo.gl/2c0Z9J

Hierarchisches Modell naturwissenschaftlicher Bildung

Seit Beginn der 2000er-Jahre setzen sich die PISA-Studien der OECD (für einen Überblick: Klieme et al. 2010) zum Ziel, Kompetenzen in den Naturwissenschaften international zu überprüfen und zu vergleichen. Die Fähigkeiten und Fertigkeiten der 15-Jährigen in den Naturwissenschaften werden anhand des folgenden Kompetenzmodells eingestuft (Bybee 2002):

1. Nominale *Scientific Literacy*
   - identifiziert Begriffe und Fragestellungen als naturwissenschaftlich, zeigt jedoch inkorrekte Kenntnisse und Informationen sowie unvollkommenes Verständnis
   - falsche Vorstellungen von naturwissenschaftlichen Konzepten und Prozessen
   - unzureichende oder unangemessene Erklärungen naturwissenschaftlicher Phänomene
   - naive Deutung naturwissenschaftlicher Zusammenhänge
2. Funktionale *Scientific Literacy*
   - benutzt naturwissenschaftliches Vokabular
   - definiert naturwissenschaftliche Begriffe korrekt
   - kennt technische Begriffe

3. Konzeptionelle und prozedurale *Scientific Literacy*
   - versteht naturwissenschaftliche Konzepte
   - versteht naturwissenschaftliche Vorgänge und verfügt über naturwissenschaftliche Fertigkeiten
   - versteht die Zusammenhänge zwischen den Teilbereichen einer naturwissenschaftlichen Disziplin und ihrer konzeptionellen Gesamtstruktur
   - versteht die grundlegenden Prinzipien und Prozesse einer Naturwissenschaft
4. Multidimensionale *Scientific Literacy*
   - versteht die Besonderheiten der Naturwissenschaften
   - kann zwischen den Naturwissenschaften und anderen wissenschaftlichen Disziplinen differenzieren
   - kennt die Geschichte und das Wesen der Naturwissenschaften
   - versteht die Naturwissenschaften in ihrem gesellschaftlichen Kontext

Scientific Literacy auf den oberen Kompetenzstufen fordert damit eine umfassende *Fach-, Methoden-, Sozial- & Selbstkompetenz* in den Naturwissenschaften, die sich in vergleichbarer Weise als übergeordnete Zielsetzungen des naturwissenschaftlichen Unterrichts in den Fachprofilen der Lehrpläne finden (z. B. ISB 2015; ◘ Abb. 1.2).

http://goo.gl/xMDkqc

1.3   Was ist guter naturwissenschaftlicher Unterricht und welche Rahmenbedingungen gibt es?

Die großen Bildungsstudien TIMSS und PISA zeigten, dass deutsche Schülerinnen und Schüler in den Naturwissenschaften im Unterricht erworbenes Wissen nur begrenzt anwenden und zum Problemlösen in neuen Kontexten nutzen konnten. Entsprechend richtete sich der Blick bei der Erklärung dieses Phänomens auch verstärkt auf das Wirkungsgefüge von schulischem Wissenserwerb und die dazu vorliegenden Forschungsergebnisse aus den Bildungswissenschaften, der Psychologie und der Fachdidaktik. Bisher liefert die empirische Lehr-Lernforschung zum naturwissenschaftlichen Unterricht einige Evidenzen für die Auswirkung von Unterricht auf den Lernerfolg von Schülerinnen und Schülern. Das Angebot-Nutzungsmodell von Helmke (2015) (◘ Abb. 1.3), das auf diesen Evidenzen fußt, wird auch der naturwissenschaftsdidaktischen Forschung zugrunde gelegt. Das Modell kennzeichnet wichtige Einflussfaktoren und Kontexte, die für den Lernerfolg von Schülerinnen und Schülern relevant sind. Auf der Ebene des Unterrichts sind die effektive Nutzung der Lernzeit, die fachspezifische und fachübergreifende Prozessqualität sowie eine

hochwertige Gestaltung des angebotenen Lehr-Lernmaterials (▶ Kap. 9 und 10) entscheidend. Zu den fachübergreifenden Merkmalen eines guten Unterrichtsprozesses gehören z.
B. Ziel- und Kompetenzorientierung (▶ Kap. 2 und 3), Strukturierung, Motivierung, kognitive Aktivierung und Leistungssicherung (▶ Kap. 6 und 11). Fachspezifisch kommt eine
Variation des Lernangebots in inhaltlicher und methodischer Hinsicht infrage (Mayer 2004),

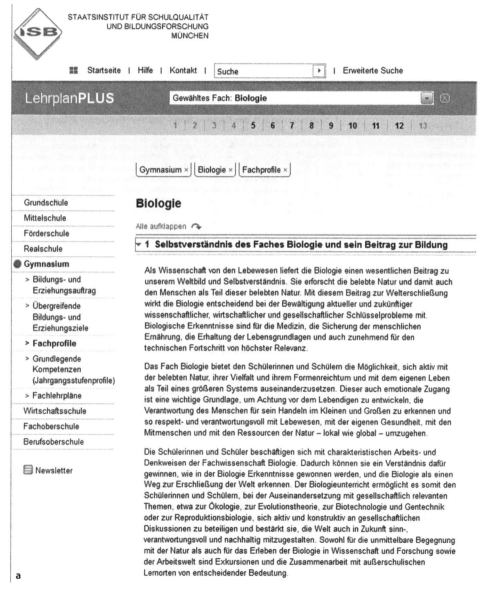

◻ Abb. 1.2   Beitrag der Naturwissenschaften zur Bildung; Auszug aus dem Lehrplan Plus des achtjährigen
Gymnasiums in Bayern für die Fächer Biologie und Chemie, Fachprofile

STAATSINSTITUT FÜR SCHULQUALITÄT
UND BILDUNGSFORSCHUNG
MÜNCHEN

:: Startseite | Hilfe | Kontakt | Suche ▸ | Erweiterte Suche

LehrplanPLUS   Gewähltes Fach: **Chemie**   ▾ ⊠

1 | 2 | 3 | 4 | 5 | 6 | 7 | **8** | **9** | **10** | **11** | **12** | 13

Gymnasium × | Chemie × | Fachprofile ×

Grundschule	# Chemie
Mittelschule	
Förderschule	Alle aufklappen ↷
Realschule	▾ **1 Selbstverständnis des Faches Chemie und sein Beitrag zur Bildung**
● **Gymnasium**	
> Bildungs- und Erziehungsauftrag	Als Wissenschaft von den Stoffen, ihren Eigenschaften und den Möglichkeiten und Methoden, Stoffe zu verändern und zielgerichtet neue Stoffe herzustellen, ist die Chemie eine naturwissenschaftliche Basisdisziplin, die schon seit Anbeginn der Menschheit dazu diente, sich in der Auseinandersetzung mit der Natur zu behaupten und die Lebensbedingungen gezielt zu verbessern. Chemische Erkenntnisse prägen maßgeblich die Gestaltung der modernen Lebenswelt und sind für die technische und wirtschaftliche Entwicklung von grundlegender Bedeutung. Durch das Wechselspiel zwischen chemischen Erkenntnissen und technischen Anwendungen werden Fortschritte auf vielen Gebieten möglich. Die Chemie liefert entscheidende Beiträge zu aktuellen und zukünftigen Fragestellungen im Bereich der Sicherung der menschlichen Ernährung, der Gesundheit und Hygiene, der Rohstoff- und Energieversorgung, der Werkstoffproduktion sowie der Erhaltung der Lebensgrundlagen. Weiterentwicklungen u. a. in der Biotechnologie, der Medizin und Pharmazie, der Nanotechnologie, den Materialwissenschaften und der Informationstechnologie basieren vorwiegend auf chemischen Erkenntnissen. Sowohl die heutige, als auch eine zukünftig weiter wachsende Menschheit kann ohne die Chemie und deren Produkte nicht existieren. Auf der anderen Seite ergeben sich aus der naturwissenschaftlich-technischen Entwicklung auch Risiken, die erkannt und bewertet werden müssen und mit denen verantwortungsbewusst umgegangen werden muss. Dies ist ohne Wissen aus dem Bereich der Chemie nicht möglich.
> Übergreifende Bildungs- und Erziehungsziele	
> **Fachprofile**	
> Grundlegende Kompetenzen (Jahrgangsstufenprofile)	
> Fachlehrpläne	
Wirtschaftsschule	
Fachoberschule	
Berufsoberschule	
🗏 Newsletter	

Im Fach Chemie beschäftigen sich die Schülerinnen und Schülern aktiv und auf besondere Weise handlungsorientiert mit Stoffen aus dem Alltag und der Technik, interpretieren deren Eigenschaften durch die Art, Anordnung und die Wechselwirkungen zwischen den Teilchen und erklären beobachtbare Stoffänderungen bei chemischen Reaktionen durch die Veränderung von Teilchen. Dem Experiment als Methode der naturwissenschaftlichen Welterschließung kommt dabei eine ebenso zentrale Bedeutung zu wie der Verknüpfung experimenteller Ergebnisse mit Modellvorstellungen.

Die im Chemieunterricht erworbenen Kenntnisse, Fähigkeiten und Fertigkeiten sind wichtige Grundlagen für das Verständnis von Naturvorgängen und technischen Prozessen, die vorausschauende Beurteilung von Technikfolgen und für nachhaltiges Wirtschaften vor dem Hintergrund knapper werdender natürlicher Ressourcen. Sie ermöglichen es den Schülerinnen und Schülern bei der Auseinandersetzung mit gesellschaftlich relevanten Themen, die chemische Fragestellungen beinhalten, sich aktiv und konstruktiv an gesellschaftlichen Diskussionen zu beteiligen, und bestärken sie, die Welt auch in Zukunft sinn-, verantwortungsvoll und nachhaltig mitzugestalten.

b

◘ **Abb. 1.2**   Fortsetzung

Einfluss des Elternhauses, der Klasse, der Schulumgebung, der Gleichaltrigen und der Medien
Merkmale der
Lehrperson
fachspezifisch
• Professionswissen (Fachwissen, fachdidaktisches Wissen)
• Handlungsrepertoire bez. Qualitätsmerkmalen
• diagnostische Kompetenz
• Sichtweise des Unterrichtsfaches
fachunabhängig
• Selbstwirksamkeit
• Selbstreflexion
• pädagogische Orientierung
• Engagement, Geduld, Humor
Merkmale des
Unterrichts
fachspezifisch
• Berücksichtigung der Sachstruktur, sachgerechte Auswahl von Fachbegriffen
• Umgang mit Schülerfehlern
• naturwissenschaftliches Arbeiten: Experimentieren, Modellieren, kriteriengeleitetes Vergleichen
• Aufgaben- und Mediengestaltung
• Ansätze zur Förderung des ethischen Bewertens
fachunabhängig
• Unterrichtsquantität
• Klassenführung
• klare Strukturierung
• Methodenvielfalt
Voraussetzungen der
Schüler
fachspezifisch
• Präkonzepte
• naturwissenschaftliches Vorwissen
• inhaltsspezifische Interessen und Einstellungen
fachunabhängig
• Entwicklungsstadium
• Grundhaltung zu Schule und Lernen
• Selbstvertrauen
Ertrag der
Schüler
fachspezifisch
• konzeptuelles Wissen
• Kommunikationsfähigkeit
• Bewertungskompetenz
• fachspezifische Arbeitsweisen
• Interesse an Naturwissenschaften
• Einstellung zum Unterrichtsfach
fachunabhängig
• Lernstrategien
• Schlüsselkompetenzen
Bedeutung und Sichtweise naturwissenschaftlicher Fächer in der Gesellschaft

Abb. 1.3 Fachspezifisches Rahmenmodell zur Unterrichtsqualität mit ausgewählten Merkmalen (verändert nach Helmke 2015; Neuhaus 2007)

z. B. durch unterschiedliche fachsystematische Konzepte oder fächerübergreifende Kontexte (▶ Kap. 3 und 8), Experimentieren und Modellarbeit (▶ Kap. 7; Neuhaus 2007). Bei der Entwicklung von Lernmaterialien haben insbesondere der Umgang mit Schülerfehlern (▶ Kap. 5) und zielgerichtete Aufgabenstellungen (▶ Kap. 2) eine positive Wirkung. Auch aufgaben- und leistungsbezogenes Feedback an die Schülerinnen und Schüler hat sich als leistungssteigernd erwiesen (Hattie 2009).

? Erläutern Sie die Abb.1.3 und klären Sie mögliche Einflussfaktoren auf den Lernerfolg von Schülerinnen und Schülern.

? Inwieweit stimmen Ihre persönlichen Eindrücke mit den Kriterien von gutem Biologie- und Chemieunterricht und den genannten fachspezifischen und fachunabhängigen Merkmalen von Unterricht in der Grafik überein?

? Diskutieren Sie in Ihrer Lehrveranstaltung empirische Befunde zur Wirksamkeit von Unterricht und reflektieren Sie dabei Ihre schulpraktische Erfahrung als Schüler und als Lehrkraft.

Unterscheiden Sie sorgfältig verallgemeinerbare Aussagen aufgrund von Forschungs-ergebnissen von subjektiven Theorien über Unterricht.

1.4 Was versteht man unter Naturwissenschaftsdidaktik und welche Aufgaben hat Naturwissenschaftsdidaktik im Unterricht?

Gegeben sind drei Definitionen von Didaktik mit unterschiedlichem Geltungsbereich:

Definitionen von Didaktik

A. Die Didaktik beschäftigt sich mit dem Was (= Inhaltsfrage) und die Methodik mit dem Wie (= Vermittlungsfrage) des Unterrichts.
B. Didaktik wird als Wissenschaft und damit als Theorie des Lehrens und Lernens verstanden und vom praktischen didaktisch-methodischen Handeln (ohne bzw. mit wenig Theoriebezug) abgegrenzt.
C. Didaktik ist die Theorie und Praxis des Lehrens und Lernens (Jank und Meyer 2008, S. 14f.).

Ausgehend von der letzten – und umfassendsten – Definition kann nun der Gegenstandsbereich einer Didaktik weiter spezifiziert werden.

Naturwissenschaftsdidaktik

Naturwissenschaftsdidaktik ist eine Wissenschaft, die theoretisch umfassend und praktisch anwendbar die Voraussetzungen, Möglichkeiten und Grenzen des Lernens und Lehrens in einem schulischen oder außerschulischen Lernfeld, hier den Naturwissenschaften, erforscht (Jank und Meyer 2008, S. 31).
Die Naturwissenschaftsdidaktik lässt sich weiter disziplinär in Biologie-, Chemie- und Physikdidaktik gliedern.

1.4.1 Fragestellungen der Naturwissenschaftsdidaktik

Die Naturwissenschaftsdidaktik klärt in ihrer Forschung folgende Fragen und gibt evidenz-basierte Hinweise für die Gestaltung von naturwissenschaftlichem Unterricht (Jank und Meyer 2008):

1. Welche Akteure interagieren in Lehr-Lernsituationen im Unterricht und außerschulisch miteinander oder *wer* lernt *von wem* und *mit wem* (▶ Abschn. 1.5, ▶ Kap. 6)?
2. Welche Kompetenzen werden im naturwissenschaftlichen Unterricht erworben und welche Lernziele werden verfolgt oder *wozu* wird gelehrt und gelernt (▶ Kap. 2 und 3)?
3. Welche naturwissenschaftlichen Unterrichtsinhalte werden vermittelt oder *was* wird gelernt (▶ Kap. 3 und 5)?
4. Auf welche Unterrichtsmethodik, -konzepte und Denk- und Arbeitsweisen wird im naturwis-senschaftlichen Unterricht zurückgegriffen oder *wie* wird gelehrt und gelernt (▶ Kap. 6 und 7)?
5. Welche Unterrichtsmittel kommen zum Einsatz, um den Lehr-Lernprozess zu unterstützen oder *womit* wird gelernt (▶ Kap. 10)?

6. Welche Unterrichtsorganisation bzw. Schulstruktur liegt dem Unterricht zugrunde und an welchen Lernorten wird gelernt, d. h. *wann* und *wo* werden Kenntnisse und Fähigkeiten erworben (▶ Kap. 6)?

1.4.2 Aufgaben der Naturwissenschaftsdidaktik

Die Naturwissenschaftsdidaktik und ihre zugehörigen Fachdidaktiken klären theoretische Grundlagen des biologie-, chemie- und physikbezogenen Lehrens und Lernens unter Rückgriff auf zahlreiche Bezugsdisziplinen, z. B. Biologie/Chemie/ Physik als fachwissenschaftliche Bezugsdisziplin, Erziehungswissenschaften und Psychologie (◻ Abb. 1.4). Die Naturwissenschaftsdidaktik klärt ihre Forschungsfragen anhand der Praxis des Lehrens und Lernens im naturwissenschaftlichen Unterricht und schafft so Evidenz für die Wirksamkeit unterrichtlichen Handelns. Daraus lassen sich Empfehlungen für die Unterrichtspraxis ableiten, die Lehrkräften eine Handlungsorientierung geben und somit Lehrende und Lernende unterstützen können.

1.5 Was zeichnet einen guten naturwissenschaftlichen Lehrer aus?

? Nennen Sie jeweils fünf Eigenschaften oder Verhaltensweisen, die Sie mit guten und schlechten Lehrkräften assoziieren. Handelt es sich dabei um Persönlichkeitsmerkmale oder erlernbare Fähigkeiten? Begründen Sie Ihre Einschätzung und nutzen Sie dabei Ihre Vorkenntnisse aus den Erziehungswissenschaften.

Naturwissenschaftliche Lehrkräfte sind Experten für das Lehren der Unterrichtsfächer Biologie, Chemie und Physik. Um den fachlichen, fachdidaktischen und pädagogischen Anforderungen alltäglich im Unterricht gerecht werden zu können, benötigen sie vielfältige Kompetenzen. Weinert (2001) definiert den Kompetenzbegriff als

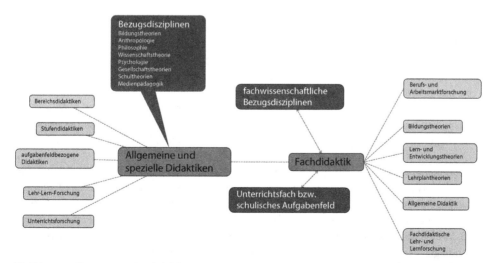

◻ **Abb. 1.4** Allgemeine und Fachdidaktik mit ihren Bezugsdisziplinen (verändert nach Jank und Meyer 2008)

» […] die bei Individuen verfügbaren oder durch sie erlernbaren kognitiven Fähigkeiten und Fertigkeiten, um bestimmte Probleme zu lösen, sowie die damit verbundenen motivationalen, volitionalen und sozialen Bereitschaften und Fähigkeiten, um die Problemlösungen in variablen Situationen erfolgreich und verantwortungsvoll nutzen zu können. (Weinert 2001, S. 27f.)

Ebenfalls durch die PISA-Studien rückt das Professionswissen von Lehrkräften der letzten beiden Jahrzehnte vermehrt ins Zentrum des bildungswissenschaftlichen und fachdidaktischen Forschungsinteresses (Baumert und Kunter 2011; Tepner et al. 2012), da eine Wirkung vom Professionswissen der Lehrkraft über die Unterrichtsqualität auf Schülerlernleistungen angenommen wird (Helmke 2015; Neuhaus 2007; ❏ Abb. 1.3). Das Professionswissen kann somit für einen erfolgreichen naturwissenschaftlichen Unterricht eine bedeutsame Einflussvariable darstellen.

Das Professionswissen wird in der universitären Phase der Lehramtsausbildung überwiegend theoretisch und auf der Basis fachspezifischer Modelle und Methoden sowie aktueller Forschung vermittelt und in ersten Schulpraktika und Praxissemestern praktisch erprobt. Das Referendariat bietet dann die Gelegenheit zur kontinuierlichen Anwendung von fachlichen, fachdidaktischen und pädagogischen Kenntnissen und Fähigkeiten im unterrichtlichen Kontext.

Professionelle Kompetenzen von Lehrkräften (Baumert und Kunter 2011; Tepner et al. 2012)

Fachwissen Hierunter wird ein profundes Hintergrundwissen zum Schulstoff der naturwissenschaftlichen Unterrichtsfächer verstanden und vom universitären Forschungswissen sowie dem Alltagswissen abgegrenzt. Das vertiefte Hintergrundwissen schließt den Schulstoff ein und ist für die im Unterricht zu behandelnden Themengebiete nötig, um sowohl Lernprozesse im Fachunterricht zu planen als auch in fachlich schwierigen Unterrichtssituationen flexibel handeln zu können. Für Lehrkräfte der naturwissenschaftlichen Unterrichtsfächer ist darüber hinaus das Beherrschen von wissenschaftlichen Erkenntnismethoden, z. B. Experimentieren, erforderlich.

Fachdidaktisches Wissen Lehrkräfte benötigen fachdidaktisches Wissen, um Lerngelegenheiten für den Wissenserwerb zu schaffen, allerdings gibt es keine einheitliche Kategorisierung fachdidaktischer Kompetenzen. Entsprechend wird hier *Wissen über Schülerkognitionen*, z. B. Präkonzepte und Fehlvorstellungen (▶ Kap. 5), *Wissen über Instruktions- und Vermittlungsstrategien*, also Wissen über das Erklären, Repräsentieren und Vermitteln von Fachinhalten (▶ Kap. 6 und 10), *Wissen über das didaktische und diagnostische Potential von Aufgaben* (▶ Kap. 2 und 4) sowie die *didaktische Sequenzierung und curriculare Anordnung des Schulstoffs* (▶ Kap. 3) zusammengefasst.

Pädagogisches Wissen Das pädagogische Wissen gilt fachunabhängig und dient der erfolgreichen Gestaltung von Lehr-Lern-Prozessen. Hierzu gehören unter anderem *bildungswissenschaftliches Grundlagenwissen* (z. B. bildungstheoretische Grundlagen von Schule und Unterricht, Entwicklungs- und Motivationspsychologie), *allgemeindidaktisches Konzeptions- und Planungswissen* (z. B. Modelle der Unterrichtsplanung), *fächerübergreifende Prinzipien des Diagnostizierens* (z. B. Grundlagen der Diagnostik, summatives Prüfen und Bewerten) sowie *Wissen über konstruktive Lernprozesse und Klassenführung*.

❓ Inwieweit stimmen Ihre persönlichen Einschätzungen von guten Lehrkräften, die Sie am Beginn dieses Abschnitts vorgenommen haben, mit den genannten fachspezifischen und fachunabhängigen Kenntnissen und Fähigkeiten von Lehrpersonen aus der Definition und ◻ Abb. 1.3 überein?

Ergänzungsmaterial Online:

https://goo.gl/K2yZds

Literatur

Baumert J, Kunter M (2011) Das Kompetenzmodell von COACTIV. In Kunter M, Baumert J, Blum W, Klusmann U, Krauss S, Neubrand M (Hrsg) Professionelle Kompetenz von Lehrkräften – Ergebnisse des Forschungsprogramms COACTIV. Waxmann, Münster, S 29–53

Staatsinstitut für Schulqualität und Bildungsforschung München (ISB) (2015). Lehrplan Plus Gymnasium. http://www.lehrplanplus.bayern.de/schulart/gymnasium Zugegriffen: 12.12.2016

Bybee RW (2002) Scientific Literacy – Mythos oder Realität? In Gräber W, Nentwig P, Koballa T, Evans R (Hrsg) Scientific Literacy – Der Beitrag der Naturwissenschaften zur Allgemeinen Bildung. Leske und Budrich, Opladen, S 21–43

Duit R, Mikelskis-Seifert S (Hrsg) (2010) Physik im Kontext – Sonderband Unterricht Physik. Friedrich Verlag, Seelze

Engel T (2014) Erkenntnistheorie. Römpp online. Thieme Verlag, Heidelberg. Zugegriffen: 15. Febr. 2016

Gräber W, Nentwig P (2002) Scientific Literacy – Naturwissenschaftliche Grundbildung in der Diskussion. In Gräber W, Nentwig P, Koballa T, Evans R (Hrsg) Scientific Literacy – Der Beitrag der Naturwissenschaften zur Allgemeinen Bildung. Leske und Budrich, Opladen

Hattie JAC (2009) Visible learning. Routledge Tailor & Francis Group, London

Helmke A (2015) Unterrichtsqualität und Lehrerprofessionalität. Diagnose, Evaluation und Verbesserung des Unterrichts, 6. Aufl. Friedrich Verlag, Seelze

Jank W, Meyer H (2008) Didaktische Modelle, 8. Aufl. Cornelson Scriptor, Berlin

Klieme E, Artelt C, Hartig J et al (Hrsg) (2010) PISA 2009 – Bilanz nach einem Jahrzehnt. Waxmann, Münster

Lexikon der Biologie (1999) Naturwissenschaften. Spektrum Akademischer Verlag, Heidelberg. http://www.spektrum.de/lexikon/biologie/naturwissenschaften/45496. Zugegriffen: 12. Dez. 2016

Mayer H (2004) Was ist guter Unterricht? 1. Aufl. Cornelsen Scriptor, Berlin

National Academy of Sciences (1996) National Science Education Standards. National Academy Press, Washington, DC. http://nap.edu/4962. Zugegriffen: 12. Dez. 2016

Neuhaus B (2007) Unterrichtsqualität als Forschungsfeld für empirische biologiedidaktische Studien. In: Krüger D, Vogt H (Hrsg) Theorien in der biologiedidaktischen Forschung. Springer, Berlin

Tepner O, Borowski A, Dollny S et al (2012) Modell zur Entwicklung von Testitems zur Erfassung des Professionswissens von Lehrkräften in den Naturwissenschaften. Zeitschrift für Didaktik der Naturwissenschaften 18:7–28

Weik E (2001) Kritischer Rationalismus. In: Weik E, Lang R (Hrsg) Moderne Organisationstheorien. Eine sozialwissenschaftliche Einführung, 1. Aufl. Gabler, Wiesbaden, S 1–29

Weinert FE (2001) Vergleichende Leistungsmessung in Schulen – eine umstrittene Selbstverständlichkeit. In: Weinert FE (Hrsg) Leistungsmessungen in Schulen, 2. Aufl. Beltz Verlag, Weinheim

Naturwissenschaftliche Kompetenzen und Bildungsstandards

© Springer-Verlag GmbH Deutschland 2017
C. Nerdel, *Grundlagen der Naturwissenschaftsdidaktik*,
DOI 10.1007/978-3-662-53158-7_2

In diesem Kapitel lernen Sie die Konzeption der naturwissenschaftlichen Grundbildung (*Scientific Literacy*) als Grundlage von PISA, den Bildungsstandards und den meisten überarbeiteten Lehrplänen in Grundzügen kennen.

Der Aufbau und die Struktur der KMK-Bildungsstandards werden mit anschaulichen Beispielen für die Unterrichtspraxis erläutert. Auf dieser Basis können Sie die Kompetenzbereiche der naturwissenschaftlichen Fächer benennen, exemplarische Standards aus den Kompetenzbereichen beschreiben und sie anhand von selbsterstellten Aufgabenbeispielen für Ihren Unterricht illustrieren.

Zur Bearbeitung dieses Kapitels benötigen Sie die folgenden Materialien:

- *KMK-Bildungsstandards* für die Unterrichtsfächer Biologie, Chemie oder Physik

https://goo.gl/CHYBgh

- Die *Lehrpläne* für Ihre Schulform und Ihre Unterrichtsfächer, z. B. Bayerisches Gymnasium

http://goo.gl/xMDkqc

- Die *Einheitlichen Prüfungsanforderungen für das Abitur (EPA)* der naturwissenschaftlichen Unterrichtsfächer, insbesondere die Basiskonzepte und Operatorenliste

https://goo.gl/DMOtmg

2.1 *Scientific Literacy* – naturwissenschaftliche Grundbildung

Das Konzept der *Scientific Literacy* wurde seit den 1970er- und 1980er-Jahren in den USA und Großbritannien basierend auf den frühen *Science-Technology-Society*-(STS-)Ansätzen entwickelt

(Gräber 1999) und unter anderem für die Überprüfung von Bildungsstandards in den USA in den 1990er-Jahren weiter ausgeschärft (Bybee 2002; ► Kap. 1). Zugrunde liegt die Idee, dass eine naturwissenschaftliche Grundbildung für alle Schülerinnen und Schüler möglich ist. Zentral hierbei ist die Entwicklung von Fähigkeiten und Fertigkeiten, die die Teilhabe an einer durch Naturwissenschaft und Technik geprägten Gesellschaft ermöglichen. *Scientific Literacy* als Bildungsziel differenziert dabei nicht nach einzelnen naturwissenschaftlichen Unterrichtsfächern. Die naturwissenschaftlichen Kompetenzen sollen zur Ausbildung eines Selbst- und Weltverständnisses beitragen, eine Schulung der naturwissenschaftlichen Denk- und Arbeitsweisen beinhalten und die Sicherung des naturwissenschaftlichen Nachwuchses ermöglichen. Für die Anschlussfähigkeit der erworbenen Erkenntnisse und Methoden sind die aktuelle Bedeutung des Wissens und die Betonung allgemeiner naturwissenschaftlicher Prinzipien wichtig. *Scientific Literacy* soll so die Basis für selbstgesteuertes und lebenslanges Lernen im Bereich der Naturwissenschaften bilden.

Zur naturwissenschaftlichen Grundbildung gehören (► Kap. 1):

— ein Verständnis grundlegender naturwissenschaftlicher Konzepte, wie etwa Energieerhalt, Anpassung oder Zerfall
— eine Vertrautheit mit den naturwissenschaftlichen Denk- und Arbeitsweisen
— die Fähigkeit, dieses Konzept- und Prozesswissen bei der Beurteilung naturwissenschaftlich-technischer Sachverhalte anzuwenden.

Dies beinhaltet weiterhin die Fähigkeit,

— Fragen zu erkennen, die mit naturwissenschaftlichen Methoden untersucht werden können und
— aus Beobachtungen und Befunden angemessene Schlussfolgerungen zu ziehen, um Entscheidungen zu verstehen und zu treffen, die sich auf die natürliche Welt und die durch menschliches Handeln verursachten Veränderungen beziehen.(Stanat et al. 2002)

Das Kompetenzstufenmodell der *Scientific Literacy* (► Kap. 1), das den PISA-Untersuchungen zugrunde liegt, differenziert fünf Stufen, um naturwissenschaftliche Fähigkeiten und Fertigkeiten zu bewerten. Auf der untersten Stufe, der *nominalen Scientific Literacy*, ist das Wissen auf einzelne Fakten und Formeln begrenzt, die Erklärungsansätze enthalten,Fehlvorstellungen und naive Theorien. Die höchste Kompetenzstufe, die *multidimensionale Scientific Literacy*, umfasst ein weitreichendes und tiefgehendes Verständnis von Konzepten und Prozessen, sodass Beziehungen und Verbindungen zu anderen Disziplinen sowie unserer Gesellschaft und Kultur hergestellt werden können.

2.2 Kompetenzen als Bildungsziele für den naturwissenschaftlichen Unterricht

Infolge der PISA-Studien (Klieme et al. 2010), bei denen die deutschen Schülerinnen und Schüler im internationalen Vergleich nur mittelmäßige Leistungen erbrachten, wurden im Jahr 2004 von der KMK Bildungsstandards für die drei naturwissenschaftlichen Unterrichtsfächer Biologie, Chemie und Physik formuliert (KMK 2005a, b, c). Bildungsstandards definieren naturwissenschaftliche Kompetenzen, die zum mittleren Schulabschluss (in der Regel nach der zehnten Jahrgangsstufe) erreicht werden sollen.

> **Kompetenzen**
>
> Kompetenzen werden verstanden als die bei Individuen verfügbaren oder durch sie erlernbaren kognitiven Fähigkeiten und Fertigkeiten, um bestimmte Probleme zu lösen, sowie die damit verbundenen motivationalen, volitionalen und sozialen Bereitschaften und Fähigkeiten, um die Problemlösungen in variablen Situationen erfolgreich und verantwortungsvoll nutzen zu können. (Weinert 2001, S. 27f.)

Diese Definition liegt der Konzeption der Bildungsstandards (KMK 2005a, b, c) zugrunde und deutet darauf hin, dass Kompetenzen nicht kurzfristig erworben werden, sondern langfristige Lernprozesse in immer neuen Anwendungskontexten erfordern. Damit verändert sich die Sicht auf Lernziele und -inhalte: Eine detaillierte *Input*-Steuerung, wie sie bis zur Jahrtausendwende durch die kleinschrittigen Lehrpläne vorgegeben war, weicht einer *Outcome*-Orientierung, die gröber gefasste fachbezogene und fachübergreifende Fähigkeiten und Fertigkeiten in den Naturwissenschaften erfordert.

Diese Schülerleistungen sollen durch regelmäßige, standardisierte Messungen der Bildungsstandards über alle Bundesländer vergleichbar sein. Die zentrale Überprüfung des Erreichens der in den Standards definierten Kompetenzen erfolgt durch Ländervergleiche unter Federführung des Instituts zur Qualitätsentwicklung im Bildungswesen (IQB) (KMK 2011a, b, c; Wellnitz et al. 2012; Walpuski et al. 2013). Für die Naturwissenschaften fanden sie erstmalig 2012 statt, eine weitere Evaluation ist für 2018 geplant.

Exkurs

Eine weitere Konzeptualisierung von Bildungszielen: Schlüsselqualifikationen

Schon in den 1970er-Jahren wurden als Bildungsziele *Schlüsselqualifikationen* (Dubs 2006; Schelten 2004) festgelegt. Damit wurde die bis dahin gebräuchliche Systematik der Lernziele um fächerübergreifende und berufsorientierte Aspekte ergänzt. Zu den Schlüsselqualifikationen gehören (Gropengießer und Kattmann 2006, S. 187):
-   Fachliche Qualifikationen: konzeptuelles und vernetztes Denken,

Abstraktionsvermögen, Problemlösefähigkeit
-   Methodische Qualifikationen: informationstechnische Qualifikationen, Lern- und Arbeitstechniken
-   Personale Qualifikationen: Lern- und Leistungsbereitschaft, Verantwortungsbewusstsein, Ausdauer, Zuverlässigkeit, Selbständigkeit, Kreativität, ethisches Urteilsvermögen
-   Kommunikative Qualifikationen:

Ausdrucks- und Diskursfähigkeit, Präsentationstechniken
-   Soziale Qualifikationen: Kooperationsbereitschaft, Teamfähigkeit, Konflikt- und Kritikfähigkeit, Toleranz, Solidarität

Schlüsselqualifikationen spielen heute noch in ihrer Erweiterung als Schlüsselkompetenzen (Europäische Union 2006) eine wichtige Rolle für die berufliche Bildung.

2.3 Bildungsstandards für die naturwissenschaftlichen Unterrichtsfächer Biologie, Chemie und Physik

Bildungsstandards für die naturwissenschaftlichen Unterrichtsfächer (KMK 2005a, b, c) beziehen sich auf den Kernbereich eines Faches. Sie lassen damit Spielräume für Schulen in Bezug auf die Profilbildung und die Gestaltung schulinterner Curricula. Die Bildungs-standards sollen deswegen aber auch gewährleisten, dass die Lernergebnisse am Ende der zehnten Jahrgangstufe bundesweit mithilfe eines Aufgabenpools an Testaufgaben vergleich-bar sind, unabhängig davon, in welchem Bundesland die Schule besucht und naturwissen-schaftliche Kompetenzen erworben worden sind. Die Bildungsstandards für den Mittle-ren Schulabschluss zielen auf mittleres Anforderungsniveau, sie sind damit *Regelstandards* (Klieme et al. 2007).

Entgegen den Lehrplänen findet man in den Bildungsstandards keine konkreten und nach Themen gegliederten Lerninhalte für die naturwissenschaftlichen Unterrichtsfächer. Gerade dieser Detailreichtum der Curricula und die Kleinschrittigkeit in der fachsystematischen Struk-turierung der Themen haben sich auf die Anwendbarkeit von Wissen und die Problemlösefähig-keit der Schülerinnen und Schüler nachteilig ausgewirkt. Isoliertes Faktenwissen wird auch als *träges Wissen* bezeichnet, das in neuen Problemzusammenhängen nicht abrufbar ist (Renkl 1996). Abhilfe kann das Lernen in Kontexten (Parchmann et al. 2006; ▶ Kap. 8) schaffen, das von Beginn an authentische Problemzusammenhänge beim Konzepterwerb berücksichtigt. Daher geben die Bildungsstandards in der inhaltlichen Dimension nur *Basiskonzepte* als Kernideen eines natur-wissenschaftlichen Unterrichtsfaches vor, die die Vernetzung von Unterrichtsinhalten erleichtern und kumulatives, d. h. ein integratives und aufeinander aufbauendes, Lernen über die Jahrgangs-stufen ermöglichen sollen.

Für die Messung der in der Mittelstufe erworbenen Kompetenzen sind theoretisch fun-dierte und empirisch überprüfbare Kompetenzmodelle (KMK 2011a, b, c; Mayer et al. 2013; Walpuski et al. 2013; Kauertz et al. 2013) erforderlich. Diese sind eindimensional angelegt und weisen eine Stufung auf (Stufen der *Scientific Literacy* bei PISA; ▶ Kap. 1), die von unten nach oben einer zunehmenden und stärker vernetzen Fähigkeit entspricht. In die Stufung gehen sowohl die Komplexität einer Aufgabe (z. B. ob ein Zusammenhang oder Konzept zur Prob-lemlösung erfasst werden muss) als auch die erforderlichen kognitiven Prozesse (z. B. Infor-mationen auswählen und integrieren) ein (Walpuski et al. 2008).

Abschließend bieten die Bildungsstandards Aufgabenbeispiele, die die zu erwerbenden Kom-petenzen illustrieren. Die dargestellten Aufgabenbeispiele mit ihren Lösungen verstehen sich nicht als Prüfungsaufgaben zur Diagnose von Kompetenzen (▶ Kap. 4), sondern können zur Klärung von Anforderungen in den unterschiedlichen Kompetenzbereichen sowie als Lernauf-gabe dienen.

2.4 Die Struktur der Bildungsstandards im Detail

Mit dem Erwerb des Mittleren Schulabschlusses sollen die Schülerinnen und Schüler über natur-wissenschaftliche Kompetenzen im Allgemeinen sowie biologische/chemische/physikalische Kompetenzen im Besonderen verfügen. Diese werden in den Bildungsstandards in Form von standardisierten Kompetenzanforderungen festgeschrieben. Die Bildungsstandards gliedern sich in vier Abschnitte (KMK 2005a, b, c):

1. *Beitrag des Faches zur Bildung*: Einleitend werden die Gemeinsamkeiten in der natur-wissenschaftlichen Grundbildung in den Fächern Biologie, Chemie und Physik hervor-gehoben sowie die spezifischen Beiträge der drei Fächer zur Bildung dargelegt. Dieser Abschnitt entspricht zentralen Aussagen der meisten Lehrplan-Fachprofile.

2. *Kompetenzbereiche im Überblick*: In den Naturwissenschaften werden vier gemeinsame Kompetenzbereiche definiert, nämlich Fachwissen, Erkenntnisgewinnung, Kommunikation und Bewertung. Eine Übersicht und Beschreibung der Kompetenzen, die in einem Kompetenzbereich zusammengefasst werden, ist hier nachzulesen.
3. *Bildungsstandards*: In diesem Abschnitt werden die Kompetenzanforderungen in den vier Kompetenzen konkretisiert und in Regelstandards für den Mittleren Bildungsabschluss formuliert. Die zu erwerbenden Kompetenzen müssen mit konkreten Inhalten verknüpft und in immer wieder neuen Zusammenhängen angewendet werden. Die Bildungsstandards sind so formuliert, dass sie erfüllbar und über eine Kompetenzmodellierung intersubjektiv überprüfbar sind.
4. *Aufgabenbeispiele*: Diese haben die Funktion, mögliche Inhalte, Kompetenzen und Anforderungsniveaus zu veranschaulichen. Es sind keine Prüfungsaufgaben.

2.4.1 Beitrag der naturwissenschaftlichen Unterrichtsfächer zur Bildung

Als allgemeines Bildungsziel für den naturwissenschaftlichen Unterricht wird die aktive Teilhabe an gesellschaftlicher Kommunikation und Meinungsbildung über technische Entwicklungen und naturwissenschaftliche Forschung festgelegt (*Scientific Literacy*; ▶ Abschn. 2.1). Die Naturwissenschaften könnten hierzu einen allgemeinen Beitrag leisten, indem im Unterricht die Sprache und Historie der Naturwissenschaften vermittelt wird. Die Schülerinnen und Schüler sollen zudem lernen, naturwissenschaftliche Ergebnisse zu kommunizieren und sich mit spezifischen Methoden der Erkenntnisgewinnung und deren Grenzen auseinanderzusetzen. Darüber hinaus soll der Unterricht eine Orientierung für naturwissenschaftlich-technische Berufsfelder geben und Grundlagen für anschlussfähiges, berufsbezogenes Lernen schaffen. ◘ Tabelle 2.1 stellt die spezifischen Beiträge der Fächer Biologie und Chemie gegenüber; hier klingen thematische Schwerpunkte und fachspezifische Fähigkeiten und Fertigkeiten an.

◘ **Tab. 2.1** Beiträge ausgewählter Fächer zur Bildung

Biologie	Chemie
Auseinandersetzung mit dem Lebendigen	Untersuchung der stofflichen Welt unter Berücksichtigung der chemischen Reaktion als Einheit aus Stoff- und Energieumwandlung durch Teilchen- und Strukturveränderungen sowie Umbau chemischer Bindungen
Verständnis biologischer Systeme auf verschiedenen Organisationsebenen (Zelle, Organismus, Ökosysteme), Zusammenhänge aus multiplen Perspektiven begreifen	Verantwortungsbewusster Umgang mit Chemikalien und Gerätschaften aus Haushalt, Labor und Umwelt sowie das sicherheitsbewusste Experimentieren
Entwicklung eines individuellen Selbstverständnisses und emanzipatorischen Handelns als Grundlage für gesundheitsbewusstes und umweltverträgliches Handeln in individueller und in gesellschaftlicher Verantwortung	Bedeutung der Wissenschaft Chemie, der chemischen Industrie und der chemierelevanten Berufe für Gesellschaft, Wirtschaft und Umwelt; nachhaltige Nutzung von Ressourcen

---

◘ Tab. 2.2 Die vier Kompetenzbereiche der Bildungsstandards Biologie, Chemie, Physik und ihre zentralen Kompetenzanforderungen

Fachwissen	Phänomene, Begriffe, Prinzipien, Fakten kennen und den Basiskonzepten zuordnen
Erkenntnisgewinnung	Beobachtung, Vergleichen, Experimentieren, Modelle nutzen und Arbeitstechniken anwenden
Kommunikation	Informationen sach- und fachbezogen erschließen und austauschen
Bewertung	Sachverhalte in verschiedenen Kontexten erkennen und bewerten

Fachwissen stellt die inhaltliche Dimension, Erkenntnisgewinnung, Kommunikation und Bewertung stellen Handlungsdimensionen dar.

2.4.2 Kompetenzbereiche der naturwissenschaftlichen Unterrichtsfächer

Die Bildungsstandards definieren für alle drei Naturwissenschaften vier einheitliche Kompetenzbereiche (◘ Tab. 2.2).

2.4.2.1 Kompetenzbereich Fachwissen

Der Kompetenzbereich Fachwissen umfasst fachspezifische Basiskonzepte zur Strukturierung von fachlichen Inhalten (◘ Tab. 2.3).

- **Basiskonzepte und ihre didaktische Funktion**

Basiskonzepte beschreiben und strukturieren fachwissenschaftliche Inhalte und bilden die Grundlage eines systematischen Wissensaufbaus unter fachlicher und lebensweltlicher Perspektive (KMK 2005a). Sie reduzieren komplexe Themenbereiche auf den Kern naturwissenschaftlichen Wissens (◘ Tab. 2.4). Die Basiskonzepte der Bildungsstandards sind sehr allgemein formuliert, sodass eine Spezifizierung zum Teil notwendig ist (s. Basiskonzepte der EPA; ◘ Tab. 2.5). Dahinter stehen wesentliche fachspezifische oder fächerübergreifende Prinzipien und Konzepte, die über verschiedene Themenbereiche in den Naturwissenschaften anwendbar

---

◘ Tab. 2.3 Basiskonzepte der Naturwissenschaften

Biologie	Chemie	Physik
System	Stoff-Teilchen-Beziehungen	System
Struktur und Funktion	Struktur-Eigenschafts-Beziehungen	Materie
Entwicklung	Chemische Reaktion	Wechselwirkung
	Energetische Betrachtungen bei Stoffumwandlungen	Energie

■ **Tab. 2.4** Biologische und chemische Basiskonzepte der Bildungsstandards kennen und Themen vernetzen

Biologische Basiskonzepte	Chemische Basiskonzepte
System – Zelle, Organismus, Ökosystem und Biosphäre sind Systeme mit spezifischen Eigenschaften – Sie enthalten unterschiedliche Elemente, die miteinander in Wechselwirkung stehen – Sie haben die Möglichkeit zur individuellen und evolutionären Entwicklung	Stoff-Teilchen-Beziehungen – Bedeutsame Stoffe mit ihren typischen Eigenschaften sind gekennzeichnet durch den submikroskopischen Bau und den Bau von Atomen – Diese können mithilfe von Atom- und Bindungsmodellen beschrieben werden
Struktur und Funktion – Das Erfassen und Ordnen von Strukturen ist essentiell für das Verständnis der Funktion in biologischen Systemen – Struktur- und Funktionszusammenhänge von Organen und Organsystemen finden sich im Rahmen der Stoff- und Energieumwandlung, Steuerung und Regelung, Informationsverarbeitung, Bewegung sowie bei der Weitergabe und Ausprägung genetischer Information	Struktur-Eigenschafts-Beziehungen – Diese sind gekennzeichnet durch die Ordnungsprinzipien für Stoffe, z. B. typische Eigenschaften oder Zusammensetzungen und Struktur der Teilchen – Zum Verständnis ist auch die modellhafte Deutung von Stoffeigenschaften auf Teilchenebene erforderlich
Entwicklung – Lebendige Systeme verändern sich – Individualentwicklung und evolutionäre Entwicklung werden unterschieden – Mutation und Selektion sind Ursache der innerartlichen und stammesgeschichtlichen Entwicklung	Chemische Reaktion – Stoff- und Energieumwandlung finden bei chemischen Reaktionen statt; damit einher geht die Veränderung von Teilchen und der Umbau chemischer Bindungen – Donator-Akzeptor-Reaktionen stellen eine umfangreiche Gruppe chemischer Reaktionen dar und fassen mehrere Reaktionsarten zusammen – Erstellung von Reaktionsschemata/Reaktionsgleichungen – Umkehrbarkeit chemischer Reaktionen und Steuerung durch Variation von Reaktionsbedingungen – Stoffkreisläufe in Natur und Technik
	Energetische Betrachtung bei Stoffumwandlungen – Veränderung des Energieinhaltes eines Reaktionssystems durch Austausch mit der Umgebung – Umwandlung eines Teils der in Stoffen gespeicherten Energie in andere Energieformen – Beeinflussung chemischer Reaktionen durch Katalysatoren

Die Basiskonzepte eines naturwissenschaftlichen Unterrichtsfaches erfassen den Kern des Wissens und sollen ein exemplarisches Vorgehen ermöglichen. Sie schränken einerseits das Wissen auf wesentliche Aspekte ein, eröffnen aber gleichzeitig durch verschiedene Blickwinkel auf dasselbe Thema multiple Perspektiven.

sind. Durch die Behandlung vieler exemplarischer Themenbereiche im Unterricht und ihre stete Rückführung auf diese Prinzipien innerhalb der Basiskonzepte soll das Erlernen vernetzten naturwissenschaftlichen Wissens erleichtert und *träges Wissen* vermieden werden.

Naturwissenschaftliche Themen können vertikal oder horizontal vernetzt werden. Bei der *vertikalen Vernetzung* werden Wissensinhalte und Kompetenzen in folgenden Jahrgangsstufen aufgegriffen und angewendet. Von *horizontaler Vernetzung* spricht man, wenn die Anwendung von Wissensinhalten und Kompetenzen über Fächergrenzen hinweg erfolgt und in anderen naturwissenschaftlichen Fächern Erklärungsgrundlagen bereitstellen (Wadouh et al. 2009).

Oberflächenvergrößerung als zentrales naturwissenschaftliches Konzept

Ein sehr gutes Beispiel für die Vernetzung naturwissenschaftlicher Themen innerhalb der Biologie und über die Fächergrenzen hinaus ist das *Prinzip der Oberflächenvergrößerung* (Riemeier 2006a, b). In biologischen Systemen wird durch Ausstülpungen, Zerklüftungen oder Einfaltungen die Kontaktfläche zwischen einem Organell, einem Organ oder dem ganzen Organismus und dem umgebenden Medium, das die Substrate für den Stoff- und Energieaustausch bereithält, vergrößert. Diese Vergrößerung der Reaktionsfläche hat eine Beschleunigung des Austausches zur Folge, indem mehr Substrat über die Fläche verteilt und aufgenommen oder zur Reaktion gebracht werden kann.

Das Prinzip der Oberflächenvergrößerung findet man auf allen biologischen Systemebenen (Schmiemann et al. 2012):

- Organismus im Stoff- und Energieaustausch mit dem umgebenden Biosystem: Baumkronen bestehen aus vielen einzelnen Blättern, das Eisbärenfell ermöglicht durch feinste Haare eine effiziente Wärmeleitung, Daunen sorgen durch viel umgebende Luft für eine gute Wärmeisolation.
- Organe: Atmungsorgane verfügen über Ausstülpungen (Lungenalveolen) und hauchdünne Lamellen (Kiemen), die vom Sauerstoff enthaltenden Medium umspült werden; auch der Darm besitzt mit den Darmzotten fingerförmige Ausstülpungen.
- Zellebene und Organellen: In Chloroplasten und Mitochondrien sind die Membranflächen durch Faltung vergrößert (Granathylakoide und Cristae der inneren Mitochondrienmembran), ebenso beim Endoplasmatischen Retikulum (ER).
- Molekülebene: Glykokalyx (Zuckermoleküle, die an oberflächlichen Proteinen und Phospholipiden der Außenseite von Zellmembranen angedockt sind, beherbergen z. B. im Darm Verdauungsenzyme), Lichtsammelfallen der Fotosysteme.

Das gleiche Prinzip findet man in der Chemie bei Katalysatoren (s. horizontale Vernetzung).

- **Vergleich der Basiskonzepte in Bildungsstandards und EPA für das Unterrichtsfach Biologie**

Um die Basiskonzepte der Bildungsstandards mit Blick auf die weiterführenden Schulen nachhaltig in den naturwissenschaftlichen Unterricht einzubringen, ist ein Vergleich mit Basiskonzepten der einheitlichen Prüfungsanforderungen in der Abiturprüfung (EPA) nützlich. In ❏ Tab. 2.5 sind die Basiskonzepte der beiden Konzeptionen für das Unterrichtsfach einander zugeordnet.

Tab. 2.5 Vergleichende Übersicht der Basiskonzepte in Bildungsstandards und EPA

Bildungsstandards (BS; KMK 2005a)	Einheitliche Prüfungsanforderungen in der Abiturprüfung (EPA; KMK 1989 i.d.F. 2004)
System – Zu den lebendigen Systemen gehören Zelle, Organismus, Ökosystem und die Biosphäre – Sie besitzen spezifische Eigenschaften, enthalten unterschiedliche Elemente, die miteinander in Wechselwirkung stehen – Möglichkeit zur individuellen und evolutionären Entwicklung **Struktur und Funktion** – Das Erfassen und Ordnen von Strukturen ist essentiell für das Verständnis der Funktion in biologischen Systemen – Struktur- und Funktionszusammenhänge von Organen und Organsystemen finden sich im Rahmen der Stoff- und Energieumwandlung, Steuerung und Regelung, Informationsverarbeitung, Bewegung sowie bei der Weitergabe und Ausprägung genetischer Information	**Kompartimentierung** – Lebende Systeme zeigen abgegrenzte Reaktionsräume – Dieses Basiskonzept hilft z. B. beim Verständnis der Zellorganelle, der Organe und der Biosphäre **Struktur und Funktion** – Lebewesen und Lebensvorgänge sind an Strukturen gebunden, es gibt einen Zusammenhang von Struktur und Funktion – Dieses Basiskonzept hilft z. B. beim Verständnis des Baus von Biomolekülen, der Funktion der Enzyme, der Organe und der Ökosysteme **Stoff- und Energieumwandlung** – Lebewesen sind offene Systeme; sie sind gebunden an Stoff- und Energieumwandlungen – Dieses Basiskonzept hilft z. B. beim Verständnis der Fotosynthese, der Ernährung und der Stoffkreisläufe **Steuerung und Regelung** – Lebende Systeme halten bestimmte Zustände durch Regulation aufrecht und reagieren auf Veränderungen – Dieses Basiskonzept hilft z. B. beim Verständnis der Proteinbiosynthese, der hormonellen Regulation und der Populationsentwicklung **Information und Kommunikation** – Lebewesen nehmen Informationen auf, speichern und verarbeiten sie und kommunizieren – Dieses Basiskonzept hilft z. B. beim Verständnis der Verschlüsselung von Information auf der Ebene der Makromoleküle, der Erregungsleitung, des Lernens und des Territorialverhaltens **Variabilität und Angepasstheit** – Lebewesen sind bezüglich Bau und Funktion an ihre Umwelt angepasst. Angepasstheit wird durch Variabilität ermöglicht. Grundlage der Variabilität bei Lebewesen sind Mutation, Rekombination und Modifikation – Dieses Basiskonzept hilft z. B. beim Verständnis der Sichelzellenanämie, der ökologischen Nische und der Artbildung

◻ Tab. 2.5 Fortsetzung

Bildungsstandards (BS; KMK 2005a)	Einheitliche Prüfungsanforderungen in der Abiturprüfung (EPA; KMK 1989 i.d.F. 2004)
Entwicklung – Lebendige Systeme verändern sich – Individualentwicklung und evolutionäre Entwicklung werden unterschieden – Mutation und Selektion sind Ursache der innerartlichen und stammesgeschichtlichen Entwicklung	**Variabilität und Angepasstheit** – Lebewesen sind bezüglich Bau und Funktion an ihre Umwelt angepasst. Angepasstheit wird durch Variabilität ermöglicht. Grundlage der Variabilität bei Lebewesen sind Mutation, Rekombination und Modifikation – Dieses Basiskonzept hilft z. B. beim Verständnis der Sichelzellenanämie, der ökologischen Nische und der Artbildung **Reproduktion** – Lebewesen sind fähig zur Reproduktion, damit verbunden ist die Weitergabe von Erbinformationen – Dieses Basiskonzept hilft z. B. beim Verständnis der identischen Replikation der DNA, der Viren, der Mitose und der geschlechtlichen Fortpflanzung **Geschichte und Verwandtschaft** – Ähnlichkeiten und Vielfalt von Lebewesen sind das Ergebnis stammesgeschichtlicher Entwicklungsprozesse – Dieses Basiskonzept hilft z. B. beim Verständnis der Entstehung des Lebens, homologer Organe und der Herkunft des Menschen

Vergleich der beiden Konzeptionen Bildungsstandards und EPA: Gemeinsamkeiten und Unterschiede in der Festlegung der Basiskonzepte. Besonderheit: Das Basiskonzept *Variabilität und Angepasstheit* der EPA lässt sich sowohl bei Struktur-/Funktionszusammenhängen als auch bei den Entwicklungsprozessen der Bildungsstandards einordnen.

Beispielaufgabe 2.1

Biologische Themen mithilfe von Basiskonzepten vernetzen

Zeigen Sie am Beispiel des Basiskonzepts *Variabilität und Angepasstheit* (EPA Biologie; s. Struktur und Funktion, Bildungsstandards) wie Basiskonzepte der Strukturierung von Themenbereichen im Biologieunterricht über die Sekundarstufe I und II dienen können und inhaltliche Aspekte vertikal vernetzen.

Lösungsvorschlag

Das Basiskonzept *Variabilität und Angepasstheit* (EPA Biologie; s. Struktur und Funktion, Bildungsstandards) hilft, Unterschiede bei submikroskopischen, mikro- oder makroskopischen Strukturen zu verstehen und sie mit Blick auf ihre Funktion im Organell, Organismus oder Ökosystem sinnvoll zu interpretieren. Für die Entstehung dieser Vielfalt sind Mutation, Rekombination und Modifikation verantwortlich. Dieses Basiskonzept steht daher auch in enger Verbindung zum Basiskonzept Entwicklung (Bildungsstandards). An diesem Beispiel wird daher gleichfalls deutlich, dass immer mehrere Basiskonzepte bzw. Konzepte zur Erklärung eines Sachverhalts herangezogen werden können. Mit der Variation des zugrunde gelegten Konzepts verändert sich auch die Perspektive auf einen bestimmten Inhalt (Schmiemann et al. 2012).

Folgende Themenbereiche lassen sich daher über das Basiskonzept *Variabilität und Angepasstheit* miteinander vernetzen (s. Lehrplan plus, ISB 2015):

Sekundarstufe I

- Veränderung und Neukombination genetischer Information (Meiose als Grundlage für die Neukombination von Genen und die Entstehung genetischer Vielfalt)
- Biodiversität bei Wirbellosen (Vergleich des Skeletts und Bewegungsapparats bei Insekten: Anpassung der Fortbewegung an unterschiedliche Lebensräume, Anpassung der Mundwerkzeuge an verschiedene Nahrungsquellen)
- Ökosystem Mensch (Symbionten, z. B. Bakterien im Darm und auf der Haut, insbesondere Anpassung des bakteriellen Stoffwechsels)

Sekundarstufe II

- Neukombination und Veränderung genetischer Information (klassische Genetik und Molekulargenetik, Erbgänge, Klärung der Neukombination von Genen für die individuelle Entwicklung und Evolution, Auswirkung auf die Biodiversität)
- Evolution (Mechanismen der Evolution: Mutation und Selektion, Artbildung als Folge von geografischer und ökologischer Isolation)
- Verhaltensökologie (Überleben des Individuums: energieeffizientes Verhalten, Nahrungserwerb, Habitatwahl, Kooperation und Altruismus bei Nahrungserwerb, Verteidigung, Jungenaufzucht)
- Ökologie und Biodiversität (Nahrungsbeziehungen, ökologische Nische, Einfluss von abiotischen und biotischen Umweltfaktoren auf Populationsentwicklung, anthropogene Einflüsse)

Literatur zur Vertiefung: Schmiemann P, Sandmann A (Hrsg.) (2011) Aufgaben im Kontext: Biologie. Friedrich Verlag, Seelze

Chemische Themen mithilfe von Basiskonzepten vernetzen

Zeigen Sie am Beispiel des *Donator-Akzeptor-Konzepts* (EPA Chemie; s. chemische Reaktion, Bildungsstandards) wie Basiskonzepte der Strukturierung von Themenbereichen im Chemieunterricht über die Sekundarstufe I und II dienen und inhaltliche Aspekte vertikal vernetzen.

Lösungsvorschlag

Das *Donator-Akzeptor-Konzept* hilft, chemische Reaktionen unter dem Aspekt des „Gebens" und „Nehmens" genauer zu betrachten. Ausgetauscht werden jedoch nur bestimmte Teilchen: bei Redox-Reaktionen werden Elektronen ausgetauscht, Säure-Base-Reaktionen sind durch den Austausch von Protonen gekennzeichnet.

Folgende Themenbereiche lassen sich über das *Donator-Akzeptor-Konzept* miteinander vernetzen (s. Lehrplan plus, ISB 2015):

Sekundarstufe I

Elektronenübergänge (Salzbildung und Ionengitter, Hochofenprozess, Reaktionen von Metallen in Metallsalzlösungen, reversible Redox-Reaktionen am Beispiel von Akkumulatoren)

- Protonenübergänge (saure und basische Lösungen in Alltag, Technik und biologischen Systemen, Ampholyte, Indikatoren, Neutralisation)
- Oxidation von Alkoholen, alkoholische Gärung

Sekundarstufe II

- Galvanische Zellen, Standard-Wasserstoffelektrode, Elektrolyse, Lithium-Ionen-Akkumulator, Blei-Akkumulator, Korrosion
- Carbonsäuren, Aminosäuren, Puffersysteme in der Chemie und Biologie
- Analytik: Säure-Base-Titration

Literatur zur Vertiefung: Martensen M, Demuth R (2008) Wissensdiagnose mit Concept Maps. Entwicklung eines Expertennetzes zum Donator-Akzeptor-Konzept. Praxis der Naturwissenschaften – Chemie in der Schule 57(3):37–39

2.4.2.2 Kompetenzbereich Erkenntnisgewinnung

Der Kompetenzbereich Erkenntnisgewinnung (s. Kompetenzbereich Fachmethoden, EPA) umfasst die naturwissenschaftlichen Denk- und Arbeitsweisen und differenziert diese disziplinspezifisch. Zu den wichtigen Erkenntnismethoden gehören:

- Beobachten, Vergleichen, Experimentieren, Modelle nutzen und Arbeitstechniken anwenden

Dem hypothesengeleiteten Experimentieren kommt in allen drei Naturwissenschaften eine besondere Bedeutung zu. Es vollzieht sich in drei Schritten:

- Fragestellung und Hypothesen aufstellen
- Planen und Durchführen einer entsprechenden Untersuchung
- Auswertung und Interpretation der erhobenen Daten

Diese Kompetenzen werden ausführlich in ▶ Kap. 7 behandelt.

2.4.2.3 Kompetenzbereich Kommunikation

Der Kompetenzbereich Kommunikation definiert Fähigkeiten und Fertigkeiten, die dem sach- und adressatengerechten Informationsaustausch in den Naturwissenschaften und über sie hinaus dienen. Hierbei geht es um den Ausbau der Sprachkompetenz, die die fachspezifische Rezeption und Kommunikation in den Naturwissenschaften ermöglicht. Die Kommunikation ist somit das Instrument und das Objekt des Lernens zugleich.

Zu einer angemessenen Kommunikationskompetenz in den Naturwissenschaften gehört unter anderem:

- ein sachgemäßer Umgang mit Repräsentationsformen (z. B. Bilder, Grafiken, Tabellen, fachliche Symbole, Formeln, Gleichungen etc.)
- ein gelingender Wechsel von Alltagsvorstellungen und Fachunterricht sowie umgekehrt die Übertragung fachlicher Konzepte bzw. fachsprachlicher Begriffe in die Alltagssprache; diese Fähigkeit ermöglicht insbesondere den Diskurs über naturwissenschaftliche Themen der Biologie mit besonderer Gesellschafts- und Alltagsrelevanz (z. B. Reproduktionsmedizin, Ernährung, Energiewende, Mobilität, Klimawandel)
- kommunikative Kompetenzen in verschiedenen Sozialformen entwickeln und kritische Reflexion fördern; sie dient als Basis für außerschulische Kommunikation

Diese Kompetenzen werden ausführlich im ▶ Kap. 5 sowie ▶ Kap. 9 behandelt.

2.4.2.4 Kompetenzbereich Bewertung

Der Kompetenzbereich Bewertung umfasst die Kenntnis und Reflexion der Beziehungen zwischen Naturwissenschaft, Technik, Individuum und Gesellschaft (KMK 2005b). Im Zentrum steht die ethische Urteilsbildung für ein verantwortungsbewusstes Verhalten des Menschen gegenüber sich selbst und anderen Personen sowie gegenüber der Umwelt. Dies schließt die Fähigkeit zum Perspektivwechsel, emphatische Fähigkeiten sowie das Verständnis für Andersdenkende ein. Wichtige Perspektiven, die sich Schülerinnen und Schüler in diesem Rahmen bewusst machen sollten, sind die familiäre/Freundesperspektive, Perspektive einzelner Gruppen in der Gesellschaft, einer anderen Kultur, der Gesetzgebung oder der Dimension der Natur.

Diese Kompetenzen werden ausführlich in ▶ Kap. 8 behandelt.

2.4.3 Anforderungsbereiche der Bildungsstandards

Da die Kompetenzmodelle zur Überprüfung der Bildungsstandards (KMK 2011a, b, c; Mayer et al. 2013; Walpuski et al. 2013; Kauertz et al. 2013), die Rückschlüsse auf die Personenfähigkeiten und auf die Aufgabenschwierigkeiten zulassen, zunächst entwickelt werden mussten, wurden vorab Vereinbarungen hinsichtlich der Schwierigkeit von Aufgaben getroffen. Hierzu lehnte man sich an die EPA (KMK 1989 i.d.F. 2004) an. Diese definieren drei Anforderungsbereiche, die für die Bildungsstandards übernommen wurden.

- **Anforderungsbereich I (Reproduktion)**
Sachverhalte, Methoden und Fertigkeiten können reproduziert werden; dieses Anspruchsniveau umfasst die Wiedergabe von Fachwissen und die Wiederverwendung von Methoden und Fertigkeiten.

- **Anforderungsbereich II (Reorganisation)**

Sachverhalte, Methoden und Fertigkeiten können in einem neuen Zusammenhang benutzt werden; dieses Niveau umfasst die Bearbeitung grundlegender bekannter Sachverhalte in neuen Kontexten, wobei das zugrunde liegende Fachwissen bzw. die Kompetenzen auch in anderen thematischen Zusammenhängen erworben sein können.

- **Anforderungsbereich III (Transfer und Problemlösen)**

Sachverhalte können neu erarbeitet und reflektiert sowie Methoden und Fertigkeiten eigenständig angewendet werden; dieses Niveau umfasst die eigenständige Erarbeitung und Reflexion unbekannter Sachverhalte und Probleme auf der Grundlage des Vorwissens. Konzeptwissen und Kompetenzen werden unter anderem genutzt für eigene Erklärungen, Untersuchungen, Modellbildungen oder Stellungnahmen.

Aus dieser Definition der Anforderungsbereiche ergibt sich in Kombination mit den Kompetenzbereichen folgende Matrix (◘ Tab. 2.6):

◘ **Tab. 2.6** Anforderungsniveaus für die Kompetenzbereiche in den Bildungsstandards Chemie (KMK 2005b)

	AFB I	AFB II	AFB III
Fachwissen	Kenntnisse und Konzepte zielgerichtet wiedergeben und miteinander verknüpfen	Kenntnisse und Konzepte auswählen und anwenden, neue Sachverhalte erklären	Komplexere Fragestellungen auf der Grundlage von Kenntnissen und Konzepten planmäßig und konstruktiv bearbeiten
Erkenntnisgewinnung	Bekannte Untersuchungsmethoden und Modelle beschreiben und nutzen, Untersuchungen nach Anleitung durchführen und protokollieren	Geeignete Untersuchungsmethoden und Modelle zur Bearbeitung überschaubarer Sachverhalte auswählen und anwenden	Geeignete Untersuchungsmethoden und Modelle zur Bearbeitung komplexer Sachverhalte begründet auswählen und anpassen
Kommunikation	Bekannte Informationen in verschiedenen fachlich relevanten Darstellungsformen erfassen und wiedergeben, Fachsprache nutzen	Informationen erfassen und in geeignete Darstellungsformen situations- und adressatengerecht veranschaulichen, Übersetzung zwischen Alltags- und Fachsprache	Informationen auswerten, reflektieren und für eigene Argumentationen nutzen
Bewertung	Vorgegebene Argumente zur Bewertung eines Sachverhaltes erkennen und wiedergeben, Bewertungen nachvollziehen	Geeignete Argumente zur Bewertung eines Sachverhaltes auswählen und nutzen	Argumente zur Bewertung eines Sachverhaltes aus verschiedenen Perspektiven abwägen und Entscheidungsprozesse reflektieren

Diese Matrix ist ein geeignetes Hilfsmittel für die Praxis zur Aufgabenkonstruktion bei schulischen Kompetenztests (▶ Kap. 4). Durch die Anforderungsbereiche ist die durchschnittliche Schwierigkeit einer Aufgabe beschrieben. Je mehr Aufgaben in einem höheren Anforderungsbereich von einer Person gelöst werden können, desto kompetenter ist sie in diesem Kompetenzbereich. Im Gegensatz zu den Aufgaben der IQB-Kompetenzmodelle (▶ Abschn. 2.3) lassen sich die Anforderungsbereiche nur annäherungsweise stufen.

2.4.4 Aufgabenbeispiele in den Bildungsstandards

Aufgabenbeispiele in den Bildungsstandards haben die Funktion, die Anforderungen der Standards zu illustrieren. Die Aufgaben sind so konzipiert, dass sie bei der Bearbeitung mehrere Kompetenzen gleichzeitig fördern können. Sie sind ausdrücklich nicht als Prüfungsaufgaben gedacht. Das Beispiel in ◘ Abb. 2.1 ist den Bildungsstandards Biologie entnommen.

❓ Kompetenzen fördern und Aufgaben den Bildungsstandards zuordnen
Ordnen Sie der obigen Aufgabe geeignete Standards zu, deren Kompetenzen Sie mithilfe der Aufgabe fördern können und begründen Sie Ihre Auswahl. Wählen Sie für die erforderliche Wissensbasis ein Basiskonzept aus. Vergleichen Sie Ihr Ergebnis mit dem Erwartungshorizont in den Bildungsstandards Biologie (KMK 2005a, S. 28ff.). Reflektieren Sie gegebenenfalls die abweichenden Zuordnungen.

5. Aufgabenbeispiel: Blauer Dunst

Basiskonzept System

> Jede Zigarettenpackung informiert über die Gefährdung durch Rauchen. Die Zahl der Raucherinnen und Raucher nimmt kaum ab, im Gegenteil das Einstiegsalter zum Rauchen ist immer früher.

Quelle: Angelika Frank (Kommission)

Aufgabenstellung:

Entwickeln Sie für die jüngsten Schülerinnen und Schüler Ihrer Schule ein Plakat, das überzeugen soll, nicht mit dem Rauchen anzufangen.

1. Informieren Sie sich vor allem anhand des Lernbuchs über die Sachlage.
2. Entscheiden Sie selbstständig, welche Informationen Sie der angesprochenen Altersgruppe geben und verwenden Sie für Ihre Zielgruppe eine altersgerechte Sprache.

◘ **Abb. 2.1**   Aufgabenbeispiel aus den Bildungsstandards Biologie (KMK 2005a)

2.5   Kompetenzorientierte Aufgaben erstellen

Bereits durch die Ergebnisse der TIMSS-Studie zeigte sich, dass naturwissenschaftliches Wissen deutscher Schülerinnen und Schüler stark faktenbasiert und wenig anwendbar ist (Baumert et al. 1997). Dieser Eindruck erhärtete sich im ersten Jahrzehnt der 2000er-Jahre weiter durch die PISA-Studien (Baumert et al. 2001). Infolgedessen rückte die Gestaltung von Aufgaben im naturwissenschaftlichen Unterricht in den Blick. Zur Förderung einer neuen Aufgabenkultur wurden durch Bund und Länder große Programme aufgelegt, hierzu gehören SINUS (*Steigerung der Effizienz im mathematisch-naturwissenschaftlichen Unterricht*, Bund-Länder-Kommission für Bildungsplanung und Forschungsförderung 1997) und in der Folge die sogenannten *Kontext-Programme ChiK* (Chemie im Kontext, Parchmann et al. 2000), *PiKo* (Physik im Kontext, Mikelskis-Seifert und Duit 2007) und *BiK* (Biologie im Kontext, Bayrhuber et al. 2007), die auch die Kompetenzorientierung wie durch die Bildungsstandards gefordert aufgriffen und in ihren Lernmaterialien und Aufgaben abbildeten.

Aufgaben können grundsätzlich in Lernaufgaben und Prüfungsaufgaben (zu Merkmalen dieses Typs ▶ Kap. 4) unterschieden werden (z. B. Gropengießer 2006; Jatzwauk et al. 2008). Lernaufgaben gliedern sich in einen Informationsteil, der den kontextuellen Rahmen eines naturwissenschaftlichen Phänomens oder Problems beschreibt, und den Aufforderungsteil, der die konkrete Fragestellung umfasst und auf die Lösung abzielt. Optional kann ein Unterstützungsteil angeboten werden, der die Schülerinnen und Schüler mit gezielten strategischen oder inhaltlichen Hinweisen zur Problemlösung führt. Diese Aufgaben helfen bei der didaktischen Strukturierung von Unterrichtsstunden und sind prinzipiell in jeder Phase, d. h. zum Einstieg, zur Erarbeitung, zur Ergebnissicherung und Übung einsetzbar. Daraus ergeben sich ihre vielfältigen Funktionen im naturwissenschaftlichen Unterricht (Stäudel et al. 2014).

Lernaufgaben dienen unter anderem der …

- *Förderung des naturwissenschaftlichen Arbeitens*: Aufgabenstellungen beim Experimentieren und Modellieren sollten offen formuliert sein, sich am Vorwissen der Schülerinnen und Schüler orientieren und ihnen eigenständige Fragestellungen ermöglichen. Hierzu können sie eigenständig oder mit Unterstützung Experimente planen, durchführen und auswerten (▶ Kap. 7).
- *Strukturierung von Wissen*: Die Vielfalt naturwissenschaftlicher Begriffe kann durch die Rückführung auf wesentliche Prinzipien und Basiskonzepte geordnet werden (▶ Abschn. 2.4.2). Für die Erarbeitung von Basiskonzepten sind z. B. *Mapping*-Techniken geeignet, um wesentliche Aspekte eines Themas mit dem Basiskonzept zu verbinden. *Mindmaps* sind geeignet, um hierarchische Strukturen zu gliedern, während *Concept-Maps* Relationen zwischen den genannten Begriffen explizit darstellen (▶ Kap. 6).
- *Sicherung, Wiederholung und Übung*: Ein wesentliches Kriterium für das Behalten neuer Begriffe und ihre Vernetzung ist das erneute Anwenden in weiteren fachspezifischen und fächerübergreifenden Zusammenhängen. Für die intensivere Auseinandersetzung mit einem Thema eignen sich auch verschiedene Spiele, die von den Schülerinnen und Schülern selbst gestaltet werden können (▶ Kap. 6).

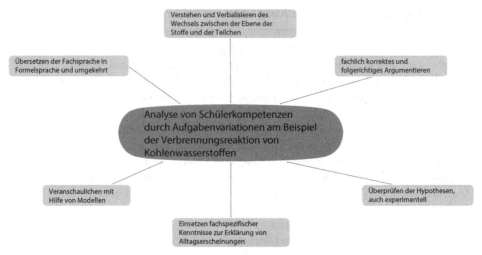

Verstehen und Verbalisieren des
Wechsels zwischen der Ebene der
Stoffe und der Teilchen

Übersetzen der Fachsprache in
Formelsprache und umgekehrt

fachlich korrektes und
folgerichtiges Argumentieren

Analyse von Schülerkompetenzen
durch Aufgabenvariationen am Beispiel
der Verbrennungsreaktion von
Kohlenwasserstoffen

Veranschaulichen mit
Hilfe von Modellen

Überprüfen der Hypothesen,
auch experimentell

Einsetzen fachspezifischer
Kenntnisse zur Erklärung von
Alltagserscheinungen

◘ **Abb. 2.2**   Techniken zur Erstellung kompetenzorientierter Aufgaben (MNU 2007)

■ **Gestaltungsmerkmale von kompetenzorientierten Lernaufgaben (Gropengießer
2006; MNU 2007 ◘ Abb. 2.2)**
Wesentliche Gestaltungsmerkmale kompetenzorientierter Lernaufgaben sind …

Förderung des naturwissenschaftlichen Grundwissens und der Fachsprache
– passen zu den Lernvoraussetzungen und berücksichtigen Schülervorstellungen,
– stellen die Bedeutung des Grundwissens in den Vordergrund, vermeiden dadurch das
  kleinschrittige Abfragen von Details und verknüpfen Begriffe und Prinzipien mit anderen
  Wissens- und Anwendungsgebieten,
– sind oft materialgeleitet und fördern die Fähigkeiten der Schülerinnen und Schüler, mit
  diversen Darstellungsformen (Text, Diagramm, Abbildung usw.) umgehen zu können
  (▶ Kap. 9),

Naturwissenschaftliches Denken und Arbeiten im Fokus
– enthalten offene Fragestellungen, die den Schülerinnen und Schülern Gelegenheit zur
  Entwicklung eigener Hypothesen und Lösungswege geben,
– animieren dazu, auch eigene Fragestellungen zu formulieren,

Kontextorientierung
– sind in alltagsnahe Situationen und Kontexte eingebettet und ermöglichen dadurch einen
  Lebensweltbezug,
– vernetzen Wissenselemente, indem sie erworbene Kenntnisse aus dem im Unterricht
  erzeugten Kontext herauslösen und deren Übertragung auf andere Zusammenhänge
  ermöglichen,

Hilfen
– antizipieren Lernhürden und bieten unterschiedliche Hilfen an und
– ermöglichen die Kooperation und Kommunikation der Schülerinnen und Schüler
  untereinander.

Beispielaufgabe 2.2

Aufgaben aus einem gegebenen Material kompetenzorientiert umformulieren

Folgende Aufgabe (s. Demuth et al. 2006) kann dem Anforderungsbereich I des Kompetenzbereichs Fachwissen, Basiskonzept Chemische Reaktion, zugeordnet werden:

Eine galvanische Zelle ist aus den folgenden Halbzellen aufgebaut: Al/Al^{3+} und Hg/Hg^{2+}

A) Formulieren Sie die Zellenreaktion.

B) Benennen Sie Pluspol und Minuspol der Zelle.

C) Formulieren Sie das galvanische Element in der schematischen Darstellung. Bestimmen Sie die Zellenspannung Δ E0.

Formulieren Sie die Aufgabe so um,

- dass sie der Kompetenzorientierung der Bildungsstandards und dem Anforderungsbereich II oder III entspricht.
- dass mit ihr experimentelle Kompetenzen gefördert werden.

Lösungsvorschlag

Die dargestellte Aufgabe ist stark auf die Reproduktion und Reorganisation von bekannten Fakten aus dem Chemieunterricht im Rahmen einer Unterrichtseinheit zum Thema *Galvanische Elemente* ausgerichtet. Daher sollten bei der Umformulierung in eine kompetenzorientierte Aufgabe folgende Kriterien beachtet werden:

- Die Aufgabe ist in einen Kontext eingebettet und ermöglicht dadurch einen Alltagsbezug im naturwissenschaftlichen Unterricht, die Vorkenntnisse der Schülerinnen und Schüler werden berücksichtigt.
- Das naturwissenschaftliche Grundwissen steht im Vordergrund, das Abfragen von kleinschrittigen Details wird vermieden.
- Wissenselemente werden vernetzt, indem erworbene Kenntnisse aus einem bekannten Zusammenhang herauslöst und hier auf einen neuen Kontext übertragen werden müssen.
- Eine offene Fragestellung wird formuliert, die den Schülerinnen und Schülern Gelegenheit zur Bildung eigener Hypothesen und Lösungswege gibt.

Unter Berücksichtigung dieser Aspekte kann die genannte Aufgabe folgendermaßen umformuliert werden:

Wenn Du mit einer Amalgamfüllung auf ein Stückchen Alufolie beißt, kannst Du stechende Zahnschmerzen bekommen.

- *Erläutere das beobachtete Phänomen unter Berücksichtigung der biologischen und chemischen Fachsprache.*
- *Formuliere eine Vermutung, welche chemische Reaktion die Schmerzempfindung auslöst. Entwickle ein Experiment, mit dem Du Deine Vermutung überprüfen kannst.*

Die neue Aufgabe greift ein aus dem Alltag bekanntes Phänomen auf, indem biologische und chemische Fachkenntnisse angewendet und übertragen werden müssen; in Abhängigkeit von den Vorkenntnissen aus dem Unterricht ist sie damit in den Anforderungsbereich II oder III einzuordnen (◘ Tab. 2.6). Die Förderung experimenteller Kompetenzen wird durch die Aufforderung zur Planung eines Experiments erfüllt (s. E2; KMK 2005b).

Beispielaufgabe 2.3

Aufgaben zur Kompetenzförderung konstruieren

Formulieren Sie eine Aufgabenstellung, mit der Sie Kompetenzen aus dem Kompetenzbereich Kommunikation der KMK-Bildungsstandards im Chemieunterricht fördern können und stellen Sie dar, welche Kompetenzen Sie mit der Aufgabe fördern. Ordnen Sie Ihre Aufgabe einem der drei Anforderungsbereiche zu.

Lösungsvorschlag

Folgende Aufgabenstellung (Demuth et al. 2006) ist geeignet, um Kompetenzen aus dem Kompetenzbereich Kommunikation zu fördern:

Auf das Etikett geschaut.

Alle Reinigungsmittel enthalten mehr oder weniger gefährliche Substanzen als Inhaltsstoffe. Diese Stoffe werden auf den Packungen durch Gefahrenpiktogramme und Sicherheitshinweise gekennzeichnet. Daher ist es wichtig, dass vor dem Gebrauch dieser Produkte die Gebrauchsanweisung beachtet wird, denn selbst kleine Spritzer können zu schweren Verletzungen führen. Vor allem die Augen sind empfindlich und sehr gefährdet.

- *Geh in den Supermarkt oder in die Drogerie und untersuche die Etiketten verschiedener Reinigungsmittel nach Gefahrenpiktogrammen und Sicherheitshinweisen.*
- *Recherchiere im Internet nach Zeitungsartikeln über Unfälle mit Haushaltschemikalien.*
- *Diskutiere in der Klasse über die Vor- und Nachteile der Verwendung von Rohrreinigern.*

Folgende Standards aus dem Kompetenzbereich Kommunikation der Bildungsstandards Chemie (KMK 2005b) werden angesprochen:

Schülerinnen und Schüler …

K 1 recherchieren zu einem chemischen Sachverhalt in unterschiedlichen Quellen,

K 5 stellen Zusammenhänge zwischen Sachverhalten und Alltagserscheinungen her und übersetzen dabei bewusst Fachsprache in Alltagssprache und umgekehrt,

K 8 argumentieren fachlich korrekt und folgerichtig und

K 9 vertreten ihre Standpunkte zu chemischen Sachverhalten und reflektieren Einwände selbstkritisch.

Die Aufgaben können dem Anforderungsbereich III zugeordnet werden: Informationen auswerten, reflektieren und für eigene Argumente nutzen (◊ Tab. 2.6).

2.6 Übungsaufgaben zum Kap. 2

 1. Nennen Sie die vier Kompetenzbereiche der Bildungsstandards Ihres Unterrichtsfachs und beschreiben Sie die dort geforderten Kompetenzen exemplarisch anhand von je zwei konkreten Standards.

2. Basiskonzepte strukturieren in Bildungsstandards und EPA den Kompetenzbereich …

   a. Erkenntnisgewinnung

   b. Kommunikation

   c. Bewertung

   d. Fachwissen

   e. Problemlösen

3. Vergleichen Sie die Basiskonzepte der Bildungsstandards mit denjenigen der einheitlichen Prüfungsanforderungen in der Abiturprüfung (EPA) im Unterrichtsfach Chemie oder Physik. Ordnen Sie die Basiskonzepte der beiden Konzeptionen für ein Unterrichtsfach einander zu.

4. Identifizieren Sie die Themenbereiche aus der Sekundarstufe II, die Sie auf das Basiskonzept *Energetische Betrachtung bei Stoffumwandlungen* (Chemie) zurückführen können. Wählen Sie eine oder mehrere Antworten:
   a. Veresterung
   b. Haber-Bosch-Verfahren
   c. Nernst'sche Gleichung
   d. Reaktionsgeschwindigkeit
   e. Enzymkinetik
   f. Halogenierung von Aromaten
   g. Standardreaktionsenthalpie bei Verbrennungen
   h. Chemisches Gleichgewicht

5. Erläutern Sie anhand des *Gleichgewichtskonzepts* (EPA Chemie), wie sich drei Themenbereiche Ihrer Wahl aus dem Lehrplan Ihres Bundeslandes darüber vernetzen lassen. Fertigen Sie eine *Concept-Map* für die zugehörigen Lerninhalte an.

6. Identifizieren Sie die Themenbereiche aus der Sekundarstufe II, die Sie auf das Basiskonzept *Stoff- und Energieumwandlung* (EPA Biologie) zurückführen können. Wählen Sie eine oder mehrere Antworten:
   a. Fotosynthese
   b. Mendel'sche Regeln
   c. chemische Vorgänge an Synapsen
   d. Antropogene Umweltbelastung
   e. Biodiversität
   f. Proteinbiosynthese
   g. Atmungskette
   h. Mitose
   i. Genmutationen
   j. Einfluss abiotischer Faktoren auf Ökosysteme

7. Erläutern Sie anhand des Basiskonzepts *Kompartimentierung* (EPA Biologie), wie sich drei Themenbereiche Ihrer Wahl aus dem Lehrplan Ihres Bundeslandes darüber vernetzen lassen. Fertigen Sie eine *Concept-Map* für die zugehörigen Lerninhalte an.

8. Sie lassen die folgende Aufgabe im Rahmen einer Projektwoche zum Thema Wasser bearbeiten:
   Kalkgehalt von Trink- und Regenwasser.
   Fülle genau 100 ml Trinkwasser und Regenwasser in jeweils einen Erlenmeyerkolben, gib einige Tropfen Indikatorlösung hinzu und schwenke um. Lass dabei so lange Salzsäure aus der Bürette zutropfen, bis die Farbe der Lösung von gelb auf orangerot umschlägt. Notiere das verbrauchte Volumen Salzsäure und rechne auf Carbonathärte um. 1 ml verbrauchte Salzsäure entspricht 2,8° dH Carbonathärte. Vergleiche den Härtegrad von Trink- und Regenwasser und diskutiere die Unterschiede.
   Ordnen Sie die Aufgabe einem Kompetenzbereich der Bildungsstandards zu. Welche Kompetenzen können damit gefördert werden? Nennen Sie exemplarische Standards, denen Sie diese Kompetenzen zuordnen können.

    a. Bewertung

    b. Kommunikation

    c. Fachwissen, chemische Reaktion

    d. Erkenntnisgewinnung

    e. Fachwissen, Basiskonzept Struktur-Eigenschafts-Beziehungen

9. Ordnen Sie die folgenden Aufgabenstellungen aus der Sekundarstufe I einem Anforderungsbereich zu und begründen Sie Ihre Wahl. Nehmen Sie dazu die Bildungs-standards Chemie zur Hilfe.

    a. Erstelle einen Steckbrief von Ammoniumchlorid (Salmiak) (Demuth et al. 2010).

    b. Informiere Dich über den Säuregehalt der folgenden Früchte: Apfel, Orange, Zitrone, Tomate, Kiwi, Ananas. Lege eine Tabelle an. Ermittle, welche Säure jeweils vorliegt.

    c. *Helicobacter pylori* wurde bisher nur bei Menschen nachgewiesen. Erläutere mögliche Infektionswege (Demuth et al. 2010).

10. In den verschiedenen Regionen der Bundesrepublik trägt *Brassica oleracea convar. capitata var. rubra L.* unterschiedliche Namen: *Rotkohl* im Norden, *Blaukraut* im Süden. Sie geben Ihren Schülerinnen und Schülern die Aufgabe, Faktoren experimentell zu ermitteln, die für diese unterschiedliche Namensgebung verantwortlich sein könnten. Beschreiben Sie drei Kompetenzen, die Sie mit dieser Untersuchung fördern können. Orientieren Sie sich dabei an den Bildungsstandards Biologie oder Chemie.

11. Bei der Überprüfung von Kompetenzen im Biologieunterricht können Arbeitsaufträge unterschiedlich schwierig gestaltet werden. Für den Schwierigkeitsgrad werden in den Bildungsstandards Biologie drei Anforderungsbereiche definiert. Erläutern Sie die drei Anforderungsbereiche anhand des Kompetenzbereichs Kommunikation. Formulieren Sie zu einem ausgewählten Standard einen Arbeitsauftrag, der dem Anforderungsbereich II oder III entspricht.

12. Folgende Aufgabe kann dem Anforderungsbereich I des Kompetenzbereichs Fachwissen Chemie, Basiskonzept Struktur-Eigenschafts-Beziehungen, zugeordnet werden: „Stellen Sie die Reaktionsgleichung für die Verseifung eines Fettes auf." Formulieren Sie die Aufgabe so um, dass sie

    a. dem Anforderungsbereich II oder III entspricht,

    b. mit ihr experimentelle Kompetenzen fördern können.

Ergänzungsmaterial Online:

https://goo.gl/gUf6Kv

Literatur

Baumert J et al (1997) TIMSS – Mathematisch-naturwissenschaftlicher Unterricht im internationalen Vergleich. Deskriptive Befunde. Leske und Budrich, Opladen

Baumert J, Klieme E, Neubrandt M et al (Hrsg) (2001) PISA 2000: Basiskompetenzen von Schülerinnen und Schülern im internationalen Vergleich. Leske und Budrich, Opladen

Bayrhuber H, Bögeholz S, Elster D et al (2007) Biologie im Kontext. MNU 60(5):282–286

Bund-Länder-Kommission für Bildungsplanung und Forschungsförderung (1997) Gutachten zur Vorbereitung des Programms „Steigerung der Effizienz des mathematisch-naturwissenschaftlichen Unterrichts". Bundesministerium für Bildung, Wissenschaft, Forschung und Technologie, Bonn

Bybee RW (2002) Scientific Literacy – Mythos oder Realität? In: Gräber W et al (Hrsg) Scientific Literacy. Der Beitrag der Naturwissenschaften zur Allgemeinen Bildung. Leske und Budrich, Opladen, S 21–43

Demuth R, Parchmann I, Ralle B (Hrsg) (2006) Chemie im Kontext. Cornelsen Verlag, Berlin

Demuth R, Parchmann I, Ralle B (Hrsg) (2010) Chemie im Kontext, Sek I: Säuren und Laugen – nicht nur ätzend. Cornelsen Verlag, Berlin

Dubs R (2006) Entwicklung von Schlüsselqualifikationen in der Berufsschule. In: Arnold R, Lipsmeier A (Hrsg) Handbuch der Berufsbildung, 2. Aufl. VS Verlag für Sozialwissenschaften, Wiesbaden, S 191–203

Europäische Union (2006) Empfehlungen des Europäischen Parlaments und des Rates vom 18. Dezember 2006 zu Schlüsselkompetenzen für lebensbegleitendes Lernen. 2006/962/EG, Amtsblatt der Europäischen Union

Gräber W (1999) „Scientific Literacy" – Naturwissenschaftliche Bildung in der Diskussion. In: Döbrich P (Hrsg) Qualitätsentwicklung im naturwissenschaftlichen Unterricht. Fachtagung am 15. Dezember 1999. GFPF, Frankfurt am Main; DIPF 2002, S 1–28. http://www.pedocs.de/volltexte/2011/3443/pdf/Graeber_Scientific_Literacy_D_A.pdf Zugegriffen: 12.12.2016

Gropengießer H (2006) Mit Aufgaben lernen. In: Gropengießer H, Hötteke D, Nielsen T et al (Hrsg) Mit Aufgaben lernen. Unterricht und Material 5–10, 1. Aufl. Friedrich Verlag, Seelze

Gropengießer H, Kattmann U (2006) Fachdidaktik Biologie, 7. Aufl. Aulis Verlag Deubner, Köln

Staatsinstitut für Schulqualität und Bildungsforschung München (ISB) (2015). Lehrplan Plus Gymnasium. http://www.lehrplanplus.bayern.de/schulart/gymnasium Zugegriffen: 12.12.2016

Jatzwauk P, Rumann S, Sandmann A (2008) Der Einfluss des Aufgabeneinsatzes im Biologieunterricht auf die Lernleistung der Schüler – Ergebnisse einer Videostudie. Zeitschrift für Didaktik der Naturwissenschaften 14:263–283

Kauertz A, Fischer HE, Jansen M (2013) Kompetenzstufenmodelle für das Fach Physik. In: Pant HA, Stanat P, Schroeders U et al (Hrsg) IQB-Ländervergleich 2012. Mathematische und naturwissenschaftliche Kompetenzen am Ende der Sekundarstufe I. Waxmann, Münster, S 92–100

Klieme E, Aveanrius H, Blum W et al (2007) Zur Entwicklung nationaler Bildungsstandards. Eine Expertise. http://edudoc.ch/record/33468/files/develop_standards_nat_form_d.pdf Zugegriffen: 12.12.2016

Klieme E, Artelt C, Hartig J et al (Hrsg) (2010) PISA 2009 – Bilanz nach einem Jahrzehnt. Waxmann, Münster. http://www.pedocs.de/volltexte/2011/3526 Zugegriffen: 12.12.2016

KMK (1989 i.d.F. 2004) Einheitliche Prüfungsanforderungen in der Abiturprüfung Biologie. http://www.kmk.org/fileadmin/Dateien/veroeffentlichungen_beschluesse/1989/1989_12_01-EPA-Biologie.pdf Zugegriffen: 12.12.2016

KMK (2005a) Bildungsstandards im Fach Biologie für den Mittleren Schulabschluss. Luchterhand (Wolters Kluwer Deutschland GmbH), München, Neuwied. https://www.kmk.org/fileadmin/Dateien/veroeffentlichungen_beschluesse/2004/2004_12_16-Bildungsstandards-Biologie.pdf Zugegriffen: 12.12.2016

KMK (2005b) Bildungsstandards im Fach Chemie für den Mittleren Schulabschluss. Luchterhand (Wolters Kluwer Deutschland GmbH), München, Neuwied. https://www.kmk.org/fileadmin/Dateien/veroeffentlichungen_beschluesse/2004/2004_12_16-Bildungsstandards-Chemie.pdf Zugegriffen: 12.12.2016

KMK (2005c) Bildungsstandards im Fach Physik für den Mittleren Schulabschluss. Luchterhand (Wolters Kluwer Deutschland GmbH), München, Neuwied. https://www.kmk.org/fileadmin/Dateien/veroeffentlichungen_beschluesse/2004/2004_12_16-Bildungsstandards-Physik-Mittleren-SA.pdf Zugegriffen: 12.12.2016

KMK (2011a) Kompetenzstufenmodelle zu den Bildungsstandards im Fach Biologie für den Mittleren Schulabschluss – Kompetenzbereiche „Fachwissen" und „Erkenntnisgewinnung". https://www.iqb.hu-berlin.de/bista/ksm Zugegriffen: 12.12.2016

KMK (2011b) Kompetenzstufenmodelle zu den Bildungsstandards im Fach Chemie für den Mittleren Schulabschluss – Kompetenzbereiche „Fachwissen" und „Erkenntnisgewinnung". https://www.iqb.hu-berlin.de/bista/ksm Zugegriffen: 12.12.2016

KMK (2011c) Kompetenzstufenmodelle zu den Bildungsstandards im Fach Physik für den Mittleren Schulabschluss
– Kompetenzbereiche „Fachwissen" und „Erkenntnisgewinnung". https://www.iqb.hu-berlin.de/bista/ksm
Zugegriffen: 12.12.2016

Mayer J, Wellnitz N, Klebba N et al (2013) Kompetenzstufenmodelle für das Fach Biologie. In: Pant HA, Stanat P,
Schroeders U et al (Hrsg) IQB-Ländervergleich 2012. Mathematische und naturwissenschaftliche Kompetenzen am Ende der Sekundarstufe I. Waxmann, Münster, S 74–83

Mikelskis-Seifert S, Duit R (2007) Physik im Kontext. Innovative Unterrichtsansätze für den Schulalltag. MNU
60:265–274

MNU (Hrsg) (2007) Bildungsstandards Chemie, 1. Aufl. Verlag Klaus Seeberger, Neuss

Parchmann I, Ralle B, Demuth R (2000) Chemie im Kontext. Eine Konzeption zum Aufbau und zur Aktivierung fachsystematischer Strukturen in lebensweltorientierten Fragestellungen. MNU 53:132–137

Parchmann I, Gräsel C, Baer A (2006) „Chemie im Kontext": a symbiotic implementation of a context-based teaching and learning approach. Int J Sci Educ 28(9):1041–1062

Renkl A (1996) Träges Wissen: Wenn Erlerntes nicht genutzt wird. Psychologische Rundschau 47:78–92

Riemeier T (2006a) Grenzflächenvergrößerung. Naturwissenschaftliche Prinzipien zum Erklären nutzen. In: Gropengießer H, Höttecke D, Nielsen T et al (Hrsg) Mit Aufgaben lernen. Unterricht und Material 5–10. Friedrich,
Seelze, S 36–40

Riemeier T (2006b) Zerkleinert und doch größer! Ein naturwissenschaftliches Prinzip erfahren. In Gropengießer H,
Höttecke D, Nielsen T et al (Hrsg) Mit Aufgaben lernen. Unterricht und Material 5–10. Friedrich, Seelze, S 41–43

Schelten A (2004) Schlüsselqualifikationen. Wirtschaft und Berufserziehung, Zeitschrift für Berufsbildung, Franz
Steiner Verlag Stuttgart 56(04):11–13

Schmiemann P, Linsner M, Wenning S et al (2012) Lernen mit biologischen Basiskonzepten. MNU – Der mathematische und naturwissenschaftliche Unterricht 65(2):105–109

Stanat B, Artelt C, Baumert J et al (2002) PISA 2000: Die Studie im Überblick. Grundlagen, Methoden und Ergebnisse. Max-Planck-Institut für Bildungsforschung, Berlin. https://www.mpib-berlin.mpg.de/Pisa/PISA_im_Ueber-
blick.pdf Zugegriffen: 12.12.2016

Stäudel L, Tepner O, Rehm M (2014) Mit Aufgaben lernen. Unterricht Chemie 142:2–9

Wadouh J, Sandmann A, Neuhaus B (2009) Vernetzung im Biologieunterricht – deskriptive Befunde einer Videostudie. Zeitschrift für Didaktik der Naturwissenschaften 15:69–87

Walpuski M, Kampa N, Kauertz A (2008) Evaluation der Bildungsstandards in den Naturwissenschaften. Der mathematische und naturwissenschaftliche Unterricht 61:323–326

Walpuski M, Sumfleht E, Pant HA (2013) Kompetenzstufenmodelle für das Fach Chemie. In Pant HA, Stanat P,
Schroeders U et al (Hrsg) IQB-Ländervergleich 2012. Mathematische und naturwissenschaftliche Kompetenzen am Ende der Sekundarstufe I. Waxmann, Münster, S 83–91

Weinert FE (2001) Vergleichende Leistungsmessungen in Schulen – eine umstrittene Selbstverständlichkeit. In
Weinert FE (Hrsg) Leistungsmessungen in Schulen. Beltz Verlag Weinheim, Basel, S 17–31

Wellnitz N, Fischer HE, Kauertz A et al. (2012) Evaluation der Bildungsstandards – eine fächerübergreifende Test-
konzeption für den Kompetenzbereich Erkenntnisgewinnung. Zeitschrift für Didaktik der Naturwissenschaften 18(2):261–291

Ziele und Inhalte des naturwissenschaftlichen Unterrichts

© Springer-Verlag GmbH Deutschland 2017
C. Nerdel, *Grundlagen der Naturwissenschaftsdidaktik*,
DOI 10.1007/978-3-662-53158-7_3

Lehrpläne verstehen sich als Gesamtkonzept für Unterricht. Sie formulieren einerseits Lernziele als überprüfbare Kompetenzen und machen andererseits Aussagen zur Sequenzierung der Inhalte nach Jahrgangsstufen (z. B. Lehrplan plus, ISB 2015). Lehrpläne beschreiben nicht nur Lernergebnisse, sondern auch wesentliche Lernprozesse vor dem Hintergrund didaktischer Prinzipien. Ferner machen sie schulartspezifische Unterschiede deutlich und zeigen Möglichkeiten zur fächerübergreifenden Zusammenarbeit auf. Lehrpläne geben damit einerseits vor, was am Ende eines Bildungsabschnitts als Lernerfolg erreicht werden sollte, andererseits werden für jedes Unterrichtsfach und jede Jahrgangsstufe Inhalte und Themen festgelegt, anhand derer diese Fähigkeiten und Fertigkeiten angewendet und geübt werden.

Zur Bearbeitung dieses Kapitels benötigen Sie den Lehrplan für eines Ihrer Unterrichtsfächer, z. B. in Bayern.

http://goo.gl/xMDkqc

und die Operatorenliste aus den Einheitlichen Prüfungsanforderungen für das Abitur (EPA), z. B. Biologie

http://goo.gl/3ieugK

3.1   Aufbau und Ebenen der Lehrpläne

Lehrpläne sind amtliche oder schulische Dokumente zur Regulierung des Unterrichts, in denen mindestens inhaltliche Vorgaben gemacht werden, und zwar für bestimmte Schularten, Schulstufen, Fächer oder Lernbereiche in bestimmten Jahrgangsstufen. Sie legen die Lernziele und Stoffverteilung für Unterricht in einem Ausbildungsgang fest, die Steuerung erfolgt damit über den Input. Ist dabei der Entscheidungsspielraum der Lehrkräfte groß, spricht man eher von Richtlinien oder Rahmenrichtlinien. In Bayern z. B. haben Lehrpläne mehrere Ebenen (ISB 2015):

1. Bildungs- und Erziehungsauftrag der betreffenden Schulform
2. Übergreifende Bildungs- und Erziehungsziele
3. Fachprofile
4. Grundlegende Kompetenzen (Jahrgangsstufenprofile)
5. Fachlehrpläne

Diese Struktur wird sich eventuell leicht abgewandelt auch in den anderen Bundesländern wiederfinden.

3.2   Begriffliche Klärungen

Lernziele

Lernziele beschreiben die angestrebten Lernergebnisse eines Curriculums oder des Unterrichts. Zu dieser Beschreibung werden die verschiedenen Termini *Lernziel, Lehrziel, Unterrichtsziel und Bildungsziel* verwendet, je nachdem, welche Sicht auf den Lehr-Lernprozess betont werden soll. Unabhängig vom Namen wird konzeptualisiert, welche Kenntnisse, Fähigkeiten, Fertigkeiten und Einsichten die Lernenden anhand bestimmter Lerninhalte (z. B. Unterrichtsthemen aus dem Lehrplan) ausbilden sollen (Mayer 2013, S. 220). Dabei gibt es deutliche Unterschiede in der Detaillierung der Zielformulierungen (▶ Exkurs Lernzielhierarchie).

Lernzielhierarchie

Lernziele können nach Westphalen (1979) in Bezug auf den Abstraktionsgrad unterschieden werden. Er unterscheidet in seiner *Lernzielhierarchie* vier verschiedene Ebenen:

Leitziele
sind sehr allgemeine Ziele, die die Lernprozesse und Erziehungsvorgänge der Schule umfassen und grundsätzlich alle Fächer betreffen. Sie sind zumeist auf der ersten Ebene der Lehrpläne, in den Präambeln, zu finden. Leitziele resultieren aus den Maximen des Grundgesetzes: Würde des Menschen, Verantwortungsbewusstsein, Hilfsbereitschaft, Toleranz, Kommunikations- und Kooperationsfähigkeit, Kritikfähigkeit, Problemlösefähigkeit.

Richtziele
sind allgemeine fachspezifische Ziele, die auch fächerübergreifend sein können. Sie werden als *Beitrag eines Faches zur Bildung* (ISB 2015) formuliert und in den Fachprofilen dargelegt. Nach Spörhase (2012, S. 30f.) stehen auf der *personalen Ebene* die Erziehung und Bildung von Individuen im Mittelpunkt. Dabei soll
- anwendbares, naturwissenschaftliches Wissen und Können,
- grundlegendes Ich-/Natur- und Wissenschaftsverständnis,
- eigenständiges, lebenslanges Lernen gefördert,
- Sprach-/Denkvermögen vermittelt sowie
- eine berufliche Perspektive eröffnet werden.

Auf der *gesellschaftlichen Ebene* sollen Richtziele zur gesellschaftlichen Entwicklung beitragen:
- Erhalt und Weiterentwicklung einer demokratischen Gesellschaft
- Gesunderhaltung der Individuen, Schutz der Umwelt

Auf der *fachwissenschaftlichen Ebene* sollen die Chemie und Biowissenschaften gefördert werden:
- Förderung des wissenschaftlichen Nachwuchses
- Diskurs über die Gesellschaftsrelevanz chemischer und biowissenschaftlicher Forschung fördern

Grobziele
strukturieren die Anforderungen innerhalb eines Faches. Hierzu gehören einerseits der Erwerb und die Anwendung von Fachwissen, andererseits sollen Schülerinnen und Schüler naturwissenschaftliche Arbeitsweisen beherrschen. Beispielsweise in der Chemie können die Schülerinnen und Schüler
- Stoffe aufgrund wichtiger Eigenschaften ordnen,
- die Grundlage der chemischen Energetik erläutern,

- eine grundlegende Vorstellung vom Weg der naturwissenschaftlichen Erkenntnisgewinnung präsentieren,
- einfache Experimente sicherheitsgerecht durchführen, protokollieren und auswerten,
- chemische Formeln und Reaktionsgleichungen erstellen und interpretieren.

Feinziele
sind bei der Planung von Unterrichtsstunden von

Bedeutung (diese können in drei verschiedene Kategorien unterschieden werden, ▶ Abschn. 3.4). Sie werden von der Lehrkraft für eine konkrete Unterrichtsstunde formuliert, um Grobzielvorgaben fachspezifisch bzw. fächerübergreifend und unter Berücksichtigung der Fachprofile des Unterrichtsfaches Physik, Chemie bzw. Biologie zu erfüllen.

3.3   Ohne Ziele kein (Lern-)Weg

Die klare Strukturierung von naturwissenschaftlichem Unterricht mit Zieltransparenz und transparenter Leistungserwartung gilt als Merkmal der Unterrichtsqualität (z. B. Helmke 2015; Meyer 2004). Sie hat einen erheblichen Effekt auf die Lernprozesse der Schülerinnen und Schüler (Hattie 2009). Unterricht ist klar strukturiert, wenn der *Rote Faden* des Unterrichts für die beteiligten Schüler und Lehrkräfte eindeutig ersichtlich und nachvollziehbar ist (Meyer 2004). Die enge Abstimmung und Passgenauigkeit von Unterrichtszielen, -inhalten und Methoden sind hierfür notwendige Voraussetzung.

Funktionen von Lernzielen

Öffentlicher Auftrag, Schwerpunktsetzung und Evaluation
Lernziele definieren Anforderungen, die als öffentlich-gesellschaftlicher Auftrag an naturwissenschaftlichen Unterricht zu verstehen sind. Sie sind Voraussetzung für die Steuerung und Planung von naturwissenschaftlichem Unterricht, z. B. bei der Schwerpunktsetzung von Lerninhalten oder gestuften Lernprozessen. Operationalisierte Lernziele dienen der (intersubjektiven) Überprüfung des individuellen Lernerfolgs und ermöglichen die Erstellung kriteriumsorientierter Prüfungen (vgl. Mayer 2013; ▶ Kap. 4).

3.4   Lernzieltaxonomie

Die Formulierung von Feinzielen für konkrete naturwissenschaftliche Unterrichtsstunden bedarf einer weiteren Unterteilung der Anforderungen. Die naturwissenschaftliche Grundbildung (▶ Kap. 1 und 2) und der mittel- und langfristige Erwerb von Kompetenzen umfassen nicht allein *intellektuelle Fähigkeiten* und Wissensanwendung (▶ Kap. 2). Vielmehr sind mit Blick auf das

⬛ Tab. 3.1 Lernzieltaxonomie (▶ Becker 2007, S. 68f.)

Kognitive Dimension (Anderson und Krathwohl 2001)	Psychomotorische Dimension (Dave 1968)	Affektive Dimension (Krathwohl et al. 1997)
Denken, Verstand, Logik	Handeln, Koordination	Gefühle, Einstellungen, Werte
Sachaussagen	Fähigkeiten	Persönliche Position
1. Erinnern 2. Verstehen 3. Anwenden 4. Analysieren 5. Evaluieren 6. Erstellen	1. Imitation 2. Manipulation 3. Präzision 4. Handlungsgliederung 5. Naturalisierung	1. Wahrnehmen, Beachten 2. Reagieren 3. Werten 4. Organisation 5. Charakterisierung durch einen Wert

Verstehen und Ausführen naturwissenschaftlicher Arbeitsweisen und -techniken sowie auf die ethische Bewertung naturwissenschaftlicher Themen im gesellschaftlichen Zusammenhang auch *motorisches Können* und *emotionales Vermögen* erforderlich. ⬛ Tabelle 3.1 zeigt eine Übersicht zur Stufung der Lernziele in diesen drei genannten Dimensionen.

Am Beispiel der kognitiven Dimension soll die Stufung der Taxonomie genauer ausgeführt werden. Anderson und Krathwohl (2001) definieren als mögliche Lernziele sechs kognitive Prozesse. Die Schwierigkeit und Komplexität der Anforderung steigt von oben nach unten an.

Kognitive Prozesse als Lernziele

(Anderson und Krathwohl 2001; ▶ Becker 2007)

Erinnern – Umfasst den Abruf reproduktiven Wissens aus dem Langzeitgedächtnis (Anforderungsbereich I, Reproduktion; ▶ Kap. 2 und 4). Dieses kann sich auf Einzelfakten, Methoden sowie Theorien und Strukturen beziehen.
Operatoren für die Beschreibung des Verhaltens auf dieser Lernzielstufe sind z. B. nennen, darstellen, skizzieren (▶ EPA Biologie oder Chemie; KMK 1989 i.d.F. 2004).
Verstehen – bezeichnet das Erfassen und den sinnvollen Bezug von verschiedenen Informationsquellen (textbasiert, grafisch, symbolhaft) aufeinander. Im Wesentlichen werden Erklärungen nachvollzogen oder Bekanntes in anderer Form wiedergegeben (Anforderungsbereich II, Reorganisation; ▶ Kap. 2 und 4). Operatoren: erklären, erläutern, definieren, begründen, ableiten, übertragen.
Anwenden – von Informationen und Kenntnissen auf konkrete Situationen und Aufgaben.
Operatoren: anwenden, ermitteln, berechnen, verwenden.
Analysieren – Aufteilung einer Gesamtinformation in sinnvolle Einheiten und Ermittlung der Beziehungen und Zusammenhänge untereinander; dies schließt vergleichende und ordnende Aktivitäten ein (Anforderungsbereich III, Transfer; ▶ Kap. 2 und 4).
Operatoren: analysieren, vergleichen, gegenüberstellen, unterscheiden, einordnen.
Evaluieren – Begründete und kriterienorientierte Beurteilung (gegebenenfalls auch unter Berücksichtigung empirischer Evidenz) bestimmter Situationen oder Sachverhalte.
Operatoren: beurteilen, urteilen, bestimmen, (über-)prüfen, entscheiden, Stellung nehmen.
Erstellen – Auf der Basis begründeter Vermutungen und theoretischer Modelle Prozesse planen und ausführen; die Erstellung von etwas gänzlich „Neuem" erfordert den Abruf und die Zusammenführung aller gegebenen Informationen unter Berücksichtigung weiterer Quellen und eigener Kenntnisse und Fertigkeiten (Anforderungsbereich III, Problemlösen; ▶ Kap. 2 und 4).
Operatoren: (Hypothesen) entwickeln, entwerfen, konzipieren, planen, durchführen.

Beispielaufgabe 3.1
Kognitive Lernziele mit geeigneten Aufgaben überprüfen
Entwerfen Sie zum Thema *Seifen und Tenside* ein Aufgabenset bestehend aus sechs
Aufgaben, die jeweils ausgewählte Fähigkeiten der Stufen der kognitiven Lernziele gemäß
der Taxonomie nach Anderson und Krathwohl (2001) erfassen können. Verwenden Sie dazu
geeignete Operatoren (▶ EPA Chemie).
Lösungsvorschlag
Siehe ◘ Abb. 3.1.

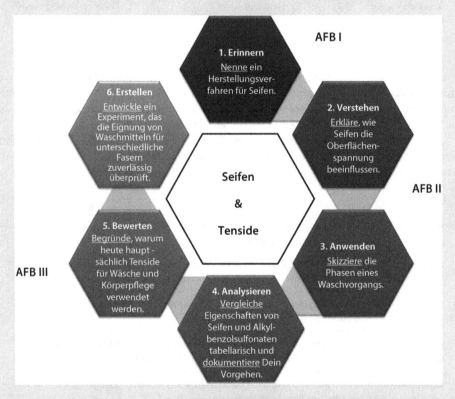

◘ **Abb. 3.1**   Aufgaben zu den Stufen kognitiver Lernziele am Beispiel Seifen und Tenside

Darüber hinaus werden in einer weiteren Dimension vier verschiedene Typen von Wissen
unterschieden: *Faktenwissen* sowie *konzeptuelles, prozedurales* und *metakognitives* Wissen.
Aus der Berücksichtigung beider Dimensionen – der Wissensdimension und der Dimension der kognitiven Prozesse – resultiert eine Matrix, in die sich beliebige Aufgaben einordnen lassen.

Beispielaufgabe 3.2
Aufgaben Wissensdimensionen und kognitiven Lernzielen zuordnen
Ordnen Sie die sechs Aufgaben aus dem vorstehen Beispiel in die Matrix der kognitiven Lernziele ein.

Kognitive Lernziele – Wissensdimension x kognitive Prozesse am Beispiel von Seifen und Tensiden						
	Erinnern	**Verstehen**	**Anwenden**	**Analysieren**	**Evaluieren**	**Erstellen**
Faktenwissen	Aufg. 1					
Konzeptuelles Wissen		Aufg. 2	Aufg. 3	Aufg. 4	Aufg. 5	Aufg. 6 (Aspekt Planung)
Prozedurales Wissen						Aufg. 6 (Aspekt Durchführung)
Metakognitives Wissen				Aufg. 4 (Aspekt Dokumentation)		

Die Tabelle zeigt die Einordnung der sechs Aufgaben aus Beispielaufgabe 3.1. Den Aufgaben 4 und 6 liegen durch zwei Operatoren in der Aufgabenstellung unterschiedliche Wissensdimensionen zugrunde. Bei der Dokumentation in Aufgabe 4 ist metakognitives Wissen über das allgemeine Vorgehen bei einem Vergleich erforderlich. Aufgabe 6 erfordert prozedurales Wissen in Bezug auf die Durchführung von Experimenten.

Eine ausführliche Beschreibung der Stufen der affektiven und psychomotorischen Dimension der Lernziele findet man bei Becker (2007).

3.5 Operationalisierung von Lernzielen für die Unterrichtsplanung

Die Operationalisierung von Lernzielen dient dazu, eine möglichst konkrete Aussage über Lernprozesse und -ergebnisse im Unterricht zu machen. Operationalisierte Lernziele sind damit die Basis für ein beobachtbares und messbares Lernverhalten. Operationalisierte Lernziele haben folgende Bestandteile (Becker 2007; Mager 1974; ▶ Mayer 2006)

Handlungsaspekt – Das angestrebte (und beobachtbare) Lernverhalten wird beschrieben; dies ist der Handlungsaspekt des Lernziels, der eindeutig durch den Operator kenntlich gemacht wird.
Inhaltsaspekt – Die Gegenstände und die Situation, auf die sich das Lernverhalten bezieht, werden unter diesem Aspekt genannt.
Beurteilungsmaßstab – Durch die Definition und detaillierte inhaltliche Beschreibung des Operators wird darüber hinaus der Beurteilungsmaßstab angegeben, nach dem das angestrebte Verhalten erfüllt ist (EPA Biologie/Chemie; ▶ KMK 1989 i.d.F. 2004)

Beispielaufgabe 3.3

Operationalisierte Lernziele zu einer Unterrichtsstunde zum Thema *Fette*

Formulieren Sie jeweils drei kognitive, affektive und psychomotorische Lernziele für eine Unterrichtsstunde zum Thema *Fette*. Kennzeichen Sie den Inhalts- und Handlungsaspekt und verwenden Sie bei der Formulierung geeignete Operatoren.

- Legen Sie die Operatorenliste aus den EPA (KMK 1989 i.d.F. 2004 EPA Biologie/Chemie) sowie die Lehrpläne der Sekundarstufe II in Biologie oder Chemie zur Lösung der Aufgabe bereit.
- Ordnen Sie bei einer Sichtung zunächst die Operatoren den Lernzielbereichen zu.
- Ordnen Sie das Thema Fette gedanklich in den Gesamtzusammenhang einer Unterrichtseinheit der entsprechenden Jahrgangsstufe ein. Nutzen Sie die inhaltlichen Hinweise des Lehrplans und ziehen Sie gegebenenfalls ein Schulbuch zu Rate.

Lösungsvorschlag

Folgende Lernziele können auf der Basis des Lehrplans formuliert werden:

Kognitive Lernziele zum Thema Fette. Die Lernenden sollen …	
die Ausgangsstoffe und Produkte einer Fettsynthese	nennen können
die physikalischen Eigenschaften von Fetten und Ölen anhand ihrer chemischen Struktur	erläutern können
die Esterbindung an einem Modell	erklären können
Inhaltsaspekt	**Handlungsaspekt (Operator)**

Folgende weitere Operatoren können Sie für die Formulierung kognitiver Lernziele verwenden: zuordnen, ergänzen, beschreiben, präsentieren, diskutieren.

Psychomotorische Lernziele zum Thema Fette. Die Lernenden sollen …	
eine Estersynthese mit gegebenen Ausgangsstoffen	durchführen können
ein Strukturmodell eines Esters	herstellen können
den Reaktionsmechanismus einer Fettverseifung	zeichnen können
Inhaltsaspekt	**Handlungsaspekt (Operator)**

Folgende weitere Operatoren können Sie für die Formulierung psychomotorischer Lernziele verwenden: sammeln, ordnen, experimentieren, messen.

Die Operationalisierung nach Mager (1974) hat die kognitiven und psychomotorischen Ziele in den Vordergrund des Unterrichts gerückt. Entsprechend finden sich in den Operatorenlisten kaum geeignete Operatoren für die Operationalisierung von affektiven Lernzielen. Auch aus ethischen Gründen sollten Interessen und Einstellungen im Unterricht nicht bewertet werden. Im Folgenden werden einige Beispiele für affektive Lernziele gegeben.

Affektive Lernziele zum Thema Fette	
Den Lernenden ist die Bedeutung von essenziellen Fettsäuren für eine gesunde Ernährung	bewusst
Die Lernenden zeigen sich an der Bedeutung des Cholesterins für den menschlichen Stoffwechsel und seiner Gesunderhaltung	interessiert
Inhaltsaspekt	**Handlungsaspekt (Operator)**

Weitere Kennzeichen für affektive Lernziele: Interessen, Einstellungen, Wertschätzungen, Werte oder emotionale Haltungen.

Beispielaufgabe 3.4

Operationalisierte Lernziele zum Thema *Aminosäuren* **und** *Proteine* **und ihre Zuordnung zu den Kompetenzbereichen der Bildungsstandards**

Gegeben ist das Themengebiet *Aminosäuren* und *Proteine* der Sekundarstufe II am naturwissenschaftlich-technologischen Gymnasium oder einer beruflichen Oberschule.

1. Bestimmen Sie dafür je zwei kognitive und psychomotorische Feinlernziele.
2. Ordnen Sie die formulierten Lernziele geeigneten Kompetenzbereichen der Bildungsstandards zu.

Lösungsvorschlag zu 1.

Kognitive Lernziele. Die Lernenden sollen …		
LZ 1	die räumliche Struktur eines Proteins	darstellen können
LZ 2	die Säure-Base-Eigenschaft von Aminosäuren	erläutern können
	Inhaltsaspekt	**Handlungsaspekt (Operator)**

Psychomotorische Lernziele. Die Lernenden sollen …		
LZ 3	die Fischer-Projektionsformel einer α-Aminosäure	zeichnen können
LZ 4	eine Titration von Glycin mit Natronlauge zur Bestimmung des isoelektrischen Punkts	durchführen können
	Inhaltsaspekt	**Handlungsaspekt (Operator)**

Lösungsvorschlag zu 2.

Zuordnung der genannten Lernziele zu Bildungsstandards und Basiskonzepten Chemie (KMK 2005b):

LZ 1: Fachwissen, Basiskonzept Stoff-Teilchen-Beziehung; Kommunikation, z. B. K4

LZ 2: Fachwissen, Basiskonzept Struktur-Eigenschafts-Beziehung

LZ 3: Kommunikation, z. B. K4

LZ 4: Erkenntnisgewinnung, z. B. E3

3.6 Strukturierung fachlicher Inhalte durch Lehrpläne oder fächerübergreifende Konzeptionen

Die fachlichen Inhalte der naturwissenschaftlichen Unterrichtsfächer werden durch die Fachlehrpläne auf der untersten Ebene des gesamten Lehrplans konkretisiert (▶ Abschn. 3.1). Darüber hinaus gibt es Ideen, wie naturwissenschaftliche Konzepte und Prinzipien bei der fächerübergreifenden Behandlung herausgearbeitet, konkretisiert und bei der Lehrplanentwicklung berücksichtigt werden können. Diese werden nachfolgend getrennt für die Chemie und Biologie vorgestellt.

3.6.1 Inhalte und Themengebiete für den Chemieunterricht

3.6.1.1 Fachsystematische Orientierung (▶ Lehrpläne und Schulbücher)

Die fachsystematische Orientierung greift auf ein System des Wissens zurück, das sich an grundlegenden Begriffen, Aussagen und Methoden der Chemie und ihrem Zusammenhang orientiert. Diese Systematik findet insbesondere Anwendung in der höheren Mittelstufe und Oberstufe. Charakteristische Beispiele für die Behandlung der Stoffe und Reaktionen in fachsystematischer Orientierung sind z. B. (Pfeifer et al. 2002):

- Stoffe nach ihrer Zusammensetzung: Elemente und Verbindungen, Oxide, Sulfide, Hydroxide, Salze
- die Behandlung der Stoffe nach Elementgruppen des PSE
- Reaktionen nach dem Donator-Akzeptor-Prinzip: Säure-Base-Reaktionen, Redox-Reaktionen
- Reaktionstypen: sich ändernde Konstitution von Stoffen oder Teilchen

3.6.1.2 Orientierung an Basiskonzepten zur Vernetzung (Bildungsstandards/EPA ▶ Kap. 2)

- Stoff-Teilchen-Beziehungen (Die erfahrbaren Phänomene der stofflichen Welt und deren Deutung auf der Teilchenebene werden konsequent unterschieden)
- Struktur-Eigenschafts-Beziehung (Art, Anordnung und Wechselwirkung der Teilchen bestimmen die Eigenschaften eines Stoffes)
- Donator-Akzeptor-Konzept/Gleichgewichtskonzept bzw. die chemische Reaktion
- energetische Betrachtung bei Stoffumwandlungen

Basiskonzepte dienen der Vernetzung von fachlichen Inhalten (▶ Abschn. 2.4.2). Vernetzung wird als *„explicit verbal reference by the teacher to ideas or events from another lesson or part of the lesson"* (Stigler et al. 1999, S. 117) definiert. Sie dient dem Erwerb anwendbaren Wissens. Für kumulative Lernprozesse ist die kohärente und aufeinander aufbauende Sequenzierung des Lehrstoffes notwendig, diese soll durch vielfältige Verknüpfungen der Unterrichtsinhalte erreicht werden. Die Lehrkraft sollte vertikale Verknüpfungen in einem Fach zwischen früheren, aktuellen oder gegebenenfalls auch zukünftigen Lerninhalten im Unterricht schaffen. Darüber hinaus ist auch horizontale Vernetzung von Inhalten förderlich, d.h. die Verknüpfung von Themen unterschiedlicher Fächer (z. B. Biologie und Chemie).

▼ **C 9 Lernbereich 3: Donator-Akzeptor-Konzept – Elektronenübergänge (Bilden und Entladen von Ionen) (ca. 17 Std.)**

Zusätzlich werden für diesen Lernbereich 9 Profilstunden veranschlagt.

Kompetenzerwartungen

 + Üt

Die Schülerinnen und Schüler ...

- erläutern die bei der Salzbildung aus den Elementen beobachteten Veränderungen durch die Entstehung von Atom-Ionen, erklären deren Entstehung mithilfe des Energiestufenmodells und begründen den exothermen Verlauf mithilfe der Gitterenergie als Triebkraft der Salzbildung.
- beschreiben die Ionenbildung als Elektronenübergang zwischen Metall- und Nichtmetall-Atomen und wenden dabei das Donator-Akzeptor-Konzept an.
- beschreiben das Reaktionsverhalten von Metallen in Metallsalzlösungen und deuten es auf der Teilchenebene als Redoxreaktion. Über die Formulierung von Redoxteilgleichungen verdeutlichen sie Elektronenabgabe und Elektronenaufnahme.
- leiten die Reversibilität der Redoxreaktionen aus dem Zusammenhang zwischen erzwungener Redoxreaktion und freiwillig ablaufender Redoxreaktion ab und bewerten u. a. Alltagsformulierungen wie „leere Batterie", „geladener Akku".
- erklären die Darstellung von Metallen aus Salzen und Erzen, indem sie das Donator-Akzeptor-Konzept anwenden.
- berechnen mithilfe von Größengleichungen die Stoffumsätze bei der Herstellung von Metallen.
- bewerten verschiedene Verfahren zur Metallherstellung aus ökologischer, energetischer und wirtschaftlicher Sicht.
- erklären Eigenschaften von Metallen mithilfe des Elektronengasmodells und begründen deren volkswirtschaftliche Bedeutung.

Inhalte zu den Kompetenzen:

- Salzbildung als exotherme Reaktion: Darstellung der ablaufenden Prozesse und der Energiebeteiligungen
- Redoxreaktion als Elektronenübergang zwischen Teilchen: Oxidation als Elektronenabgabe, Reduktion als Elektronenaufnahme (Salzbildung, elektrochemische Abscheidung von Metallen, Elektrolyse)
- Reduktionsmittel als Elektronendonator, Oxidationsmittel als Elektronenakzeptor
- Profil: Elektronenübergang bei der Salzbildung
- elektrochemische Stromerzeugung als freiwillige Redoxreaktion (z. B. Zink-Iod-Batterie, Magnesium-Iod-Batterie)
- Profil: Redoxreihe der Metallatome und -ionen, Bau und Erfinden einfacher Batterien
- Elektrolyse als erzwungene Redoxreaktion (z. B. Elektrolyse einer Kupfer(II)-chlorid-Lösung, Zinkiodid-Lösung)
- Metalldarstellung: Elektrolyse (Herstellung von Natrium und Aluminium), Kohlenstoffatome als Reduktionsmittel (Herstellung von Eisen), Stoffumsatz
- Metalle und Metallbindung: Elektronengasmodell, Eigenschaften (Duktilität, Wärmeleitfähigkeit, elektrische Leitfähigkeit, Glanz), Verwendung (z. B. Baustahl, Stromkabel, Kochgeschirr)
- Profil: Untersuchung der Eigenschaften der Metalle
- weitere Vorschläge für den Profilbereich: Herstellung von Nichtmetallen durch Elektrolyse, Nachweis für Chlor-, Brom-Moleküle (Verdrängungsreaktionen), Thermitverfahren, Pyrotechnik, Wasserstoff-Moleküle als Reduktionsmittel

☑ **Abb. 3.2** Auszug aus dem bayerischen Lehrplan Chemie für das achtjährige Gymnasium (NTG)

Donator-Akzeptor-Konzept – Elektronenübergänge in der Sekundarstufe I
(▶ ISB 2015; ◧ Abb. 3.2)
Die Übertragung des Donator-Akzeptor-Konzepts auf Redoxreaktionen zeigt den Schülern die Analogie zu Säure-Base-Reaktionen und verdeutlicht, dass Oxidation und Reduktion stets miteinander gekoppelt sind. Das Konzept der Oxidationszahl erleichtert den Schülern das Erkennen und Formulieren von Redoxreaktionen. Die große Bedeutung von Redoxvorgängen wird an einigen Beispielen aus Alltag und Technik verdeutlicht. Dabei lernen die Schüler auch das Prinzip der Umkehrbarkeit chemischer Reaktionen kennen.
- Oxidation als Elektronenabgabe, Reduktion als Elektronenaufnahme
- Redoxreaktionen als Elektronenübergänge, Oxidationszahl
- wichtige Reduktions- und Oxidationsmittel
- wechselseitige Umwandlung chemischer in elektrische Energie bei Redoxvorgängen: Batterie oder Akkumulator, Brennstoffzelle, Elektrolyse

Beispielaufgabe 3.5
Lehrplananalyse
Analysieren Sie eine ausgewählte Jahrgangsstufe des Lehrplans Chemie für die Sekundarstufe I.
1. Wählen Sie einen Themenbereich dieser Jahrgangsstufe aus und nennen Sie beispielhaft fachliche Inhalte, die vermittelt werden sollen.

   Lösungsvorschlag
   Ausgewählt wird der Lernbereich 3: *Donator-Akzeptor-Konzept* und *Reversibilität chemischer Reaktionen bei Elektronenübergängen: Redoxreaktionen in wässriger Lösung*. Dieser ist mit ca. 17 Std. im Lehrplan Chemie für das naturwissenschaftlich-technologische Gymnasium (NTG) in Bayern veranschlagt. SuS lernen mit diesem Lernbereich die chemischen Eigenschaften von Alkoholen sowie insbesondere ihr Reaktionsverhalten und ihre Bedeutung in Alltag und Technik kennen. An ihrem Beispiel kann die Isomerie von Kohlenstoffgerüsten betrachtet werden, wobei der Platzierung der Hydroxylgruppe für das chemische Reaktionsverhalten eine besondere Bedeutung zukommt. Zu den typischen Reaktionen der primären Alkohole gehören die Oxidation zu Aldehyden und Carbonsäuren, während sekundäre Alkohole zu Ketonen oxidiert werden. Für das Ethanol werden traditionelle Herstellungsverfahren wie die alkoholische Gärung und seine physiologische Wirkung thematisiert. Weitere Alkohole spielen auch in Natur, Alltag und Technik als Energieträger eine wesentliche Rolle.

2. Ordnen Sie diese Inhalte den Basiskonzepten der Bildungsstandards oder der EPA für das jeweilige Fach zu.

   Lösungsvorschlag
   Die Eigenschaften der Alkohole und ihr Reaktionsverhalten können dem Basiskonzept F2 Struktur-Eigenschafts-Beziehungen zugeordnet werden (z. B. Standard F 2.2, SuS nutzen ein geeignetes Modell zur Deutung von Stoffeigenschaften auf Teilchenebene). Die Oxidation der Alkohole gehört zum Basiskonzept F3 chemische Reaktion, insbesondere zum Donator-Akzeptor-Konzept (z. B. Standard F 3.3: SuS kennzeichnen in ausgewählten

Donator-Akzeptor-Reaktionen die Übertragung von Teilchen und bestimmen die Reaktionsart).

3. Nennen Sie einen weiteren Inhalt (gegebenenfalls auch aus einer späteren Jahrgangsstufe), der sich auf eines der von Ihnen genannten Basiskonzepte zurückführen lässt und erläutern Sie an diesem Beispiel das Prinzip der vertikalen Vernetzung.

    Lösungsvorschlag
    Das Basiskonzept Struktur-Eigenschafts-Beziehungen kann gleichfalls im Lernbereich 4: Donator-Akzeptor-Konzept und Reversibilität bei Nukleophil-Elektro-phil-Reaktionen in der zehnten Jahrgangsstufe des NTG wieder aufgegriffen werden. Hierbei werden die Eigenschaften von Hydroxyl- und Carbonylgruppen auf intra- und intermolekulare Reaktionen bei den Makromolekülen angewendet. Wird bei diesem Thema eine explizite Referenz an den vorherigen Unterricht zum Thema Alkohole im Lernbereich 3 hergestellt und auf das Vorwissen der SuS zurückgegriffen, spricht man von Vernetzung. Vielfältige Verknüpfungen ermöglichen es, Verbindungen zwischen einzelnen Lerninhalten herzustellen und auf diese Weise ein kumulatives Lernen zu ermöglichen.

3.6.1.3 Orientierung an Alltag, Lebenswelt und weiteren fächerübergrei-fenden Themen

◘ Abbildung 3.3 zeigt den Zusammenhang zwischen fächerübergreifenden Kontexten und den Basiskonzepten. Eine ausführliche Betrachtung ausgewählter fächerübergreifender Unterrichts-konzeptionen mit Beispielen erfolgt in ▶ Kap. 8.

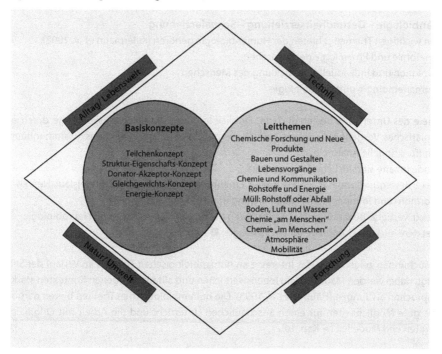

◘ **Abb. 3.3** Fächerübergreifende Themen und Basiskonzepte (MNU 2000; Demuth et al. 2006; KMK 2005b)

○ **Tab. 3.2** Ausgewählte fachsystematisch geordnete Bereiche der Biologie und ihre Betrachtung im fächerübergreifenden Kontext

Fachsystematische Orientierung	Erfahrungsbereiche mit fächerübergreifender Bedeutung
Zellen	
Stoffwechselvorgänge	
Informationsverarbeitung und Verhalten	
Humanbiologie	Gesundheits- und Sexualerziehung
Genetik	Gentechnik und ethische Implikationen
Angepasstheit von Lebewesen	
Ökologie	Umweltbildung
Evolution	

3.6.2 Inhalte und Themengebiete für den Biologieunterricht

Grundsätzlich gelten für den Biologieunterricht vergleichbare Prinzipien der Strukturierung von Fachinhalten wie für die Chemie: (1) Fachsystematische Orientierung, (2) Orientierung an übergreifenden Basiskonzepten, (3) Orientierung am Alltag bzw. an der Lebenswelt (Killermann et al. 2008; ○ Tab. 3.2).

Humanbiologie – Gesundheitserziehung – Sexualerziehung
Zu den wichtigen Themengebieten der Humanbiologie gehören (Killermann et al. 2008):
- Anatomie und Physiologie des Menschen
- Evolution und individuelle Entwicklung des Menschen
- Humanethologie und Soziobiologie

Die Ziele des Unterrichts bestehen darin, Einblick in die zentralen Lebensvorgänge durch ein exemplarisches Vorgehen zu geben. Hierbei werden Struktur und Funktionszusammenhänge betont (funktionelle Anatomie).
Folgende Inhalte sind im Lehrplan verankert:
- Sek I: Bewegungsapparat, Sinnesorgane, Ernährung und Verdauung, Blutkreislauf, Nerven-, Hormon- und Immunsystem, Fortpflanzung und Vererbung ○ Abb. 3.4)
- Sek II: vertiefte Behandlung der molekularen Basis von Stoffwechsel- und Neurobiologie (letztere auch als Grundlage für die Ethologie; ○ Abb. 3.5), Evolution

Untersuchungen zeigen, dass das Interesse an humanbiologischen Themen im Verlauf der Sek I ansteigt, dabei werden Mädchen von lebensweltlichen und alltagsbezogenen Kontexten stärker angesprochen als Jungen (Häußler et al. 1998). Die humanbiologischen Themen bieten darüber hinaus gute Möglichkeiten für einen anschaulichen Unterricht und die Arbeit mit Originalen, Präparaten und Modellen (▶ Kap. 10).

▾ **B10 Lernbereich 3: Stoff- und Energieumwandlung im Menschen (ca. 33 Std.)**

▸ B10 **3.1 Biomoleküle als Energieträger und Baustoffe**

▸ B10 **3.2 Verdauung**

▾ B10 **3.3 Gasaustausch und Atemgastransport im Blutkreislauf**

Kompetenzerwartungen

Die Schülerinnen und Schüler ...

- erklären den Gasaustausch durch Diffusion mithilfe des Struktur-Funktions-Konzepts.
- erläutern die Funktion des Herz-Kreislauf-Systems als Transportsystem zwischen der Umgebung und allen Zellen des menschlichen Körpers bei der Stoffaufnahme und -abgabe.
- erklären die Bedeutung einer aktiven Gesundheitsvorsorge zur Vermeidung von Schädigungen und Erkrankungen der Lunge und des Herz-Kreislauf-Systems und erläutern medizinische Möglichkeiten zu deren Behandlung.

Inhalte zu den Kompetenzen:

- Gasaustausch in der Lunge und in anderen Geweben durch Diffusion: Oberflächenvergrößerung, Konzentrationsunterschied, Diffusionsstrecke
- Sauerstoff- und Kohlenstoffdioxidtransport im Blut, Hämoglobin als Transportprotein
- Herz-Kreislauf-System: Lungen- und Körperkreislauf, Herz (Herzkammern, Herzklappen, Herzzyklus), Blutdruck
- Gesundheitsvorsorge (Bewegung, Ernährung, Gefährdung durch Rauchen), Schädigungen und Erkrankungen (z. B. Arteriosklerose, Herzinfarkt); Bedeutung von Erste-Hilfe-Maßnahmen, Blutspende, Organspende

▾ B10 **3.4 Energiebereitstellung durch Stoffwechselvorgänge**

Kompetenzerwartungen

Die Schülerinnen und Schüler ...

- beschreiben den Glucoseabbau als exotherme Redoxreaktion, in deren Verlauf die abgegebene Energie im Energieträger ATP gespeichert wird, und erläutern die Notwendigkeit dieses mobilen und universellen Energieträgers.
- vergleichen die Stoff- und Energiebilanz des aeroben und anaeroben Abbaus von Glucose in menschlichen Zellen, um die Bedeutung beider Stoffwechselwege für den menschlichen Organismus zu erläutern.

◾ **Abb. 3.4** Auszug aus dem Lehrplan Biologie des achtjährigen Gymnasiums in Bayern, Stoff- und Energieumwandlung im Menschen, zehnte Jahrgangsstufe (ISB 2015)

Biologie 12

Alle aufklappen ⟳

▸ B12 **Lernbereich 1: Erkenntnisse gewinnen – kommunizieren – bewerten**

▸ B12 **Lernbereich 2: Neuronale Informationsweiterleitung (ca. 12 Std.)**

▾ B12 **Lernbereich 3: Stoffwechselphysiologie der Zelle (ca. 26 Std.)**

  ▸ B12 **3.1 Aufbau von energiereichen Stoffen (Assimilation)**

  ▸ B12 **3.2 Umbau von Stoffen**

  ▾ B12 **3.3 Abbau von energiereichen Stoffen (Dissimilation)**

  Kompetenzerwartungen

  Die Schülerinnen und Schüler ...

  - erklären die Bildung von ATP unter Sauerstoffmangelbedingungen mithilfe verschiedener anaerober Abbauwege von Glucose.
  - beschreiben im Überblick den aeroben Abbauweg von Glucose zu Kohlenstoffdioxid, die Bildung von Energieäquivalenten und die Regeneration der Reduktionsäquivalente zur Aufrechterhaltung der Abbaureaktionen und vergleichen sie mit den Stoffwechselwegen der Photosynthese, um grundlegende Prinzipien des Stoffwechsels abzuleiten.
  - erklären durch einen Vergleich der Stoff- und Energiebilanzen des aeroben und anaeroben Abbaus, unter welchen Bedingungen die jeweiligen Abbauwege begünstigt werden.

  Inhalte zu den Kompetenzen:

  - Milchsäuregärung und alkoholische Gärung: Glykolyse (Umsetzung von Glucose zu Brenztraubensäure unter Bildung von ATP und NADH (ohne Strukturformeln)), Regeneration von NAD$^+$; Bedeutung
  - aerober Abbau im Überblick: Glykolyse im Zytoplasma, Abbau von Brenztraubensäure im Mitochondrium zu Kohlenstoffdioxid, Bildung von NADH als energiereicher Zwischenspeicher, Regeneration von NAD$^+$ durch Übertragung von Elektronen und Protonen auf Sauerstoff, chemiosmotisches Modell zur Bildung von ATP
  - Vergleich Photosynthese und Zellatmung: Chloroplast und Mitochondrium (Kompartimentierung, Oberflächenvergrößerung, Membransystem): biochemische Prinzipien (Prinzip einer Elektronentransportkette, Protonengradient, Enzymkatalyse, Prinzip des zyklischen Prozesses, Zerlegung in Teilschritte, ggf. weitere)
  - Energiebilanz des anaeroben bzw. aeroben Abbaus von Glucose, flexible Anpassung von Stoffwechselwegen (Hefezellen, Skelettmuskelzellen)

◘ **Abb. 3.5**   Auszug aus dem Lehrplan Biologie des achtjährigen Gymnasiums in Bayern, Stoffwechselphysiologie der Zelle, Jahrgangsstufe 12 (ISB 2015)

3.7 Unterrichtsprinzipien

Mithilfe von Unterrichtsprinzipien kann eine inhaltliche Schwerpunktsetzung und didaktische Strukturierung von Lehr-Lernprozessen im naturwissenschaftlichen Unterricht erfolgen. Je nach Unterrichtsprinzip können dabei inhaltliche oder methodische Entscheidungen im Vordergrund stehen. Dieses Kapitel schlägt damit schon eine Brücke zum ▶ Kap. 6.

Bei der Stoffauswahl und -anordnung sowie der didaktischen Strukturierung im Rahmen der Unterrichtsplanung und auf übergeordneter Ebene müssen folgende Aspekte berücksichtigt werden:

— Die entwicklungspsychologisch bedingten Voraussetzungen der Schülerinnen und Schüler,
— Gesetzmäßigkeiten des Unterrichtsprozesses als Lehr-Lernprozess,
— gesellschaftliche Absichten (Bildungs- und Erziehungsziele des Unterrichts) und
— die geplante Konzeption des Unterrichts.

◘ Tabelle 3.3 zeigt ausgewählte Unterrichtsprinzipien des naturwissenschaftlichen Unterrichts (Labudde 2010; Pfeifer et al. 2002; Köhler 2012).

❯ Die dargestellten Prinzipien sind nicht unbedingt scharf voneinander zu trennen. Die zugrunde liegenden Lerntheorien wie ein moderater Konstruktivismus sowie Aspekte der methodischen Gestaltung (z. B. Auswahl der Sozialformen, Gestaltung der unterrichtlichen Interaktion) sind fester Bestandteil von mehreren (schülerorientierten) Unterrichtsprinzipien. Auch die Wissenschaftsorientierung ist das leitende Prinzip eines modernen naturwissenschaftlichen Unterrichts, wenn auch mit unterschiedlicher Schwerpunktsetzung (Fachsystematik vs. Kontextorientierung).

3.8 Lehrpläne und Lernziele vs. Bildungsstandards und Kompetenzen im Überblick

Sind nun die jüngsten Ansätze für die Zielbestimmung und Inhaltsauswahl von naturwissenschaftlichem Unterricht, die durch das Konzept der *Scientific Literacy* und die Bildungsstandards geprägt sind, mit der eher traditionellen Herangehensweise mit operationalisierten Lernzielen und den Inhalten des Lehrplans in Einklang zu bringen? Auf den ersten Blick prägen die Unterschiede der beiden Konzeptionen Bildungsstandards und Lehrpläne das Bild (◘ Tab. 3.4).

In den letzten Jahren wurden in den Bundesländern jedoch viele Änderungen an den Lehrplänen vorgenommen, um sinnvolle inhaltliche Vorgaben für den vernetzten Wissensaufbau und die verstärkte Förderung handlungsorientierter Kompetenzen vorzunehmen (ISB 2015). Beispielsweise wird nunmehr explizit auf ausgewählte handlungsorientierte Kompetenzen der Bildungsstandards in den Bereichen Erkenntnisgewinnung, Kommunikation und Bewertung Bezug genommen und Inhalte zu ihrer Umsetzung vorgeschlagen; dies wird am Beispiel des bayerischen Lehrplans in ◘ Tab. 3.5. verdeutlicht. Jedoch zeigt diese Übersicht auch, dass die handlungsorientierten Kompetenzen systematisch in die relevanten naturwissenschaftlichen Themenbereiche eingebunden und mit dem Konzepterwerb vernetzt werden müssen.

Der Lehrkraft stellt sich nun bei der Unterrichtsplanung die Frage, wie Lernziele unter Berücksichtigung der Kompetenzorientierung zu formulieren sind. Nach den vorangegangenen

● Tab. 3.3 Unterrichtsprinzipien gegliedert nach inhaltlichem und methodischem Schwerpunkt

Inhaltlicher Schwerpunkt	Methodischer Schwerpunkt
Exemplarisches Prinzip Schülerinnen und Schüler werden an ausgewählten Beispielen (auch ausgehend von Alltagsbeobachtungen) in die grundlegenden Strukturen einer wissenschaftlichen Disziplin (Themen, Denk- und Arbeitsweisen) eingeführt. Dieses Vorgehen entspricht einem induktiven Erkenntnisweg (▶ Kap. 7), von Spezialfällen auf das Allgemeine schließend. Dieses Prinzip spielt für die Wissenschaftsorientierung des Unterrichts eine große Rolle. Beispiele: Verbrennungsvorgänge an der Luft, genetischer Code am Modellorganismus.	**Das Prinzip der Schülermitbeteiligung** Dieses trägt konstruktivistischen Ansätzen des Lernens Rechnung. Die Mitbeteiligung zielt auf die geistige und praktische Auseinandersetzung mit dem Unterricht auf der inhaltlichen und methodischen Ebene (▶ kognitive Aktivierung im Unterricht). Hierzu gehört sowohl das Üben als auch das Einbeziehen in die Lösung komplexer Aufgaben oder Probleme.
Prinzip der Wissenschaftsorientierung Mit dem *Scientific-Literacy*-Ansatz wird gefordert, dass Schülerinnen und Schüler zentrale Konzepte, Denk- und Arbeitsweisen sowie die epistemologischen Grundlagen der Naturwissenschaften verstehen. Entsprechend setzt dieses Prinzip bei der fachlichen Korrektheit der Inhalte und einem angemessenen Einsatz fachgemäßer Denk- und Arbeitsweisen an. Wissenschaftsorientierung bedeutet jedoch nicht, fachwissenschaftliche Strukturen als exakte Kopie in den Unterricht zu übertragen (Abbilddidaktik). Erforderlich ist eine altersgemäße didaktische Rekonstruktion (▶ Kap. 5) von naturwissenschaftlichen Inhalten und Methoden.	**Prinzip der Handlungsorientierung** „Handlungsorientierter Unterricht ist ein ganzheitlicher und schüleraktivierter Unterricht, in dem die zwischen dem Lehrer und den Schülern vereinbarten Handlungsprodukte die Gestaltung des Unterrichtsprozesses leiten, sodass Kopf- und Handarbeit der Schüler in ein ausgewogenes Verhältnis zueinander gebracht werden können" (Jank und Meyer 2008, S. 314) Kennzeichen: selbstverantwortliche und zielgerichtete Schüleraktivität, Handlungen sind immer mit kognitiven Aktivitäten, z. B. Planungsprozessen zur Erreichung des Handlungsprodukts, eng verknüpft
Prinzip der Anschaulichkeit Das Prinzip der Anschaulichkeit verbindet Konkretes mit Abstraktem. Diese beiden Elemente sollen den Schülerinnen und Schülern beim Finden von Ideen zum Lösen von Problemen helfen. Die Anschauung ist aber nicht zu verwechseln mit ausschließlich bildlich dargestellten Elementen. Gerade in den Naturwissenschaften lässt die unmittelbare Beobachtung im Experiment oder unter dem Mikroskop keine direkten Rückschlüsse auf die Funktionsweise oder Gesetzmäßigkeiten auf submikroskopischer Ebene zu, diese sind häufig nur mit geeigneten (Denk-)Modellen zu klären.	**Situiertes Lernen** Dieses trägt den konstruktivistischen Ansätzen des Lernens Rechnung. Nach dieser Auffassung entsteht neues Wissen auf Basis von bereits Gelerntem und ist kontextgebunden. Der Lernkontext kann sich sowohl auf die Lernsituation (z. B. äußere Faktoren wie der Lernort, die beteiligten Akteure usw.) als auch auf inhaltliche Aspekte beziehen. Die Lernumgebung stellt somit inszenierte oder authentische Kontexte dar, die in die Auseinandersetzung mit den Inhalten eingebunden sind (▶ Kap. 8, Fächerübergreifender Unterricht und Lernen im Kontext). Situiertes Lernen kann durch den Anwendungsaspekt dem *trägen Wissen* entgegenwirken und sowohl Handlungs- als auch Problemlösefähigkeit unterstützen.
Prinzip der Problemorientierung Bestehen für die Lösung von Aufgaben keine geeigneten Handlungsroutinen, ist Problemlösen erforderlich. Zum Problemlösen gehört unter anderem die Analyse eines komplexen Sachverhalts, das Erkennen von Zusammenhängen sowie die Fähigkeit zur Prognose, wie ein System auf Veränderungen reagiert. Problemlösen erfordert gerade in den Naturwissenschaften oft eine systematische Herangehensweise (▶ Kap. 7, Naturwissenschaftliches Arbeiten, Offenes Experimentieren). Hierzu muss das Problem oder die Fragestellung von den Lernenden erfasst, eingegrenzt und mit angemessenen Mitteln untersucht werden.	

3.8 · Lehrpläne und Lernziele vs. Bildungsstandards und Kompetenzen

55

3

◘ **Tab. 3.4** Gegenüberstellung wesentlicher Unterschiede von Lernzielen und Kompetenzen (Conrad 2012)

	Lernziele	Kompetenzen
Zeitlicher Verlauf	Unterrichtsstunde/-einheit	Mittlerer Bildungsabschluss
	Mehrere Halbjahre nur bei Abschlussprüfungen	
Paradigma	Input	Output
Theoretischer Hintergrund	Curriculumtheorie	Theorien der Wissens- und Lernpsychologie
	Behaviorismus und Kognitivismus	Konstruktivistische Ansätze
Struktur und Bereiche	Hierarchie (allgemeine Ziele, Richt-, Grob-, Feinziele)	Bildungsstandards konkretisieren Bildungsziele in Form von Kompetenzanforderungen
	Lernzieldimensionen (kognitiv, psychomotorisch, affektiv)	Beitrag zur Bildung (allgemein und fachspezifisch)
	Zielvorgaben in den Lehrplänen (Grobziele, neuerdings: Kompetenzformulierungen)	Kompetenzbereiche (Fachwissen mit Basiskonzepten, Erkenntnisgewinnung, Kommunikation, Bewertung)
	Lehrkraft formuliert operationalisierte (Fein-)Lernziele für Unterrichtsstunden	Standards (konkrete Kompetenzanforderungen ohne spezifische Lerninhalte)
Fokus in der Praxis	Wissen in den Naturwissenschaften, auch praktische Fähigkeiten (z. B. Arbeitstechniken beherrschen)	Anwendbarkeit von Wissen, Können, Handeln
		Vernetzung
Inhaltliche Differenzierung	Lehrpläne (ministerielle Vorgaben je Bundesland)	Kerncurricula als ministerielle Rahmenvorgaben
	Schul-, Jahrgangsstufen- und Fachspezifität	Schulinterne Curricula mit inhaltlicher Schwerpunktsetzung
	Umfassender Anspruch, dadurch detaillierte Vorgaben, „Stofffülle"	Kernbereich eines Faches
Leistungsüberprüfung	Dezentrale Prüfungen und/oder zentrale landesweite Abschlussprüfungen	Zentrale, bundesweite Abschlussprüfungen aller Kompetenzbereiche
	auf der Basis von EPA (Erwartungshorizont, AFBs)	Messung auf der Basis von empirisch validierten Kompetenzmodellen (Anforderungen, Niveaustufen → erster Entwurf ebenfalls auf der Basis der EPA mit AFBs)

◘ **Tab. 3.5** Bayerischer Lehrplan Plus für die zehnte Jahrgangsstufe Biologie: Erkenntnisse gewinnen – kommunizieren – bewerten (ISB 2015)

Kompetenzerwartungen	Inhalte zu den Kompetenzen
Kompetenzbereich Erkenntnisgewinnung Die Schülerinnen und Schüler …	
– führen unter anderem selbstgeplante naturwissenschaftliche Untersuchungen durch. Dabei nehmen sie die Dokumentation, Auswertung und Veranschaulichung der erhobenen Daten selbständig vor – beschreiben Grenzen des im Rahmen eines naturwissenschaftlichen Erkenntniswegs generierten Wissens und leiten daraus Aussagen zur Gültigkeit dieses Wissens ab	– Naturwissenschaftlicher Erkenntnisweg (Fragestellung, Hypothese, naturwissenschaftliche Untersuchung planen und durchführen, Datenauswertung und -interpretation)
– beschreiben Wechselwirkungen und Stoffwechselprozesse (z. B. Enzymatik) mithilfe von Modellen. Sie entwickeln zu einem Sachverhalt alternative Modelle. Dabei erkennen sie Stärken und Schwächen einzelner Modelle und leiten daraus die Notwendigkeit ab, Modelle kritisch zu betrachten und weiterzuentwickeln	– Entwicklung und Eigenschaften naturwissenschaftlichen Wissens: unter anderem empirische Daten als Gültigkeitskriterien für biologische Modelle und Theorien, Vorläufigkeit, Subjektivität – Eigenschaften und Grenzen von materiellen und ideellen Modellen: unter anderem Schlüssel-Schloss-Modell
Kompetenzbereich Kommunikation Die Schülerinnen und Schüler …	
– beurteilen die Gültigkeit von erhobenen oder recherchierten Daten und finden in diesen Daten Trends, Strukturen und Beziehungen	– Anfertigung und Auswertung verschiedener Darstellungsformen, Wechsel der Darstellungsform: unter anderem Symbol- und Formelsprache, Darstellung qualitativer und quantitativer Zusammenhänge (z. B. *Concept-Maps* und Diagramme)
Kompetenzbereich Bewertung Die Schülerinnen und Schüler …	
– beurteilen die Folgen von Maßnahmen und Verhaltensweisen für die eigene Gesundheit und die Gesundheit anderer, um auch unter Einbezug gesellschaftlicher Perspektiven bewusste Entscheidungen für die Gesunderhaltung (z. B. Impfungen) treffen zu können	– Gesundheitsbewusstsein und Verantwortung: unter anderem Hygiene, Impfung, Ernährung – Entscheidungsfindung als systematischer und begründeter Prozess: Erkennen, Priorisieren und Abwägen von Bewertungskriterien; Formulierung von Handlungsoptionen, Reflexion von Entscheidungen; gesellschaftlich relevante Errungenschaften der Biologie und verwandter Disziplinen (unter anderem Impfungen, Antibiotika) und deren Auswirkung auf Mensch und Umwelt

Betrachtungen (▶ Kap. 2) bietet sich eine längerfristige Planung im Hinblick auf den Aufbau intendierter Kompetenzen an (Conrad 2012). Hierbei ist die konkrete Einzelstunde sinnvoll an der längerfristig angebahnten Kompetenzentwicklung auszurichten. Sowohl die Zielsetzung der einzelnen Unterrichtsstunde auf der konkreten Inhaltsebene als auch die angestrebte Kompetenzebene sollten möglichst präzise formuliert werden. Als pragmatische Lösung bietet sich die Formulierung von Lernzielen mit Verknüpfung zu den angestrebten Bildungsstandards an.

Beispielaufgabe 3.6
Lernziele unter Berücksichtigung der Kompetenzbereiche formulieren
Formulieren Sie Lernziele zu ausgewählten Themenbereichen der Sekundarstufe I im Unterrichtsfach Biologie und setzen Sie diese zu den zu erwerbenden Kompetenzen gemäß der Bildungsstandards (KMK 2005a) in Beziehung.

Lösungsvorschlag
Die Schülerinnen und Schüler …

- können mithilfe von geeigneten Untersuchungsmethoden eine Bodenprobe analysieren und die Ergebnisse in einem Protokoll dokumentieren (Kompetenzbereich Erkenntnisgewinnung E5 [Untersuchung durchführen], E4 [Arten bestimmen]; Kommunikation K3 [Veranschaulichung von Daten]).
- können die Auswirkung eines Antibiotikumeinsatzes auf den Menschen erläutern und die Risiken einer nicht sachgemäßen Verwendung bewerten (Kompetenzbereich Bewertung B2 [Beurteilung von Maßnahmen zur Gesunderhaltung]).
- können am Beispiel der Kohlenhydrate verschiedene Modelle (z. B. Molekülformel, Strukturformel, grafische Darstellung) vergleichen und eine geeignete Repräsentation situationsgerecht auswählen (Kompetenzbereich Erkenntnisgewinnung E9 [Modelle zur Veranschaulichung von Struktur und Funktion], E10 [Modelle zur Veranschaulichung von Wechselwirkungen], E13 [Aussagekraft des Modells]).

3.9 Übungsaufgaben zum Kap. 3

1. Ordnen Sie die genannten Lernzielbereiche in die Taxonomie ein (▶ Abschn. 3.4).
   - psychomotorische Lernziele
   - emotionale Lernziele
   - selbstbezogene Lernziele
   - soziale Lernziele
   - kognitive Lernziele
   - instrumentelle Lernziele
   - affektive Lernziele
2. Erläutern Sie die Bedeutung von operationalisierten Lernzielen für den naturwissenschaftlichen Unterricht.
3. Bildungsstandards, Schulgesetz und Lehrpläne geben keine konkreten Vorgaben für die Gestaltung von Unterricht. In der Festlegung der Feinziele, der inhaltlichen Schwerpunktsetzung und der Methoden- und Medienwahl liegt die didaktisch-methodische Freiheit der Lehrkraft.
   Gegeben sind die folgenden beiden Themengebiete der Sek II:
   - Protolysegleichgewicht und Puffersysteme
   - Galvanische Elemente und Nernst'sche Gleichung
     a. Formulieren Sie jeweils zwei kognitive und psychomotorische Feinlernziele und verwenden Sie dabei geeignete Operatoren.
     b. Nehmen Sie Bezug zu mindestens zwei geeigneten Bildungsstandards (gegebenenfalls in unterschiedlichen Kompetenzbereichen).
     c. Orden Sie je zwei chemische Fachkonzepte der genannten Fachgebiete ausgewählten fächerübergreifenden Leitthemen und Erfahrungsbereichen zu (▶ Abschn. 3.6.1).

    d. Formulieren Sie unter Berücksichtigung von 3 c. geeignete Aufgaben, mit denen Sie überprüfen können, ob die Lernziele aus 3 a. erreicht worden sind.

4. Erläutern Sie, zu welchem Zweck die genannten Nachweismethoden eingesetzt werden und was Ihre Schülerinnen und Schüler beobachten können. Konkretisieren Sie Lernziele und -inhalte für eine Unterrichtsstunde in der Biologie oder Chemie, bei der diese Nachweisreaktionen zum Einsatz kommen können.

Ausgewählte Nachweisreaktionen, die in der Sekundarstufe I und II eingesetzt werden			
Nachweismittel	**Name der Nachweismethode**	**Beobachtung**	**Nachgewiesener Stoff, Erläuterung**
Fehling I + II	Fehling-Probe		
Calciumhydroxid-Lösung	Kalkwasser-Nachweis		
Glühender Holzspan	Glimmspanprobe		
Lugol'sche Lösung (Jod-Kaliumjodid)	Nachweis nach Lugol		

5. Ordnen Sie die Operatoren aus den EPA Biologie, Chemie oder Physik den drei Lernzielbereichen der Taxonomie (▶ Abschn. 3.4, ▶ Tab. 3.1) und anhand der Beschreibung der erwarteten Leistung in den EPA außerdem einem Anforderungsbereich tabellarisch zu.

6. Analysieren Sie den Lehrplan Ihres Bundeslandes für Ihre Schulform und Ihre Unterrichtsfächer. Erläutern Sie an diesem Beispiel
   a. die Strukturierung und Ebenen des Lehrplans,
   b. die Zielsetzungen gemäß der Lernzielhierarchie auf unterschiedlichen Ebenen,
   c. die Bezüge zu den Bildungsstandards, insbesondere die Kompetenzorientierung und die Vernetzung von Lerninhalten über Basiskonzepte,
   und diskutieren Sie, inwieweit Ihnen als Lehrkraft Freiheiten bei der inhaltlichen Schwerpunktsetzung gegeben sind.

7. Recherchieren Sie Vor- und Nachteile von Lehrplänen und Bildungsstandards. Entwickeln Sie ein integriertes Modell für die Praxis des naturwissenschaftlichen Unterrichts, der die positiven Aspekte beider Konzeptionen vereint. Formulieren Sie auf dieser Basis Empfehlungen für die Veränderung des aktuell gültigen Lehrplans Ihres Bundeslandes.

Ergänzungsmaterial Online:

https://goo.gl/0kAVDZ

Literatur

Anderson LW, Krathwohl DR et al (Hrsg) (2001) A taxonomy for learning, teaching and assessing. A revision of Bloom's taxonomy of educational objectives, Abridged Aufl. Longman, New York

Becker GE (2007) Unterricht planen. Handlungsorientierte Didaktik Teil I. Beltz Verlag, Weinheim

Conrad F (2012) „Alter Wein in neuen Schläuchen" oder „Paradigmawechsel"? Von der Lernzielorientierung zu Kompetenzen und Standards. Geschichte in Wissenschaft und Unterricht 63(5/6):302–323

Dave, R. H. (1968). Eine Taxonomie pädagogischer Ziele und ihre Beziehung zur Leistungsmessung. In K. Ingenkamp & T. Marsolek (Hrsg.), Möglichkeiten und Grenzen der Testanwendung in der Schule. Weinheim: Beltz.

Demuth R, Parchmann I, Ralle B (Hrsg) (2006) Chemie im Kontext. Cornelsen Verlag, Berlin

Hattie JAC (2009) Visible learning. Routledge Tailor & Francis Group, London

Häußler P, Bünder W, Duit R et al (1998) Naturwissenschaftsdidaktische Forschung. Perspektiven für die Unterrichtspraxis. IPN, Kiel

Helmke A (2015) Unterrichtsqualität und Lehrerprofessionalität. Diagnose, Evaluation und Verbesserung des Unterrichts, 6. Aufl. Friedrich Verlag, Seelze

Jank W, Meyer H (2008) Didaktische Modelle, 8. Aufl. Cornelsen Verlag, Berlin

Killermann W et al (2008) Biologieunterricht heute. Auer-Verlag, Donauwörth

KMK (1989 i.d.F. 2004) Einheitliche Prüfungsanforderungen in der Abiturprüfung Biologie. http://www.kmk.org/fileadmin/Dateien/veroeffentlichungen_beschluesse/1989/1989_12_01-EPA-Biologie.pdf Zugegriffen: 12.12.2016

KMK (2005a) Bildungsstandards im Fach Biologie für den Mittleren Schulabschluss. Luchterhand (Wolters Kluwer Deutschland GmbH), München. https://www.kmk.org/fileadmin/Dateien/veroeffentlichungen_beschluesse/2004/2004_12_16-Bildungsstandards-Biologie.pdf Zugegriffen: 12.12.2016

KMK (2005b) Bildungsstandards im Fach Chemie für den Mittleren Schulabschluss. Luchterhand (Wolters Kluwer Deutschland GmbH), München. https://www.kmk.org/fileadmin/Dateien/veroeffentlichungen_beschluesse/2004/2004_12_16-Bildungsstandards-Chemie.pdf Zugegriffen: 12.12.2016

Köhler K (2012) Nach welchen Prinzipien kann Biologieunterricht gestaltet werden? In: Spörhase, U (Hrsg) Biologiedidaktik - Praxishandbuch für die Sekundarstufe I und II, 5. Aufl. Cornelsen Verlag, Berlin, S 113–129

Krathwohl DR, Bloom BS, Masia BB (1997) Taxonomie von Lernzielen im affektiven Bereich. Beltz, Weinheim

Labudde P (Hrsg) (2010) Fachdidaktik Naturwissenschaft. 1.–9. Schuljahr. Haupt, Bern

Mager RF (1974) Lernziele und Unterricht. Beltz, Weinheim

Mayer J (2006) Unterrichtsziele und Kompetenzen. In: Eschenhagen D, Kattmann U, Rodi D (Hrsg) Fachdidaktik Biologie, 7. Aufl. Aulis Verlag, Halbergmoos, S 180–189

Mayer J (2013) Unterrichtsziele formulieren. In: Gropengießer H, Harm U, Kattmann U (Hrsg) Fachdidaktik Biologie, 9. Aufl. Aulis Verlag, Halbergmoos, S 220–226

Meyer H (2004) Was ist guter Unterricht? Cornelsen Verlag, Berlin

MNU (2000) Chemieunterricht der Zukunft – Qualitätsentwicklung und Qualitätssicherung. Empfehlungen zur Gestaltung von Lehrplänen bzw. Richtlinien für den Chemieunterricht. MNU 53 (3): SI–XIV

Pfeifer P et al. (2002) Konkrete Fachdidaktik Chemie, 3. Aufl. Oldenbourg Schulbuchverlag, München, S 155–180

Spörhase U (Hrsg) (2012) Biologiedidaktik – Praxishandbuch für die Sekundarstufe I und II, 5. Aufl. Cornelsen, Berlin

Staatsinstitut für Schulqualität und Bildungsforschung München (ISB) (2015) Lehrplan plus. http://www.lehrplanplus.bayern.de/ Zugegriffen: 12.12.2016

Stigler JW, Gonzales P, Kawanaka T et al (1999) The TIMSS videotape classroom study. Methods and findings from an exploratory research project on eight grade mathematics instruction in Germany, Japan and the United States. U.S. Government Printing Office, Washington, DC

Westphalen K (1979) Praxisnahe Curriculumentwicklung. Auer Verlag, Donauwörth

Überprüfung von Kompetenzen und Lernzielen im naturwissenschaftlichen Unterricht

© Springer-Verlag GmbH Deutschland 2017
C. Nerdel, *Grundlagen der Naturwissenschaftsdidaktik*,
DOI 10.1007/978-3-662-53158-7_4

In den ▶ Kap. 1–3 haben Sie *Scientific Literacy* und naturwissenschaftliche Kompetenzen als überfachliche und fachliche Lernziele von naturwissenschaftlichem Unterricht und die Konzeptionen, in denen sie festgelegt werden (EPA, Bildungsstandards und Lehrpläne), kennengelernt. Feedback und Leistungskontrollen dienen der Überprüfung der Zielerreichung und sind sowohl für die Schülerinnen und Schüler als auch für die Qualitätsentwicklung von Schule und Unterricht in unserer Gesellschaft unverzichtbar. Leistungskontrollen operationalisieren den Output des Bildungssystems auf unterschiedlichen Ebenen und machen ihn überprüfbar und vergleichbar. Um den Kompetenzerwerb von Schülerinnen und Schülern überprüfen zu können, bedarf es der Anwendung von Wissen und Kompetenzen im Rahmen geeigneter Frage- und Aufgabenstellungen. In der Schule werden in aller Regel schriftliche und mündliche Leistungskontrollen eingesetzt, um den Unterrichtserfolg zu ermitteln. Praktische Prüfungen sind eher die Ausnahme im allgemeinbildenden Schulsystem und beziehen sich gegebenenfalls auf bestimmte Unterrichtsfächer. Auch für den naturwissenschaftlichen Unterricht können sie mit Blick auf die Überprüfung von experimentellen Kompetenzen stärker an Bedeutung gewinnen. Im Folgenden werden daher die Funktion und Gestaltung von Lernerfolgskontrollen im naturwissenschaftlichen Unterricht sowie unterschiedliche Formen und ihre Bewertung thematisiert.

4.1   Funktion von Lernerfolgskontrollen

Lernerfolgskontrollen erfüllen in der Praxis vornehmlich drei Funktionen (Häussler et al. 1998):

Operationalisierung und Erreichen von Lernzielen
Lernerfolgskontrollen operationalisieren in ihren Fragestellungen und Aufgaben Lernziele und Kompetenzanforderungen des naturwissenschaftlichen Unterrichts, wodurch Fakten- und anwendbares Wissen, Problemlösen, argumentative Fähigkeiten sowie praktische Fertigkeiten usw. überprüft werden können.

Rückmeldung und Bewertung der Lernsituation
Die Rückmeldefunktion von Lernerfolgskontrollen ist pädagogisch orientiert. Die Leistung der Schülerinnen und Schüler soll bewertet und vergleichend eingeordnet werden, um die persönliche Lernentwicklung zu fördern. Dabei können die Stärken und Schwächen des Schülers thematisiert, Potentiale erkannt und ein freundlicher Umgang mit Fehlern gewährleistet werden. Wichtig ist die sichtbare Trennung von Lern- und Leistungssituation und die Schaffung eines angemessenen Rahmens für Prüfungen. Auch eine Überprüfung des Unterrichts auf seine Stärken und Schwächen ist anhand von Lernerfolgskontrollen möglich, so haben sie auch eine Feedbackfunktion für Lehrkräfte.

Selektionsfunktion und (Schul-)Laufbahnempfehlungen
Der Einsatz von Lernerfolgskontrollen dient dem Leistungsvergleich durch Noten und so dem Vergleich zwischen den Lernfortschritten der Schülerinnen und Schüler. Durch die kontinuierliche Überprüfung des Leistungserfolgs und ihre summative Festsetzung in Zeugnissen wird Einfluss auf die weitere (Schul-)Biografie des einzelnen Schülers genommen, z. B. auf die Versetzung in eine höhere Jahrgangsstufe oder die Empfehlung für eine weiterführende Schule. Mit der Erteilung von Schulabschlüssen werden auch die Zugangsberechtigungen

zu weiteren Bildungsinstitutionen (Fachakademien, Fachhochschulen, Universitäten) sowie beruflichen Karrieren und Laufbahnen erleichtert oder (zunächst) nicht ermöglicht.

Schülerinnen und Schüler empfinden Leistungssituationen sehr unterschiedlich. Einigen dienen sie als persönlicher Leistungsmesser und Ansporn, andere empfinden in der Prüfungssituation vornehmlich die negativen Seiten von Stress. Während bei Ersteren die Prüfungssituation die Leistungsfähigkeit steigern kann, überwiegen bei den anderen z. B. Angst, mangelnde Konzentration und sonstige körperliche Reaktionen, was sich negativ auf den Abruf von Wissen und anspruchsvolles Problemlösen auswirken kann. Lehrkräfte sollten deshalb das Prüfungsumfeld so gestalten, dass die Prüfung möglichst angstfrei erlebt werden kann. Prüfungssituationen sollten gut vorbereitet werden und für die Schülerinnen und Schüler transparent gestaltet sein. Eine transparente Leistungserwartung, die bereits im Unterricht angebahnt wurde, gehört zu den Merkmalen guten Unterrichts (Meyer 2004). Lehrkräfte sollten daher klarmachen, was und wie geprüft wird. Zudem können die Rückmeldungen aus vorhergehenden Lernerfolgskontrollen gewinnbringend in den Lernprozess eingebracht und zu Übungszwecken genutzt werden.

4.2 Formen der Lernerfolgskontrollen

Prüfungen können schriftlich, mündlich oder praktisch abgehalten werden. Diese Varianten können weiter differenziert werden, je nachdem, ob ein aktueller Leistungsstand nach einem gewissen Vorbereitungszeitraum (summative Evaluation) oder ein Lernprozess begleitend (formative Evaluation) bewertet werden soll ◘ Tab. 4.1.

◘ **Tab. 4.1** Formen der Lernerfolgskontrollen (in Anlehnung an Spörhase 2012, S. 281f.)

	Lernergebnis/aktueller Leistungsstand (summative Evaluation)	Lernprozess (formative Evaluation)
Schriftlich	Paper-Pencil-Tests mit unterschiedlichen Antwortformaten: – Multiple-Choice-Aufgaben – Lückentext – Zuordnungsaufgabe – *Concept Maps* – Freie Antwortformate	– Hefte und Mappen – Lerntagebücher/Portfolios – Facharbeiten/Seminararbeiten
Mündlich	– Wiederholungen, Zusammenfassungen – Projektprüfungen anstelle einer schriftlichen Prüfung – Nachprüfung – Abiturprüfung	– Mündliche Beteiligung im Unterricht – Bearbeitung von komplexen naturwissenschaftlichen Fragestellungen
Praktisches Arbeiten/ Beobachtbares Verhalten	– Bestimmungsübungen – Beobachtungsaufgaben – Experimentalaufgaben	– Anwendung und Reflexion von naturwissenschaftlichen Arbeitsweisen – Zusammenarbeit mit Mitschülern

Lernerfolgskontrollen des Gymnasiums im Bundesland Bayern

An bayerischen Gymnasien werden Lernerfolgskontrollen in der Gymnasialschulordnung GSO, §53 ff. gesetzlich geregelt. Dort unterscheidet man zwischen *Großen Leistungsnachweisen*, den Schulaufgaben, die einer Bearbeitungszeit von maximal 60 Minuten in den Jahrgangsstufen 5–10 bzw. von maximal 90 Minuten in der Oberstufe entsprechen, und den *Kleinen Leistungsnachweisen*. Letztere unterteilen sich in *Kurzarbeiten* (angekündigt, Prüfung von maximal zehn unmittelbar vorangegangenen Unterrichtsstunden, Prüfungszeit von maximal 30 Minuten), *Stegreifaufgaben* (unangekündigt, Prüfung von maximal zwei unmittelbar vorangegangenen Unterrichtsstunden, Prüfungszeit von maximal 20 Minuten), *fachliche Leistungstests* (angekündigt, Jahrgangsstufen 5–10, zentral oder schulintern, Prüfungszeit von maximal 45 Minuten) und den *Praktikumsberichten*. Des Weiteren umfassen *Kleine Leistungsnachweise* mündliche Rechenschaftsablagen, Unterrichtsbeiträge und Referate sowie praktische Leistungen. Zusätzlich werden im Gymnasium Leistungen in Form einer Seminararbeit in der Oberstufe erbracht. In der gymnasialen Oberstufe sind in den Jahrgangsstufen 11/12 des achtjährigen Gymnasiums in allen Fächern von den Schülerinnen und Schülern mindestens zwei kleine Leistungsnachweise, darunter wenigstens ein mündlicher zu erbringen. Im W-Seminar in 11/1 und 11/2 werden jeweils mindestens zwei kleine Leistungsnachweise gefordert und im P-Seminar zur Studien- und Berufsorientierung mindestens zwei kleine Leistungsnachweise, insbesondere individuelle Projektbeiträge.

Antwortformate von schriftlichen Aufgaben

Aufgaben in Lernerfolgskontrollen bestehen immer aus einer Fragestellung mit einem dazugehörigen Antwortformat. Bei schriftlichen Lernerfolgskontrollen unterscheidet man zwischen *freien* und *gebundenen* Antwortformaten (Bühner 2006, S. 54ff).

4.2.1.1 Gebundene Antwortformate

Gebundene Antwortformate bieten den Vorteil einer kurzen Bearbeitungszeit für die Schülerinnen und Schüler und erlauben der Lehrkraft eine ökonomische Durchführung und Auswertung. Bei der *Zweifachwahlaufgabe* mit Richtig-Falsch-Antworten oder der *Mehrfachwahlaufgabe* (Multiple Choice) sind die Aufgaben in Abhängigkeit von der Komplexität vorgegebener Antworten zumeist leicht verständlich. Der Bearbeitungsmodus ist nahezu selbsterklärend. Aufgaben mit gebundenen Antwortformaten in Zwei- und Mehrfachauswahl müssen eindeutig formuliert werden. Als Nachteil gelten zufällig richtig geratene Lösungen – bei Richtig-Falsch-Antworten liegt diese Ratewahrscheinlichkeit bei 50 %. Dieses Antwortformat eignet sich daher nicht für Leistungstests. Besser sind mindestens vier vorgegebene Antworten, von denen ein oder zwei richtig sein können, die Ratewahrscheinlichkeit ist dann ≤25 %. Um dies zu gewährleisten, müssen die falschen Antworten (Distraktoren) den Prüflingen genauso wahrscheinlich vorkommen wie die richtigen. Ferner sollte darauf geachtet werden, dass die richtigen Antworten gleichmäßig auf unterschiedliche Positionen bei mehreren Testaufgaben verteilt werden. Kritisch wird auch gesehen, dass Multiple-Choice-Aufgaben vorwiegend reproduktives Wissen erfassen können und weniger kreative Problemlösungen.

Umordnungs- und Zuordnungsaufgaben sind ein anderer Typ von gebundenen Antwortformaten. Auch bei ihnen ist die ökonomische Wissensüberprüfung ein Vorteil. Bei diesem Format kann es schwierig sein, geeignete Antwortalternativen zu finden.

4.2.1.2 Freie Antwortformate

Bei freien Antwortformaten sind die Antwortmöglichkeiten grundsätzlich nicht eingeschränkt, hier sind immer die Eigenständigkeit und Kreativität sowie der Wissensabruf und gegebenenfalls auch die Problemlösekompetenz von Schülerinnen und Schülern gefordert. *Ergänzungsaufgaben* fordern z. B. die Nennung eines Begriffs oder das Ausfüllen eines Lückentextes (mit/ohne vorgegebene Antwortoptionen). Es können in der Regel keine Zufallslösungen entstehen, auch komplexe Aufgaben können konstruiert werden. Aufgrund der Kürze der Antworten erfordern diese Aufgaben eher eine Reproduktion von Wissen. Auch können mehrere Begriffe richtig sein, sodass die Lehrkraft den Umgang mit Antwortalternativen sorgfältig abwägen sollte.

Das klassische offene Antwortformat ist die *kurze freie Antwort* oder ein *Kurzaufsatz*, die bzw. der in ganzen Sätzen formuliert wird und in dem fachbezogene Aspekte erläutert oder diskutiert werden. Dieses Antwortformat kann je nach Aufgabenstellung alle Anforderungsbereiche abdecken und von den Schülerinnen und Schülern freie Reproduktion von Wissen, Anwendung oder Transfer erfordern. Es gibt keine Zufallslösungen, und damit ist eine Ratewahrscheinlichkeit nicht vorhanden. Das offene Antwortformat hat eine eingeschränkte Auswertungsobjektivität (▶ Abschn. 4.5.1). Die Lehrkraft sollte daher vor der Korrektur von Klassenarbeiten und Klausuren einen kriteriumsorientierten Erwartungshorizont festlegen. Offene Antwortformate zu bewerten, ist daher sehr aufwendig.

Lernerfolgskontrollen sind so zu stellen, dass die Aufgaben eine unterschiedliche Schwierigkeit aufweisen. Zur Operationalisierung der zu erbringenden Leistung werden in den EPA (KMK 1989 i.d.F. 2004) und den Bildungsstandards (KMK 2005a, b, c) Anforderungsbereiche (AFB) definiert ▶ Kap. 2). Die drei Anforderungsbereiche geben Hinweise auf den Schwierigkeitsgrad einer Aufgabe. Man unterscheidet Reproduktion (AFB I), Reorganisation (AFB II) und Transfer/Problemlösen (AFB III).

Man nimmt von AFB I nach AFB III eine aufsteigende Schwierigkeit an, d. h. Schülerinnen und Schüler, die mehr Aufgaben im Reorganisations- und Transferbereich richtig lösen, werden über die Benotung als fähiger eingestuft als diejenigen, die überwiegend Reproduktionsaufgaben lösen können. Es kann jedoch auch vorkommen, dass Schülerinnen und Schüler, die bestimmte Reproduktionsaufgaben nicht lösen, gute Ergebnisse in der Reorganisation und zum Teil auch im Transfer erbringen. Damit sind die Anforderungsbereiche keine strikten psychometrischen Stufen, wie sie z. B. aus den PISA-Untersuchungen bekannt sind. Neben dieser qualitativen Anforderung kommt es zudem auf die Bezugsnorm und den Bewertungsschlüssel der Lehrkraft an, um den Lernerfolg zu bestimmen (▶ Abschn. 4.3.1).

Beispielaufgabe 4.1
Aufgabenkonstruktion mit gebundenen Antwortformaten und ihre Einordnung in die Anforderungsbereiche
1. Sie haben in der Sekundarstufe II den Vergleich von pflanzlicher und tierischer Zelle behandelt. Entwickeln Sie eine Zuordnungsaufgabe oder Umordnungsaufgabe, die das Verständnis von Struktur und Funktion der Zellorganellen im Vergleich überprüft.

Lösungsvorschlag 1
Variante A: Zuordnungsaufgabe
Aufgabenstellung: Bestimmen Sie den Zelltyp und ordnen Sie die zur Verfügung stehenden Begriffe den Organellen der Zelle zu (◨ Abb. 4.1).

Begriffe:
Chloroplast – Cytosol – Dictyosom – Endoplasmatisches Reticulum – Mitochondrium – Nucleolus – Pflanzenzelle – Ribosom – Tierzelle – Vakuole – Zellkern – Zellwand
Erläuterung zum Erwartungshorizont: Bei dieser Zuordnungsaufgabe wird die zutreffende Zuordnung von Namen zur Bezeichnung der in einer tierischen Zelle vorhandenen Organellen erwartet (Reproduktion). Dazu werden ausgewählte Bezeichnungen von Zellorganellen von tierischer und pflanzlicher Zelle zur Verfügung gestellt. Bei dieser Aufgabe wird gleichzeitig auch die Integration von textlicher und bildlicher Information geübt (▶ Kap. 9). Das abgefragte Wissen ist eher reproduktiv, die Aufgabe damit dem AFB I zuzuordnen.

Variante B: Umordnungsaufgabe
Aufgabenstellung: Erstellen Sie aus vorgegebenen Begriffen ein Begriffsglossar, indem Sie den genannten Organellen die passende Funktion zuordnen (◘ Tab. 4.2).
Erläuterung zum Erwartungshorizont: Zuordnung von Organellen zu Zelltyp und Funktion, überprüft wird Konzeptverständnis (Reproduktion, AFB I).

2. Sie haben in den vergangenen Unterrichtsstunden im Chemieunterricht der Sekundarstufe I den Einstieg in das Thema *Protonenübergänge* mit den wichtigsten Definitionen behandelt. Erstellen Sie einen kurzen Multiple-Choice-Test, der die Kenntnis dieser Fakten und Konzepte überprüft.

Lösungsvorschlag 2
Der Multiple-Choice-Test, der grundlegende Definitionen und Zusammenhänge zum Thema Säuren und Basen überprüft, sollte 3–5 Aufgaben umfassen (◘ Tab. 4.3).

3. Sie haben das Thema *Stoffe und ihre Eigenschaften* in der Orientierungsstufe bzw. der Unterstufe der Sekundarstufe I behandelt. Formulieren Sie einen Lückentext zum Thema *Übergänge in andere Aggregatzustände*.

Lösungsvorschlag 3
Lückentext zum Thema *Übergänge in andere Aggregatzustände*.
Bei 0 °C erstarrt Wasser zu Eis. 0 °C ist die *Erstarrungstemperatur* von Wasser. Im Alltag sprechen wir auch von *Gefrieren*. Sie ist gleich der Schmelztemperatur, bei der Wasser *vom festen in den flüssigen Zustand* übergeht. Erhitzt man Wasser auf 100 °C, beginnt es zu *verdampfen*. Dieses kannst Du z. B. beim Nudelkochen sehr gut beobachten. Legst Du dann einen kalten Deckel auf den Nudeltopf, bilden sich wieder kleine *Wassertropfen* an der Metall- oder Glasoberfläche des Deckels. Der Wasserdampf kühlt sich ab und *kondensiert*.
Optional können den Schülerinnen und Schülern die Lösungsworte für den Lückentext als Hilfestellung vorgegeben werden:
Gefrieren – Wassertropfen – verdampfen – Erstarrungstemperatur – vom festen in den flüssigen Zustand – kondensieren
Auch diese Aufgabe prüft die Reproduktion von Fachbegriffen (AFB I).

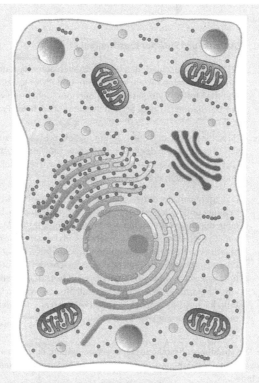

▣ Abb. 4.1 Schematische Darstellung einer eukaryotischen Zelle

▣ Tab. 4.2 Ungeordnete Begriffe mit Struktur- und Funktionsbeschreibungen (Definitionen in Anlehnung an Bayrhuber et al. 2009; Spektrum Akademischer Verlag 1999)

Organell	Struktur- und Funktionsbeschreibung
[1] Chloroplast	[3] Sind Organellen von eukaryotischen Zellen, in denen Citratzyklus, Atmungskette und oxidative Phosphorylierung (Herstellung von ATP) verlaufen. Diese Prozesse werden auch als *Zellatmung*, die Mitochondrien auch als die „Kraftwerke" der Zelle bezeichnet. Die Organellen sind von einer Doppelmembran umhüllt, von denen die innere stark und fingerförmig eingestülpt ist und die Enzyme der Atmungskette und der oxidativen Phosphorylierung beherbergt. In der Matrix des Organells findet der Citratzyklus statt. Auch diese Organellen besitzen eine ringförmige DNA und eigene Ribosomen
[2] Ribosom	[4] Ist ein reich verzweigtes Membransystem, das mit der äußeren Kernmembran (Kernhülle) in Verbindung steht. Das Membransystem kann in zwei funktionell unterschiedliche Bereiche unterteilt werden, in den rauhen und den glatten Teil. Der rauhe Teil besteht aus abgeflachten Hohlräumen (Zisternen); seine Membranen (ebenso wie die äußere Kernmembran) sind an der cytoplasmatischen Seite mit Ribosomen besetzt, an ihnen läuft die Proteinbiosynthese ab. Das Membransystem ist für die Herstellung von Membranbestandteilen für die Zelle und andere Zellorganellen sowie Stofftransport zuständig, der durch Abschnürung von Vesikeln erreicht wird

Tab. 4.2 Fortsetzung

Organell	Struktur- und Funktionsbeschreibung
[3] Mitochondrium	[2] Sind aus verschiedenen Untereinheiten aufgebaut und bestehen aus einer bestimmten Anzahl von Protein- und RNA-Molekülen. Diese Strukturen kommen frei im Cytoplasma oder membrangebunden vor. An ihnen findet die Translation der genetischen Information, d. h. die Proteinsynthese, statt
[4] Endoplasmatisches Reticulum	[5] Ist die lösliche und durch Zentrifugation nicht weiter auftrennbare Fraktion des Cytoplasmas, in der zahlreiche Enzyme und Enzymsysteme (z. B. Enzyme der Glykolyse, Aminosäureaktivierung, Fettsäuresynthese, Nukleotidsynthese und andere) enthalten sind
[5] Cytosol	[1] Organellen, die durch Chlorophylle grün gefärbt und für die Fotosynthese in Algen und höheren Pflanzen verantwortlich sind. Sie bestehen aus einer doppelten Hüllmembran, die die Chloroplasten-Matrix (Stroma) zum Cytoplasma begrenzt. Eingebettet in diese Matrix liegt ein internes Membransystem, die sogenannten Thylakoide, an denen die fotosynthetischen Primärreaktionen stattfinden. Man unterscheidet (einfache) Stroma- und (übereinandergestapelte) Granathylakoide. Die Organellen enthalten ferner eine ringförmige DNA und stellen mithilfe von eigenen Ribosomen auch Proteine her. Die Organellen entwickeln sich aus den kleinen unpigmentierten und formveränderlichen Proplastiden

Umordnungsaufgabe: Die Struktur- und Funktionsbeschreibungen sind durcheinander geraten und passen nicht mehr zu den vorgegebenen Begriffen. Die richtige Sortierung kann man der Nummerierung entnehmen.

Tab. 4.3 Exemplarische Multiple Choice-Aufgaben zum Thema Protonenübergänge

Frage	Multiple-Choice-Antwort
Unter einer Säure versteht man einen Stoff, der …	a. Ein oder mehrere Protonen von einem anderen Stoff empfangen kann b. Ein oder mehrere Hydroxidionen auf einen anderen übertragen kann **c. Ein oder mehrere Protonen auf einen anderen übertragen kann** d. Der entweder Protonen oder Hydroxidionen aufnehmen kann
Folgende Stoffe sind Säuren oder es sind Säuren enthalten …	a. Joghurt, Orangensaft, Haushaltszucker, Butter **b. Essig, Wasser, Coca-Cola, Zitronensaft** c. Olivenöl, Essig, Orangensaft, Rohrreiniger d. Zitronensaft, Mundwasser, Sauerkraut, Hefeteig
Unter einer Neutralisation versteht man …	a. Die Reaktion von Natronlauge und Salzsäure zu einem Ampholyt b. Die Reaktion von einer Säure mit einem Indikator c. Die Reaktion von Kalkwasser mit Kohlenstoffdioxid zu schwerlöslichem Niederschlag **d. Die Reaktion von Oxoniumionen mit Hydroxidionen zu Wasser**

Frage	**Multiple-Choice-Antwort**
Eine Base ist nach Brönstedt …	**a. Protonenakzeptor** b. Ampholyt c. Protonendonator d. Indikator

Die Aufgaben überprüfen vorwiegend Faktenwissen und Begriffsverständnis. Zur Überprüfung der chemischen Fachsprache können weitere Items z. B. mit Reaktionsgleichungen von Säure-Base-Reaktionen hinzugefügt werden. Die Aufgaben haben mit Blick auf die Begriffe stark reproduktive Anteile (AFB I), erfordern aber auch die Übertragung der grundlegenden Definitionen auf neue Substanzen (AFB II).

4.3 Bewertung von Lernerfolgskontrollen

Lernerfolgskontrollen überprüfen den Kompetenzerwerb der Schülerinnen und Schüler und weitere Lernziele des naturwissenschaftlichen Unterrichts. Die Leistungsüberprüfung zielt in der Regel auf kognitive Fähigkeiten und Fertigkeiten ab, die z. B. durch den Einsatz von Paper-Pencil-Tests als Klassenarbeiten und Klausuren oder in mündlichen Kolloquien gemessen werden können. Psychomotorische Fähigkeiten sind aufwendiger zu erfassen und können z. B. durch praktische und handlungsorientierte Tests wie Experimentalaufgaben geprüft werden. Die affektive Dimension sollte nicht bewertet werden.

Bezugsnormen bei der Leistungsbeurteilung in Lernerfolgskontrollen

Bei der Leistungsbeurteilung werden drei Bezugsnormen voneinander unterschieden (Rheinberg 2001).

4.3.1.1 Kriteriumsorientierte (sachliche) Bezugsnorm

Die sachliche Bezugsnorm orientiert sich an den intendierten Lernzielen, der inhaltlichen Korrektheit und weiteren fachbezogenen Standards für eine Aufgabenanforderung in den naturwissenschaftlichen Unterrichtsfächern. Werden Lernerfolgskontrollen nach dieser Bezugsnorm bewertet, erhalten die Lehrkraft und die Schüler eine Rückmeldung über die fachlichen Kompetenzen und Lernfortschritte (bzw. -defizite). Der Bewertungsmaßstab für diese Bezugsnorm ist in der Regel durch eine expertenhafte Musterlösung definiert, die objektiv, d. h. zwischen mehreren fachkundigen Bewertern konsensfähig, richtige zu erwartende Ergebnisse darstellt. Ein solcher Erwartungshorizont wird nach sorgfältiger Analyse der Aufgabenanforderung gegebenenfalls unter Berücksichtigung weiterer Literatur durch die Lehrkraft selbst erstellt und ist auch die Grundlage zur Bewertung jeder schriftlichen Abiturprüfung (KMK 1989 i.d.F. 2004; (▶ Abschn. 4.4.1)). Damit misst man den Lernerfolg nicht in Relation zu einer eigenen oder einer fremden Leistung wie bei den beiden anderen nachfolgend beschriebenen Bezugsnormen, sondern ausschließlich standardisiert in Bezug auf die objektive Richtigkeit eines Lerninhalts bzw. das Erreichen einer Kompetenz. Die Bewertungskriterien können dabei auch gestuft werden, z. B. bei Fachinhalten: falsch – teilweise richtig – richtig oder bei Kompetenzen: Anfänger – Erfahren – Fortgeschritten – Experte, die durch weitere inhaltsbezogene Fähigkeiten und Fertigkeiten operationalisiert werden müssen (vgl. Kompetenzniveaus bei PISA oder bei der Überprüfung von Bildungsstandards der ► Kap. 1 und 2).

4.3.1.2 Soziale Bezugsnorm

Die soziale Bezugsnorm orientiert sich an der Verteilung der Lernergebnisse in einer oder mehreren (zusammengefassten) Lerngruppen, z. B. bei Klassenarbeiten oder schulinternen Vergleichsarbeiten. Dabei werden die individuellen Leistungsergebnisse von Schülerinnen und Schülern in Bezug zur Klasse gesetzt, um eine Normalverteilung aller Ergebnisse zu erreichen. Diese klasseninterne Verteilung wird durchaus kritisch gesehen, weil sie je nach Leistungsspektrum der Referenzgruppe die individuelle Leistung besser oder schlechter erscheinen lässt. Ein mittelmäßiger Schüler bewegt sich auf diese Weise mit ein und derselben Leistung in einer leistungsschwachen Klasse im oberen Mittelfeld, dagegen bei einer leistungsstarken im unteren (*Big-Fish-Little-Pond*-Effekt; dt.: Fischteicheffekt, auch Bezugsgruppeneffekt). Dies kann einen Einfluss auf die Lernmotivation der Schülerinnen und Schüler nehmen.

4.3.1.3 Individuelle Bezugsnorm

Bei der individuellen Bezugsnorm steht die Leistungsentwicklung einer Schülerin oder eines Schülers im Vordergrund. Hierbei wird das aktuelle Leistungsergebnis eines Schülers in Bezug zu seinen vorherigen Leistungen gesetzt, sodass der persönliche Lernfortschritt mithilfe dieser Bezugsnorm sichtbar gemacht wird. Dadurch kann bei leistungsschwächeren Schülern in starken Lerngruppen der *Big-Fish-Little-Pond*-Effekt und damit einhergehende negative Auswirkungen auf die Lernmotivation gegebenenfalls abgemildert werden. Für Selektionsentscheidungen spielt die individuelle Bezugsnorm keine nennenswerte Rolle. Sie kann aber z. B. als Halb- oder Ganzjahres-Trend in die Zeugnisnoten mit einfließen.

4.4   Bewertung von Prüfungsleistungen im Abitur

4.4.1   Schriftliche Abiturprüfung

Als Grundlage für die Leistungsbeurteilung wird ein Erwartungshorizont verfasst, der die ideale Lösung einer Aufgabe schriftlich festlegt. Um für den Prüfling Transparenz bei der Bewertung einer Aufgabe zu schaffen, muss diese mit qualifizierten textlichen Erläuterungen versehen werden. Die Randnotizen der Lehrkraft an der Klausur sollten für eine schlüssige Bewertung neben der fachlichen Richtigkeit, der Qualität und der Kreativität der Lösungsansätze auch die Schlüssigkeit der Argumentation und Qualität der Darstellung (Aufbau, Gedankenführung und fachsprachlicher Ausdruck) berücksichtigen. Aus diesen Erläuterungen muss die Gesamtnote nachvollziehbar sein (KMK 1989 i.d.F. 2004).

Die Notenstufen einer Leistungsüberprüfung verlaufen ungefähr linear (▶ Beispielaufgabe 4.2). Dies soll sicherstellen, dass mit der Bewertung der Schülerleistungen die gesamte Breite der Skala ausgeschöpft werden kann. Die Note *Ausreichend* (05 Punkte) wird bei mindestens 45 % der erwarteten Gesamtleistung erteilt. Dabei reichen richtige Aufgabenlösungen, die nur mit Aufgaben aus dem Anforderungsbereich I erbracht worden sind, allein nicht aus. Die Note *Gut* (11 Punkte) ist bei mindestens 75 % der erwarteten Gesamtleistung zu geben. Dabei sollte die gesamte Darstellung in Gliederung, Gedankenführung, Anwendung fachmethodischer Verfahren sowie in der fachsprachlichen Artikulation den Anforderungen voll entsprechen. Schwerwiegende und gehäufte Verstöße gegen die sprachliche Richtigkeit in der Unterrichtssprache oder gegen die äußere Form sind zu bewerten (KMK 1989 i.d.F. 2004).

4.4.2 Mündliche Abiturprüfung

Die Bewertung mündlicher Leistungen erfolgt grundsätzlich identisch zur Bewertung der schriftlichen Leistungen. Zusätzlich müssen wegen der Diskurssituation folgende Kriterien beachtet werden (KMK 1989 i.d.F. 2004):

- sach- und adressatengerechte Strukturierung und Präsentation
- richtiges Erfassen von Fachfragen, angemessenes Antworten
- Einbringen und Verarbeiten weiterführender Fragestellungen im Verlauf des Prüfungsgesprächs
- Sicherheit des Reagierens und Grad der Beweglichkeit im Umgang mit unterschiedlichen Themenbereichen, Basiskonzepten und Reflexionsebenen

Um die Vergleichbarkeit der Ansprüche transparent zu gestalten und die Notenfindung zu erleichtern, wird für das vorgegebene Thema im ersten Prüfungsteil ein Erwartungshorizont erstellt, aus dem auch die Zuordnung zu den Anforderungsbereichen hervorgeht.

Eine gute mündliche Prüfungsleistung sollte daher die folgenden Kriterien erfüllen:

- **Fachkenntnisse**
- genaues Erfassen der Fragestellung
- sicheres, anwendbares Wissen, gekennzeichnet durch eine umfassende Berücksichtigung der Fachdiskussion
- Nennung aller zentralen Konzepte und zusammenhängende Erläuterung des Themas
- gute, praxisorientierte Beispiele

- **Fachsprache und Argumentation**
- Gute Beherrschung der Fachterminologie
- Treffende Argumentation
- Insgesamt systematische und schlüssige Darstellung

- **Hilfen durch den Prüfer**
- Nur gelegentlich kleine Einhilfen durch den Prüfer erforderlich
- Auf Zwischenfragen erfolgen gute Präzisierungen

Exkurs

Bewertung von Kompetenzen im Bereich Fachmethoden bzw. Erkenntnisgewinnung: Beobachtungen und Experimentalaufgaben

Die Bewertung von zielgerichteten Beobachtungen und Experimentalaufgaben ist in den EPA (KMK 1989 i.d.F. 2004) noch nicht festgelegt, gewinnt aber mit Blick auf die zu messenden Kompetenzen im Bereich Erkenntnisgewinnung auch für den Schulalltag an Bedeutung. Daher ist es sinnvoll, die Leistungen, die im Rahmen des naturwissenschaftlichen Arbeitens erbracht werden, einer Bewertung durch eine geeignete Operationalisierung zugänglich zu machen. Die Bewertung von (hypothesengeleiteten) Beobachtungen und Experimentalaufgaben sollte sich an den Phasen des deduktiven Vorgehens in der naturwissenschaftlichen Forschung orientieren und ein besonderes Augenmerk auf potentielle Schwierigkeiten in diesem Zyklus der Erkenntnisgewinnung richten (▶ Abschn. 7.5.3 ◨ Abb. 7.2). Folgende Kategorien kommen daher für die Bewertung Fähigkeiten und Fertigkeiten im Bereich der Erkenntnisgewinnung in Frage (ergänzt in Anlehnung an Spörhase 2012 und Mayer et al. 2013):

Fragestellung und Hypothesen
– Verständnis, Konkretisierung oder freie Gestaltung einer naturwissenschaftlichen Fragestellung
– Formulierung von Hypothesen (mit Bezug zur Frage-/Problemstellung) mit oder ohne Hilfestellung
– Alternativhypothesen
– Postulierte Zusammenhänge

beschreiben und begründen können

Planung von Experimenten
– Planung und Entwicklung von einfachen oder komplexeren, aussagekräftigen Experimenten zur Lösung des jeweiligen Problems
– Variablenkontrolle und (schriftliche) Darstellung eines Versuchsplans
– Überprüfung der Machbarkeit aufgrund des vorhandenen und des erreichbaren Materials; Auswahl geeigneter Versuchsmaterialien, durchdachter Versuchsaufbau; Abwägung von möglichen Alternativen
– Angemessene Darstellung eigener Vorstellungen, Abwägen der Vorschläge anderer (nur bei Teamleistung)

Durchführung von Experimenten
– Sorgfalt bei praktischen Tätigkeiten
– angemessene Behandlung der Geräte, Säubern der Geräte, Aufräumen des Arbeitsplatzes
– Standfestigkeit des Versuchsaufbaus, Einsatz angemessener Materialmengen
– Genauigkeit
– Ausschalten störender Faktoren
– Exakte Beobachtung, exaktes Ablesen von Messgeräten
– Versuchsskizze und exaktes schriftliches Festhalten der Beobachtungen

und anderer Ergebnisse (Protokollführung)

Auswertung von Experimenten
– Übersichtliches Anordnen von Ergebnissen
– geeignete Visualisierung anfertigen (z. B. Schemazeichnung oder Diagramm)
– Werte berechnen und Zusammenhänge zwischen Variablen mit mathematischen Methoden darstellen

Deutung der experimentellen Ergebnisse und Schlussfolgerungen
– Aufbereitete Daten interpretieren und auf die formulierten Vermutungen beziehen
– Fähigkeit, das eigene Tun zu erläutern
– Fehler erklären und nicht zutreffende Vermutungen im Gespräch oder am Versuchsergebnis korrigieren können
– Verallgemeinern und Modellieren

Optional: Experimentieren als Teamarbeit
– Fähigkeit, arbeitsteilig vorzugehen
– Fähigkeit, Partner beim Experimentieren angemessen zu berücksichtigen
– Bereitschaft zur Übernahme wenig angenehmer Aufgaben
– Bereitschaft, auf Argumente anderer einzugehen

Beispielaufgabe 4.2
Erstellung eines Bewertungsschlüssels

Sie schreiben in Ihrem naturwissenschaftlichen Unterrichtsfach in der Sekundarstufe eine Klausur. Die Arbeit umfasst insgesamt vier Aufgaben, die im Wesentlichen nach Schwierigkeit geordnet sind: Aufgaben 1 und 2 sind Reproduktionsaufgaben mit einem kleinen Anteil an Reorganisation, die Aufgaben 3 und 4 sind Reorganisationsaufgaben und erfordern in einigen Teilen den Transfer von Wissen. Bei der Erstellung des Erwartungshorizonts planen Sie, insgesamt 18 Punkte zu vergeben: Aufgabe 1 erhält 4 Bewertungseinheiten (BE), Aufgabe 2 erhält 6 BE, Aufgabe 3 erhält 5 BE und Aufgabe 4 erhält 3 BE.

a. Beurteilen Sie, ob die genannte Bewertung der Aufgaben mit den Anforderungen der EPA übereinstimmt.

Lösungsvorschlag

Die vorläufigen Bewertungseinheiten der Aufgaben entsprechen den Vorgaben der EPA. Werden die beiden einfachsten Aufgaben 1 und 2 mit überwiegend Reproduktion richtig gelöst, werden über 45 % richtige Lösungen erzielt. Dadurch, dass die zweite Aufgabe auch Anteile an Reorganisation (AFB II) enthält, kann die Note Ausreichend (Note 4 bzw. 5 Punkte) gegeben werden. Für die Note Gut (Note 2 oder 11 Punkte) müssen 75 % der Arbeit richtig gelöst und 13,5 BE erreicht worden sein. Daher müssen die beiden Reorganisationsaufgaben mit Anteilen Transfer zusätzlich mindestens zur Hälfte richtig gelöst werden, wenn Aufgabe 1 und 2 erfolgreich beantwortet wurden.

b. Konzipieren Sie einen Bewertungsschlüssel für die Klausur.

Lösungsvorschlag

Ein Bewertungsschlüssel sollte über die gesamte Spanne der Notenpunkte einen linearen Verlauf aufweisen. Die Note ist abhängig von den richtigen Lösungen der Klausur, die prozentual ausgedrückt werden. Um das Kriterium der Linearität zu erfüllen, bieten sich 5 %-Abstände zwischen zwei Notenpunkten an. Der Bewertungsschlüssel weicht allerdings ganz oben und unten von dieser Einteilung ab: 15 Punkte werden nur bis 96 % richtige Lösungen erteilt, für das Erreichen von 3 Punkten sind 35 % und von 1 Punkt 21 % richtige Lösungen erforderlich. Diese Abweichungen sind notwendig, da sonst die Forderungen der EPA nicht erfüllt werden können (mindestens 45 % richtige Lösungen für 5 Punkte, mindestens 75 % richtige Lösungen für 11 Punkte ► Abschnitt 4.4.1). Die folgende Tabelle zeigt die komplette Stufung eines exemplarischen Bewertungsschlüssels.

Linearer Verlauf eines Bewertungsschlüssels			
Richtige Lösungen [%]	**Note [Punkte]**	**Richtige Lösungen [%]**	**Note [Punkte]**
100–96	15	60–56	7
95–91	14	55–51	6

Fortsetzung

Richtige Lösungen [%]	Note [Punkte]	Richtige Lösungen [%]	Note [Punkte]
90–86	13	50–46	5
85–81	12	45–41	4
80–76	11	40–35	3
75–71	10	34–28	2
70–66	9	27–21	1
65–61	8	20–0	0

Der Bereich von 15 Punkten sowie von 0–3 Punkten ist vom linearen Verlauf ausgenommen. 15 Punkte werden ab 96 % richtige Lösungen erteilt, und um 3 Punkte zu erreichen, sind 35 % richtige Lösungen erforderlich.

c. Benoten Sie mithilfe des erstellten Bewertungsschlüssels aus b. das Ergebnis Ihrer Schülerin Julia, die die reproduktiven Anteile der Aufgaben 1 und 2 lösen sowie die Reorganisationsaufgabe 3 vollständig lösen kann.

Lösungsvorschlag
Julia hat in der Klausur folgende Teilergebnisse erbracht:
Aufgabe 1: 4 von 4 BE
Aufgabe 2: 4 von 6 BE
Aufgabe 3: 5 von 5 BE
Aufgabe 4: 0 von 3 BE
Gesamt: 13 von 18 BE
13 BE entsprechen 72 % richtigen Aufgabenlösungen, Julias Klausur wird damit mit einer 2– (10 Punkte) bewertet.

4.5   Gütekriterien von Leistungsmessungen

Die Gütekriterien sind psychometrische Kriterien, die die Qualität eines Messinstruments für einen aktuellen Leistungsstand garantieren sollen. Sie gelten für die Schulpraxis als hilfreiche Orientierung für Qualitätsmerkmale. Jedoch werden aus pragmatischen Erwägungen auch Abstriche bei bestimmten Kriterien gemacht. Drei Hauptgütekriterien werden unterschieden: *Objektivität, Reliabilität, Validität* (Moosbrugger und Kelava 2012)

4.5.1   Objektivität

Das Kriterium der Objektivität ist bei einer Prüfung erfüllt, wenn verschiedene Bewerter einer Prüfungsleistung unabhängig voneinander zu einer übereinstimmenden Bewertung kommen. Dazu müssen klare und anwenderunabhängige Regeln für die Ergebnisinterpretation vorliegen

(Moosbrugger und Kelava 2012). Die Objektivität hängt damit auch von der Aufgabenart ab. Mutiple-Choice-Aufgaben (▶ Beispielaufgabe 4.1) weisen eine hohe Objektivität auf, weil ihre richtigen Antworten sehr leicht erkannt und für jeden offensichtlich festgelegt werden können. Dagegen unterliegen freie Antworten viel stärker der Interpretation, insbesondere solche Aufgabenlösungen, die „gerade noch richtig" gewertet werden können. Ein detaillierter Erwartungshorizont und eine genaue Auswertungsanweisung sind daher wichtige Voraussetzung für die Gewährleistung der Auswertungsobjektivität.

4.5.2 Reliabilität (Zuverlässigkeit)

Eine Prüfung misst reliabel (zuverlässig), wenn sie die zu prüfenden Fähigkeiten und Fertigkeiten genau und ohne Messfehler erfasst (Moosbrugger und Kelava 2012). Gute Schülerleistungen können zuverlässig und genau von schlechten getrennt werden. Entsprechend sollten Aufgaben, die eine geringe Trennschärfe aufweisen, ersetzt werden. In der Psychologie spricht man bei Testaufgaben von einem Deckeneffekt, wenn die Aufgaben so leicht sind, dass sie von allen Prüflingen beantwortet werden können (bzw. von einem Bodeneffekt, wenn die Aufgaben zu schwer sind, dass sie keiner beantworten kann). Die Abfrage von Fachwissen, das alle beherrschen, ist daher für Prüfungszwecke nicht geeignet. Dennoch werden solche „Eisbrecherfragen" manchmal an den Anfang einer Prüfung gestellt, um den Schülerinnen und Schülern ein Kompetenzerlebnis zu ermöglichen und die Motivation positiv zu beeinflussen.

4.5.3 Validität (Gültigkeit)

Eine Prüfung ist valide (gültig), wenn sie misst, was sie messen soll. Die inhaltliche Validität einer Prüfung wird in der Regel nach fachlichen und logischen Überlegungen durch Experten (z. B. durch die Lehrkräfte) beurteilt (Moosbrugger und Kelava 2012).

Stellt man sich eine Zielscheibe vor (❏ Abb. 4.2), ist der Mittelpunkt dieser Scheibe das angestrebte Konstrukt, das mit einer Prüfung erfasst werden soll (z. B. Grundwissen zu einem biologischen Thema, eine bestimmte experimentelle Kompetenz im Chemieunterricht, eine psychologische Eigenschaft wie Anstrengungsbereitschaft oder Aufmerksamkeit etc.). Die Treffer auf der Scheibe stellen die Prüfungsaufgaben dar, mit denen das Konstrukt erfasst werden soll. Häufen sich die Aufgaben (Treffer) um das zu erfassende Konstrukt (Mittelpunkt der Zielscheibe), wird es mehr oder weniger gut erfasst, je nachdem wie groß die Streuung ist. Je besser die Aufgaben inhaltlich abgestimmt sind (dicht beieinanderliegende Treffer), desto reliabler (zuverlässiger)

| Weder reliabel noch valide | Ausreichende Reliabilität und Validität | Ausreichende Reliabilität aber nicht valide | Gute Reliabilität aber nicht valide | Gute Reliabilität und gute Validität |

❏ **Abb. 4.2** Reliabilität und Validität

erfassen sie das Konstrukt. Dabei kann es auch passieren, dass die Aufgaben inhaltlich das gleiche messen und sehr reliabel sind, aber nicht das zu überprüfende Konstrukt valide erfassen. In dem Fall liegt eine dichte Wolke von Treffern außerhalb des Zentrums. Dieser Fall ist tatsächlich auch in der schulischen Praxis des naturwissenschaftlichen Unterrichts relevant: Mit längeren Einleitungstexten, die zusätzliche fachliche Hintergrundinformationen zur Lösung einer Aufgabe bereitstellen (z. B. PISA- oder Abituraufgaben), steigt die Anforderung an die fachbezogene Lesekompetenz, die nicht mit dem Fachwissen zu einem Thema gleichzusetzen ist. In diesem Fall werden möglicherweise effiziente Lesestrategien eher erfasst als das Verständnis von fachlichen Konzepten in einem neuen Anwendungszusammenhang.

Objektivität und Reliabilität (Zuverlässigkeit) sind damit Voraussetzungen für die Validität. Sie gilt als wichtigstes Gütekriterium, weil nur bei hinreichender Validität eine Verallgemeinerung des gezeigten Prüfungsverhaltens auch auf andere Situationen zulässig ist.

4.6 Übungsaufgaben zum Kap. 4

1. Erläutern Sie die Unterschiede zwischen einer kriteriumsorientierten und sozialen Bezugsnorm. Begründen Sie, ob sich beide Varianten gleichermaßen für den naturwissenschaftlichen Unterricht eignen.
2. Formulieren Sie drei unterschiedlich schwere Aufgaben zum Thema Neurobiologie bzw. Säure-Base-Reaktionen. Variieren Sie dabei (möglichst systematisch) das Antwortformat. Formulieren Sie eine begründete Vermutung, wie sich dieses auf den Schwierigkeitsgrad Ihrer Aufgaben auswirkt. (Tipp: Lassen Sie von Ihnen formulierten Biologie- bzw. Chemieaufgaben einmal in Ihrer Lerngruppe bearbeiten und diskutieren Sie mit Ihren Kommilitonen Ihre Vermutung anhand der Ergebnisse.)
3. Erstellung eines Biologie- oder Chemietests
   a. Sammeln Sie Aufgaben für ein Thema der Unterstufe (z. B. Natur und Technik) oder der Mittelstufen (z. B. 9. Jahrgangsstufe Biologie bzw. Chemie) und erstellen Sie aus den gegebenen Aufgaben einen Test.
   b. Vergeben Sie Bewertungseinheiten für die Aufgaben, die die Anforderungsbereiche und damit die Schwierigkeit der Aufgaben berücksichtigen.
   c. Erstellen Sie einen Notenschlüssel basierend auf den Kriterien EPA.
4. Gütekriterien
   a. Diskutieren Sie die Bedeutung von zwei psychometrischen Gütekriterien, die bei der pädagogischen Diagnostik Anwendung finden, für die Bewertung von Klassenarbeiten und Klausuren im naturwissenschaftlichen Unterricht. Berücksichtigen Sie dabei auch das Antwortformat.
   b. Erläutern Sie zu den Testkriterien aus 2a) jeweils zwei praktische Möglichkeiten, die das Einhalten dieser Gütekriterien im Schulalltag gewährleisten.
5. Ergänzen Sie in ◨ Abb. 4.2 die mittlere Zielscheibe, die ausreichend reliable aber nicht valide Aufgaben darstellt.
6. Ergänzen Sie die beiden folgenden Sätze:
   a. Wenn eine Aufgabe neben den biologischen/chemischen Fähigkeiten auch hohe Anforderungen an das Leseverständnis einer Textaufgabe stellt, ist die Aufgabe nicht ....
   b. Eine Testwiederholung im Chemieunterricht mit gleichen Schülern muss zu gleichen Ergebnissen kommen, um .... zu sein.

Ergänzungsmaterial Online:

https://goo.gl/Ml3uAF

Literatur

Bayrhuber H, Drös R, Kull U (2009) Linder Biologie Schülerband 11 Bayern. Westermann Schroedel Diesterweg, Braunschweig

Bühner M (2006) Einführung in die Test- und Fragebogenkonstruktion. Pearson Studium, München

Häussler P, Bünder W, Duit R et al (1998) Naturwissenschaftsdidaktische Forschung – Perspektiven für die Unterrichtspraxis. , IPN, Kiel

KMK (1989 i.d.F. 2004) Einheitliche Prüfungsanforderungen in der Abiturprüfung Biologie. http://www.kmk.org/fileadmin/Dateien/veroeffentlichungen_beschluesse/1989/1989_12_01-EPA-Biologie.pdf Zugegriffen: 12.12.2016

KMK (2005a) Bildungsstandards im Fach Biologie für den Mittleren Schulabschluss. Luchterhand (Wolters Kluwer Deutschland GmbH), München, Neuwied. https://www.kmk.org/themen/qualitaetssicherung-in-schulen/bildungsstandards.html#c2604 Zugegriffen: 12.12.2016

KMK (2005b) Bildungsstandards im Fach Chemie für den Mittleren Schulabschluss. Luchterhand (Wolters Kluwer Deutschland GmbH), München, Neuwied. https://www.kmk.org/themen/qualitaetssicherung-in-schulen/bildungsstandards.html#c2604 Zugegriffen: 12.12.2016

KMK (2005c) Bildungsstandards im Fach Physik für den Mittleren Schulabschluss. Luchterhand (Wolters Kluwer Deutschland GmbH), München, Neuwied. https://www.kmk.org/themen/qualitaetssicherung-in-schulen/bildungsstandards.html#c2604 Zugegriffen: 12.12.2016

Mayer J, Wellnitz N, Klebba N et al (2013) Kompetenzstufenmodelle für das Fach Biologie. In: Pant HA, Stanat P, Schroeders U, Roppelt A, Siegle T, Pöhlmann C (Hrsg) IQB-Ländervergleich 2012. Mathematische und naturwissenschaftliche Kompetenzen am Ende der Sekundarstufe I. Münster,Waxmann, S 74–83

Meyer H (2004) Was ist guter Unterricht? 1. Aufl., Cornelsen Scriptor, Berlin

Moosbrugger H, Kelava A (2012) Qualitätsanforderungen an einen psychologischen Test (Testgütekriterien). In: Moosbrugger H, Kelava A (Hrsg) Testtheorie und Fragebogenkonstruktion, 2. Aufl. Springer, Heidelberg

Rheinberg F (2001) Bezugsnormen und schulische Leistungsbeurteilung. In: Weinert FE (Hrsg) Leistungsmessung in Schulen, 2. Aufl. Beltz, Weinheim, S 59–71

Spektrum Akademischer Verlag (1999) Lexikon der Biologie. Spektrum Akademischer Verlag, Heidelberg. http://www.spektrum.de/lexikon/biologie/ Zugegriffen: 12.12.2016

Spörhase U (2012) Wie lässt sich Unterrichtserfolg ermitteln? In: Spörhase U (Hrsg) Biologiedidaktik – Praxishandbuch für die Sekundarstufe I und II. Cornelsen, Berlin

Didaktische Rekonstruktion für den naturwissenschaftlichen Unterricht

© Springer-Verlag GmbH Deutschland 2017
C. Nerdel, *Grundlagen der Naturwissenschaftsdidaktik*,
DOI 10.1007/978-3-662-53158-7_5

Nach konstruktivistischer Auffassung des Lehrens und Lernens vollzieht sich ein Lernprozess auf der Basis bisherigen Wissens, indem Verknüpfungen zwischen alten Wissensbeständen und neuen Elementen hergestellt werden (Nückles und Wittwer 2014, S. 227). Schülerinnen und Schüler lernen daher mit ihren bisherigen Kenntnissen, Erfahrungen und Eindrücken. Für Lehrkräfte ist es dann wichtig zu wissen, welche solcher Alltagsvorstellungen oder Präkonzepte die Lernenden in den naturwissenschaftlichen Unterricht mitbringen, um an diese fachlich anzuknüpfen oder sie auch gegebenenfalls zu modifizieren, da sie häufig nicht mit den aktuellen fachlichen Modellen und Theorien übereinstimmen. Hier setzt das Modell der *Didaktischen Rekonstruktion* an. Es betrachtet die fachliche und die Schülerperspektive gleichermaßen, ohne eine als vorrangig für die Gestaltung von Unterricht zu betrachten. Lehrkräfte können von diesem Forschungsmodell profitieren, indem sie seine Leitfragen bei der Unterrichtsplanung berücksichtigen (Kattmann 2007a).

5.1   Wie kann ein Thema sinnvoll und fruchtbar unterrichtet werden?

Das Modell zur *Didaktischen Rekonstruktion* wurde an der Universität Oldenburg und am IPN Kiel als Forschungsmodell entwickelt (Kattmann et al. 1997) (◘ Abb. 5.1). Die *Didaktische Rekonstruktion* bietet einen theoretischen Rahmen zur Planung, Durchführung und Auswertung fachdidaktischer Lehr-Lernforschung. Sie basiert auf konstruktivistischen Theorien vom Lernen und Lehren (Schnotz 2001) und bezieht modifizierte Theorien zu Vorstellungsbildung und -änderung (▸ *Conceptual Change*; Krüger 2007) sowie die Theorie des erfahrungsbasierten Verstehens ein (Gropengießer 2007).

Ziel der *Didaktischen Rekonstruktion* ist die Strukturierung von Wissenschaftsbereichen unter pädagogischer Zielsetzung (Kattmann et al. 1997). Das Verhältnis von Schülerperspektiven und fachlichen Vorstellungen muss für die Unterrichtsgegenstände so entwickelt werden, dass damit fruchtbar gelernt werden kann. Mit Blick auf die Vermittlungsabsicht müssen Vorstellungen von Schülerinnen und Schülern und Wissenschaftlern zusammengebracht werden. Dabei ist wichtig, dass die Schülervorstellungen nicht einfach als fehlerhaft und wissenschaftliche Vorstellungen als richtig verstanden werden. Vielmehr sind sie in ihrem jeweiligen Kontext und in ihrer besonderen Funktion zu sehen. Durch diesen wechselseitigen Bezug werden neue Perspektiven für die didaktische

◘ **Abb. 5.1**   Modell der *Didaktischen Rekonstruktion, Fachdidaktisches Triplett* (Kattmann et al. 1997)

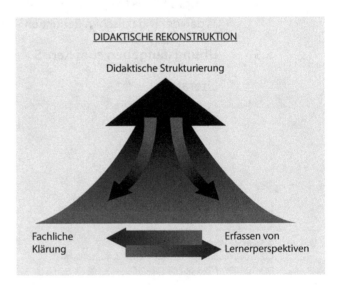

Strukturierung bei der Unterrichtsplanung eröffnet. Da diese drei Untersuchungsaufgaben zusammenhängen, empfiehlt sich ein rekursives Vorgehen (Kattmann 2007a; Kattmann et al. 1997).

■ **Bedeutung des Modells für den Unterricht**

Das Modell der *Didaktischen Rekonstruktion* zeigt, wie Bezüge zwischen fachlichen bzw. interdisziplinären Aspekten der Bezugsdisziplin (hier: Biologie oder Chemie) und der Lebenswelt der Schülerinnen und Schüler (z. B. Vorverständnis, Anschauungen, Werthaltungen etc.) hergestellt werden können. Dabei erweisen sich die Leitfragen der *Didaktischen Rekonstruktion* bei der Unterrichtsplanung und -reflexion als hilfreich. Ferner können bereits ausgearbeitete Unterrichtsvorschläge, die auf dem Modell der *Didaktischen Rekonstruktion* basieren, im Unterricht eingesetzt werden (Kattmann 2007b).

5.2   Leitfragen der Didaktischen Rekonstruktion

5.2.1   Fachliche Klärung

Unter diesem Aspekt sind aktuelle und historische Quellen zu betrachten, die einen Beitrag zur Theorie- und Modellbildung in den fachwissenschaftlichen Bezugsdisziplinen der naturwissenschaftlichen Unterrichtsfächer sowie zu ihrer Praxis leisten. Infrage kommen hierfür Originalveröffentlichungen von Wissenschaftlern, Essays, Gutachten, Lehrbuchtexte oder Praktikumsanleitungen. Kattmann (2007a) formuliert folgende Leitfragen für die fachliche Klärung:

– Welche fachwissenschaftlichen Aussagen liegen zu einem Bereich vor, wo zeigen sich deren Grenzen?
– Welche Genese, Funktion und Bedeutung haben die wissenschaftlichen Vorstellungen und in welchem Kontext stehen sie?
– Welche wissenschaftlichen und epistemologischen Positionen sind erkennbar?
– Wo sind Grenzüberschreitungen sichtbar, bei denen bereichsspezifische Erkenntnisse auf andere Gebiete übertragen werden?
– Welche ethischen und gesellschaftlichen Implikationen sind mit den wissenschaftlichen Vorstellungen verbunden?
– Welche Bereiche sind von einer Anwendung der Erkenntnisse betroffen?
– Welche lebensweltlichen Vorstellungen finden sich in historischen und aktuellen wissenschaftlichen Quellen?

Kattmann (2007a, S. 95)

5.2.2   Beachten von Schülervorstellungen

Die Forschung zu Schülervorstellungen hat in der Didaktik der Naturwissenschaften eine lange Tradition (Häußler et al. 1998; Steffensky et al. 2005; Barke 2006). Auch das Modell der *Didaktischen Rekonstruktion* erfordert die empirische Untersuchung von Lernvoraussetzungen und Präkonzepten, die mit den aktuellen fachlichen Modellen und Theorien abzugleichen sind. Für die Beachtung von Schülervorstellungen ergeben sich folgende Leifragen:

- Welche Vorstellungen entwickeln Schüler in fachbezogenen Kontexten?
- In welche größeren Zusammenhänge ordnen die Lernenden ihre Vorstellungen ein?
- Welche Erklärungsmuster und Wertungen (Denkfiguren, Grundgedanken, Theorien) wenden sie an?
- Welche Erfahrungen liegen den Vorstellungen der Lernenden zugrunde?
- Welche Vorstellungen haben Lernende von Wissenschaft?
- Welche Korrespondenzen zwischen lebensweltlichen Vorstellungen und wissenschaftlichen Vorstellungen sind erkennbar?

Kattmann (2007a, S. 96)

5.2.3   Didaktische Strukturierung/Unterrichtsgestaltung

Unter didaktischer Strukturierung wird die Gestaltung eines Lernangebots für eine (oder mehrere) Unterrichtsstunden verstanden, die unter Berücksichtigung der fachlichen Klärung und der Schülervorstellungen Ziel-, Inhalts- und Methodenentscheidungen wechselseitig aufeinander bezieht, um auf diese Weise zu einem schlüssigen Unterrichtsverlauf zu kommen (▶ *Roter Faden* als Merkmal der Unterrichtsqualität; ▶ Kap. 1). Wichtige Leitfragen sind:

- Welches sind die wichtigsten Elemente der Alltagsvorstellungen von Schülern, die im Unterricht berücksichtigt werden müssen?
- Welche Lehr-/Lernmöglichkeiten ergeben sich aus der Berücksichtigung von Schülervorstellungen?
- Welche Vorstellungen und Konnotationen sind bei der Vermittlung von Begriffen und der Verwendung von Termini zu beachten?
- Welche Lehr-/Lernchancen und -schwierigkeiten bieten die fachlich geklärten Vorstellungen für das Lernen?
- Korrespondieren Alltags- und wissenschaftliche Vorstellungen derart, dass sie für das Weiterlernen tragfähig sind (s. Exkurs *Conceptual Change*)?

Kattmann (2007a), Kattmann et al. (1997)

Conceptual Change

Die Betrachtung von Schülerperspektiven gilt in der fachdidaktischen Lehr-Lernforschung als wichtig, weil Schülerinnen und Schüler mit Alltagsvorstellungen oder gegebenenfalls auch mehr oder weniger zutreffenden Vorkenntnissen und subjektiven Theorien über Naturwissenschaften in den Unterricht kommen. Gemäß einer konstruktivistischen Auffassung des Lernens erfolgt Lernen durch Anknüpfung neuer Elemente an bereits vorhandene Wissensbestände (Schotz 2001). Ein radikaler Konzeptwechsel erfolgt nach diesem lerntheoretischen Ansatz bei Konfrontation mit unbekannten wissenschaftlichen Konzepten eher nicht. Folglich bleiben alte Vorstellungen nach dem Unterricht ebenfalls erhalten und bewähren sich weiterhin in vielen Situationen des täglichen Lebens (Krüger 2007). Die konzeptuelle Entwicklung (oder konzeptuelle *Reorganisation* bzw. *Rekonstruktion*, engl.: *conceptual growth*, aber auch im erweiterten Sinne als *conceptual change* bezeichnet) meint die Entwicklung und das Wachstum von Vorstellungen (Krüger 2007). Sie berücksichtigt eine schrittweise Veränderung der alten Vorstellung, bezieht aber das Verschwinden der alten Vorstellung mit ein. Dazu müssen folgende Bedingungen erfüllt sein (Posner et al. 1982; Strike und Posner 1992):

- *Unzufriedenheit* mit der existierenden Vorstellung muss herrschen (z. B. wegen zu geringer Erklärungsmächtigkeit der bisherigen Vorstellung); s. auch kognitiver Konflikt.
- *Verständlichkeit der neuen Vorstellung:* Eine neue Vorstellung wird umso leichter integriert, je besser sie zum Wissen in anderen Bereichen passt.
- *Plausibilität:* Die neue Vorstellung muss den Anschein erwecken, Probleme lösen zu können, die die alte Vorstellung nicht bewältigen konnte, d. h. sie muss glaubwürdig und widerspruchsfrei zur alten Vorstellung sein.
- *Fruchtbarkeit:* Die neue fachorientierte oder wissenschaftliche Vorstellung sollte ausbaufähig und auf andere Bereiche anwendbar sein sowie neue Untersuchungsbereiche eröffnen; persönliches Erleben dieser Fruchtbarkeit führt zur vermehrten Anwendung des wissenschaftlichen Konzepts.

Trotzdem gibt es Faktoren, die die individuelle Akzeptanz wissenschaftlicher Vorstellungen erschweren können (Krüger 2007; Schnotz 2001):
- *Inkohärentes Alltagswissen:* Ein kognitiver Konflikt kann eine Unzufriedenheit mit einer bestehenden Vorstellung erzeugen. Allerdings ist nicht immer davon auszugehen, dass selbst bei Einsicht des kognitiven Konflikts umgehend umgelernt und eine kohärente Wissensstruktur aufgebaut wird. Vielmehr vermutet man, dass wegen der vielen bisherigen Erfahrungen mit kleinen, kontinuierlichen Lernschritten gerechnet werden muss.
- *Mangelnde Einsicht in die Epistemologie:* Die Unterscheidung von theoretischen Annahmen und empirischen Evidenzen ist Schülerinnen und Schülern häufig nicht geläufig. Dies führt zu Widersprüchen, die von den Lernenden nicht wahrgenommen werden.
- *Inadäquate Rahmentheorien (über*

die Naturwissenschaften): Das Bewusstmachen der inadäquaten epistemologischen Annahmen sollte angestrebt werden, um inhaltsspezifische Präkonzepte zu überwinden. *Conceptual Change* lässt sich besonders dann fördern (Schnotz 2001; Krüger 2007), wenn
- die Aspekte *Unzufriedenheit* und *Verständlichkeit* auf die vorhandenen Lernvoraussetzungen abgestimmt im Unterricht forciert eingesetzt werden (s. Differenzierung im Unterricht, ▶ Kap. 11),
- sich Lernende ihrer bisherigen Sichtweisen und Erfahrungen bewusst werden und diese reflektieren, um sich von inadäquaten Rahmentheorien zu befreien und so die *Plausibilität* neuer Konzepte leichter zu erfassen,
- das erworbene Wissen mit Blick auf die *Fruchtbarkeit* eines neuen Konzepts als Werkzeug angesehen werden kann, das sich erst in bestimmten Kontexten bewähren muss.

5.3 Beispiele für die Didaktische Rekonstruktion

Das Modell der *Didaktischen Rekonstruktion* und seine praktische Relevanz für die Fächer Biologie und Chemie soll im Folgenden am Beispiel des menschlichen Blutkreislaufes (Kattmann 2007b) bzw. von Verbrennungsreaktionen (Barke 2006) verdeutlicht werden.

5.3.1 Beispiel Biologie: Der Blutkreislauf des Menschen

- Schülervorstellungen

» In einem Gewebe sind ganz viele Zellen drin, die liegen dicht an dicht. Dann fließt eine Ader da ran und dann geht eine weg. Svenja, 8. Klasse (Kattmann 2007b, S. 7)

> Die Verbindungen von der Lunge zum Herzen sind Leitungen, auf denen die Bestandteile der Luft zum Herzen transportiert und aufgeteilt werden … Unter Bahnen verstehe ich kleine Röhren […], so werden Sauerstoff und Stickstoff, aber noch kein Blut, von der Lunge zum Herzen transportiert … Der Übergang vom Sauerstoff aus der Luft ins Blut erfolgt im Herzen. Der Sauerstoff wird zum Herz gebracht, und es wird eine gewisse Menge dem Blut beigegeben. Michael, 8. Klasse (Kattmann 2007b, S. 8)

Die Versorgung der Organe mit Sauerstoff wird zumeist von den Schülerinnen und Schülern erkannt und als wichtig für alle Lebensprozesse wahrgenommen. Zur Versorgung mit Sauerstoff fließt Blut in Zellen und Organe. Es zeigt sich, dass Lernende bereits die Vorstellung vom Kreislaufsystem haben. Zumeist wird dieses jedoch nur mit dem Teil assoziiert, der den Durchfluss durch den Körper beschreibt. Die Verknüpfung von Körper- und Lungenhalbkreis mit dem zweifachen Durchfluss des Herzens ist dagegen ein eher unbekanntes Konzept. Darüber hinaus wird der Übergang von Arterien zu Venen über die Kapillaren häufig vergessen oder ohne das Kapillarnetz beschrieben: *Die Arterie wird zur Vene*. Das Herz wird als Zentrum des Kreislaufs verstanden, aber nur als einmaliger Durchgangsort. Ebenso kommt es vor, dass das Herz als Ort der Beladung des Blutes mit Sauerstoff verstanden wird (Kattmann 2007b, S. 7).

- ■ **Fachliche Klärung (Auswahl)**

Der Gastransport ist eine wichtige Transportaufgabe des Blutes. Von Kattmann (2007b) werden die Darstellung und missverständlichen Termini in manchen Fachbüchern kritisiert: Durch die Benennung (großer) *Körperkreislauf* und (kleiner) *Lungenkreislauf* werde suggeriert, dass es sich um zwei voneinander getrennte Kreisläufe handle. Die Autoren empfehlen dagegen, einen Lungen- und Körperhalbkreis darzustellen, da das Blut den Organismus in einem einzigen Kreislauf durchströmt, bei dem das Herz zweimal passiert wird. Neben der Versorgung der Organe mit Sauerstoff sollte auch gleichermaßen die Entsorgung von Kohlenstoffdioxid aus dem Gewebe betrachtet werden.

- ■ **Didaktische Strukturierung**

Weil das Verständnis der Richtung des Blutstroms im Kreislauf Schwierigkeiten bereitet, ergeben sich Probleme mit dem Begriff *Kreislauf*. Kapillaren und deren Funktionen werden übersehen oder nicht verstanden. Nur die Versorgung mit Sauerstoff ist präsent, die Kohlenstoffdioxidentsorgung muss ebenfalls behandelt werden. Entsprechend sollte die Betrachtung des Herzens mit der Betrachtung des Kreislaufs aus der Perspektive der Lungen verglichen und ein Zusammenhang hergestellt werden (Kattmann 2007b).

Für die unterrichtliche Umsetzung des Themas Blutkreislauf bietet sich daher an, dass die Schülerinnen und Schüler

- — den Weg des Blutes anhand des Weges einer einzelnen roten Blutzelle nachverfolgen,
- — beurteilen, ob der Mensch einen oder mehrere Kreisläufe hat,
- — die Prozesse beim Gasaustausch und beim Transport der Atemgase erläutern und
- — die am Transport beteiligten Gefäße unterscheiden.

Material zur Vertiefung: Kattmann U (Hrsg) (2007) Aspekt Physiologie. Biologie lernen mit Alltagsvorstellungen. Unterricht Biologie kompakt 329:7–13

5.3.2 Beispiel Chemie: Verbrennungen

Die in ◘ Abb. 5.2 dargestellte Versuchsapparatur wiegt 400 g. In dem verschlossenen, mit Sauerstoff gefüllten Rundkolben wird die Eisenwolle elektrisch gezündet. Die Eisenwolle beginnt zu glühen, es ist eine sehr heftige Verbrennungsreaktion zu beobachten. Nach dem Abkühlen wird die Versuchsapparatur erneut gewogen. Welches Ergebnis erwarten Sie?

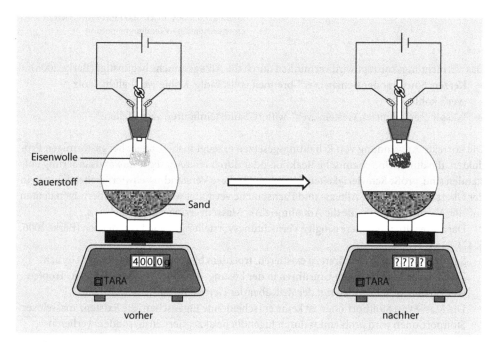

◘ **Abb. 5.2**   Verbrennung von Eisenwolle im geschlossenen System

■   **Schülervorstellungen**

Antwortmöglichkeiten und zugehörige Konzepte	
Antwortmöglichkeit	**Enthaltenes Alltags- oder Präkonzept**
a. Die Masse nimmt ab, weil die Eisenwolle verbrennt. Die Asche, die nach der Reaktion zurückbleibt, wiegt weniger als Eisenwolle	*Vernichtungskonzept*, insbesondere dann, wenn gasförmige Reaktionsprodukte entstehen; Alltagserfahrung: Verbrennung von Holz (Barke 2006, S. 43f.)
b. Die Masse nimmt ab, weil bei der Verbrennung von Eisenwolle Sauerstoff verbraucht wird	*Vernichtungskonzept*
c. Die Masse bleibt gleich, weil das Eisenoxid, das bei der Verbrennung als Reaktionsprodukt entsteht, und der Ausgangsstoff Eisenwolle gleich schwer sind	Gase werden als Nichts wahrgenommen, Luft ist häufig Stellvertreter für alle Gase. Damit wird nicht verstanden, dass durch die Stoffumwandlung bei der chemischen Reaktion ein neuer Stoff mit neuen Eigenschaften aus beiden Ausgangsstoffen entstanden ist (Steffensky et al. 2005)

Fortsetzung	
Antwortmöglichkeit	**Enthaltenes Alltags- oder Präkonzept**
d. Die Masse nimmt zu, weil die Eisenwolle bei der Verbrennung mit Sauerstoff reagiert. Dabei entsteht Eisenoxid. Das entstehende Eisenoxid ist schwerer als der Ausgangsstoff Eisenwolle	Keine Berücksichtigung der Reaktionsbedingungen; eine Massenzunahme erfolgt nur im offenen System, hier liegt dagegen ein geschlossenes System vor. Das Vernachlässigen der Reaktionsbedingungen ist im Anfangsunterricht Chemie durchaus üblich und führt vermutlich zu einer unzulässigen Verallgemeinerung

Das Vernichtungskonzept wird vermutlich durch die Alltagssprache begünstigt (Barke 2006):

— Kerzen, Spiritus oder Benzin „ver"-brennen vollständig, Kohle „ver"-glüht, Holz „ver"-kohlt.
— Wasser „ver"-dunstet, Gestein „ver"-wittert, Sandsteinfiguren „zer"-fallen.

Die korrekte Anwendung von Erhaltungsgesetzen erzeugt insbesondere bei gasförmigen Produkten, die durch eine chemische Reaktion oder durch eine Aggregatszustandsänderung entstanden sind, große Schwierigkeiten. Ursachen für diese Verständnisschwierigkeiten können in der Überschneidung von Alltags- und Fachsprache vermutet werden. Alle Äußerungen deuten auf eine Vernichtung hin, die die Annahme einer Massenverringerung nahelegen.

Daraus resultieren weitere gängige Vernichtungsvorstellungen von Jugendlichen (Barke 2006, S. 42):

— Substanzen können aufhören zu existieren, trotzdem bleiben Geschmack oder Geruch: Zucker verschwindet beim Umrühren in der Lösung, der süße Geschmack bleibt, Tropfen von Parfüm verschwinden mit der Zeit, aber der Geruch bleibt.
— Die Masse von Stoffportionen ist keine entscheidende Eigenschaft, die Existenz masseloser Stoffportionen wird problemlos durch Jugendliche akzeptiert, insbesondere verlieren Dämpfe leichtflüchtiger Lösemittel wie Benzin und Alkohol beim Verdunsten ihre Masse.
— Substanzen sind zunächst vorhanden, können „problemlos" verschwinden: Fällt das Niveau des Wassers in einem Tank bei heißem Sonnenschein, haben Jugendliche nicht das Bedürfnis, den Verlust an Wasser zu erklären, es ist einfach nicht mehr da.

■ **Fachliche Klärung**

Das Konzept der Massenerhaltung unter Berücksichtigung der Systembedingungen entspricht der fachlich geklärten Vorstellung (hier: geschlossenes System ohne Stoffaustausch mit der Umgebung). Die Masse bleibt gleich, da die Apparatur verschlossen ist und daher weder Stoffe hinzukommen noch entweichen können. Die Massen der Ausgangsstoffe (Eisenwolle und Sauerstoff) und die Masse des Reaktionsprodukts (Eisenoxid) sind gleich groß.

■ **Didaktische Strukturierung**

Zur Klärung der Vorstellungen und der nachfolgenden Entwicklung des fachlichen Konzepts sollte schrittweise experimentell vorgegangen werden:

1. *Aufgreifen von bestehenden Schülervorstellungen*, z. B. durch die Verbrennung von etwas Holz im offenen System; es entstehen Asche und Kohlenstoffdioxid, das in die Umgebung entweicht, womit das Vernichtungskonzept der Schülerinnen und Schüler bedient werden kann.

2. *Erzeugen eines kognitiven Konflikts*: Unter Beibehaltung der Reaktionsbedingungen (offenes System) wird Eisenwolle in einer Porzellanschale auf einer Digitalwaage verbrannt. Dabei entsteht Eisenoxid, das eine größere Masse als Eisen hat. Die Massenzunahme kann an der Digitalwaage direkt abgelesen werden. Diese Beobachtung steht im Widerspruch zur bisherigen Vorstellung der Schülerinnen und Schüler und bietet die Möglichkeit, die Stoffumwandlung bei chemischen Reaktionen im offenen System auf Teilchenebene zu reflektieren.

3. *Diskussion zum Konzept der Massenerhaltung unter Berücksichtigung der Systembedingungen*: Hier sollten unterschiedliche Reaktionsbedingungen im offenen und geschlossenen System angesprochen werden. Als drittes Experiment bietet sich daher der Versuch aus dem Beispiel an (◘ Abb. 5.2).

Exkurs

❓ Gruppenpuzzle (▶ Kap. 6) zur *Didaktischen Rekonstruktion* für fachdidaktische Seminare

Materialvorschlag für die Erarbeitung von Schülervorstellungen: Duit R (2009) Bibliography – STCSE.

http://goo.gl/UzE01I

Aneignungsphase
Expertenthema 1 Fachliche Klärung:
Führen Sie anhand des Materials zum Thema eine fachliche Klärung zu Ihrem Expertenthema aus der Biologie, Chemie oder Physik unter Berücksichtigung der Leitfragen der *Didaktischen Rekonstruktion* durch und erstellen Sie zur fachwissenschaftlichen Struktur des Themengebiets eine *Concept-Map*.

Expertenthema 2
Lernerperspektiven:
Erarbeiten Sie Schülervorstellungen zu Ihrem Thema unter Verwendung des Begleitmaterials.

▬ Konzipieren Sie in Ihrer Expertengruppe ein gemeinsames Notizblatt (maximal zwei Seiten), damit alle die gleichen Informationen mit in die Vermittlung nehmen.

Vermittlungsphase
▬ Lösen Sie die Expertengruppen auf und suchen Sie sich einen Partner aus der jeweils anderen Expertengruppe, stellen Sie sich die Arbeitsergebnisse aus Ihren Expertengruppen vor.
▬ Entwickeln Sie eine *Didaktische Strukturierung*: Planen Sie basierend auf der fachlichen Klärung und den Schülervorstellungen eine Unterrichtsstunde zu Ihrem Thema in Form einer stichpunktartigen Skizze. Nutzen Sie zur Motivation ein

Experiment oder Modell, das bei den Schülerinnen und Schülern einen kognitiven Konflikt erzeugt.

Mögliche naturwissenschaftliche Themen, die sich gut für die *Didaktische Rekonstruktion* eignen:
a. Verbrennung von Kohlenstoff (Chemie): Luft als Stoffgemisch, Sauerstoff als Reinstoff, Verbrennungsreaktionen (Barke 2006)
b. Im Reich der Prokaryoten (Biologie): Erfolg und die ökologische Bedeutung der Bakterien; Bau einer prokaryotischen Zelle; Vermehrung der Bakterien; Ernährungsformen und Stoffwechseltypen im evolutionären und ökologischen Zusammenhang: heterotroph, autotroph, anaerob, aerob (Kattmann 2007b)

5.4   Komplexität von Lerninhalten erfassen und vereinfachen: Didaktische Reduktion

Bei der *Didaktischen Reduktion* werden aus der Komplexität eines Wissenschaftsbereichs Fakten, Zusammenhänge und Konzepte ausgewählt, um einen angemessenen Umfang der Informationen für den naturwissenschaftlichen Unterricht zu erhalten. Diese Auswahl ist abzustimmen auf die Entwicklung (Alter, Jahrgangsstufe) und Vorkenntnisse der Schülerinnen und Schüler.

Typen der Didaktischen Reduktion

5.4.1.1 Sektorale Reduktion

» liegt dann vor, wenn ein komplizierter wissenschaftlicher Ausgangssachverhalt durch Ausschnittbildung lediglich auf einen Sektor seines Gültigkeitsbereichs oder seiner Kernaussage beschränkt wird. Dabei wird ein Spezialfall eines allgemeinen Prinzips vermittelt, ohne dass dieses allgemeine Prinzip behandelt würde. […] Echte sektorale Reduktionsformen sind in der Biologie selten im Vergleich zur Mathematik und zu den exakten Naturwissenschaften mit ihren oft in Lehrsätzen oder Formeln auszudrückenden, ausnahmslos gültigen Gesetzen. (Weber 1976, S. 6)

■ **Beispiel**
Unreduzierte wissenschaftliche Aussage: *Der katabole Stoffwechsel liefert Energie durch die Oxidation organischer Brennstoffe* (Campbell und Reece 2009, S. 248). Diese Aussage schließt die Oxidation unter aeroben (Atmung mit Sauerstoff) und anaeroben Bedingungen (Atmung ohne Sauerstoff und Gärung ohne externe Elektronenakzeptoren) sowie durch unterschiedliche Oxidationsmittel (z. B. Sauerstoff, Nitrat oder Sulfat) ein und bezieht sich ohne Einschränkung auf tierische und pflanzliche Zellen sowie Bakterien.

1. und 2. sektorale Reduktion (in der Sekundarstufe II): Einschränkung des Gültigkeitsbereichs der Aussage auf die Atmung mit Sauerstoff unter Vernachlässigung anderer möglicher Oxidationsmittel sowie ausgewählte Formen der Gärung (zumeist alkoholische und Milchsäuregärung). *Zellen gewinnen Energie durch Zellatmung oder Gärung* (z. B. Bayrhuber und Kull 2005, S. 166ff.).

3. sektorale Reduktion (in der Sekundarstufe I): Beschränkung der Aussage auf die Zellatmung tierischer Zellen (Stoffwechsel der Zelle im Rahmen der Humanbiologie, z. B. Manger et al. 2009). Diese Einschränkung führt häufig zu der fachlich unzutreffenden Vorstellung, dass Pflanzen nicht atmen, sondern ihren Energiestoffwechsel ausschließlich über die Fotosynthese bewerkstelligen.

5.4.1.2 Strukturelle Reduktion

Bei der strukturellen Reduktion wird eine Aussage

» […] lediglich hinsichtlich der Kompliziertheit und des Umfangs ihrer Struktur, nicht dagegen in ihrer inhaltlichen Kernaussage vereinfacht. (Weber 1976)

■ **Beispiel**

Für die strukturelle Reduktion empfiehlt Weber (1976) unterschiedliche Maßnahmen:

— *Weglassen von wissenschaftlichen Daten*, die die Kernaussage nicht berühren; hiermit sind die adressatengerechte Zusammenfassung längerer Fachtexte und ihre Reduktion auf die Kernaussagen gemeint; Einschränkung des Detailreichtums.

— *Schematisierung*, z. B. statt anatomischer Originalabbildung.

— *Strukturelle Modellbildung*; z. B. Verzicht auf komplexe Molekülformeln, statt in detaillierter Darstellung komplizierte Vorgänge zu beschreiben, ein einfaches Struktur- und Funktionsmodell entwickeln.

— Vereinfachung des (fach-)sprachlichen Ausdrucks oder der wissenschaftlichen Arbeitsweise; z. B. umsichtige Einführung und konsequente Nutzung von bekannten Fachbegriffen (▶ Abschnitt 9.3).

Von der *Didaktischen Reduktion* ist die *Elementarisierung* konzeptuell abzugrenzen. Zwar werden auch hier wissenschaftliche Inhalte reduziert und in ihrer Komplexität eingegrenzt, jedoch:

» Maßgebend dabei ist aber nicht so sehr das Verfahren der Vereinfachung der ausgewählten Lerninhalte, sondern die Frage der Auswahl dieser Inhalte und ihrer Vergegenwärtigung durch optimale Exempla. (Weber 1976, S. 5)

Bei der Elementarisierung wird infolgedessen die Stofffülle dadurch eingegrenzt, dass nur an ausgewählten Beispielen eine Thematik behandelt wird, die aber dennoch den Schülerinnen und Schülern Grundeinsichten für das Unterrichtsfach ermöglichen (Exemplarisches Prinzip ▶ Abschn. 3.7). Idealerweise können diese Themen miteinander vernetzt werden und sich zu einem Gesamtbild des naturwissenschaftlichen Themengebiets fügen (z. B. durch die Wahl von zwei geeigneten Beispielen und einem Gegenbeispiel). Die *Didaktische Reduktion* kommt erst nach der Auswahl der Lerninhalte zum Einsatz, wenn die wissenschaftlichen Aussagen zu diesem Thema in vereinfachter Form dargestellt werden soll.

5.5 Übungsaufgaben zum Kap. 5

 1. Welche der folgenden Aussagen zum Umgang mit Schülervorstellungen im naturwissenschaftlichen Unterricht sind nach den empirischen Befunden der fachdidaktischen Forschung richtig? Wählen Sie eine Antwort:

    a. Das Verständnis der Epistemologie ist für den naturwissenschaftlichen Unterricht nachrangig, die Schülervorstellungen stehen im Vordergrund.

    b. Lernen in den naturwissenschaftlichen Unterrichtsfächern bedeutet, die eigenen Vorstellungen mit fachlich orientierten Vorstellungen in Beziehung zu setzen und beide angemessen anwenden zu können.

    c. Es genügt, wenn Lernende naturwissenschaftliche Vorstellungen verstehen und erkennen, dass sie in bestimmten Kontexten fruchtbarer sind als ihre Alltagsvorstellungen.

    d. Schülervorstellungen sind kein notwendiger Ausgangspunkt des Lernens.

    e. Es geht in erster Linie darum, falsche Schülervorstellungen durch die korrekten wissenschaftlichen Auffassungen zu ersetzen.

2. Die Theorie des *Conceptual Change* beschreibt einen Konzeptwechsel. Markieren Sie die Bedingungen, die für die Rekonstruktion von Vorstellungen notwendig sind. Wählen Sie eine oder mehrere Antworten:
   a. Unzufriedenheit mit der existierenden Vorstellung
   b. Motivation, neues Konzept zu übernehmen
   c. Fruchtbarkeit
   d. Verständlichkeit der neuen Vorstellung
   e. Plausibilität
   f. Unverständlichkeit
   g. Anwendbarkeit.
   h. Lernkontext

3. Nennen Sie Faktoren, die gemäß der *Conceptual-Change*-Theorie die individuelle Akzeptanz wissenschaftlicher Vorstellungen erschweren können. Wählen Sie eine oder mehrere Antworten:
   a. fundiertes Alltagswissen
   b. unzureichende Reflexion
   c. Kognitiver Konflikt
   d. inadäquate Rahmentheorien
   e. mangelnde Einsicht in die Epistemologie
   f. Meinungsbildung durch Peers
   g. mangelnde Motivation

4. Recherchieren Sie in Biologielehrbüchern oder im Internet schematische Abbildungen vom Blutkreislauf und diskutieren Sie unter Berücksichtigung der fachlichen Klärung, welche besonders geeignet sind, um die im Kapitel berichteten Verständnisschwierigkeiten von Schülerinnen und Schülern zu überwinden. Gibt es auch Darstellungen, die die Alltagsvorstellungen eher noch verstärken?

5. Eine Chemielehrkraft demonstriert einen Versuch zur thermischen Zersetzung von Silberoxid in der Sekundarstufe I, bei der die Elemente Silber und Sauerstoff entstehen. Im nachfolgenden Unterrichtsgespräch berichtet eine Schülerin ihre Beobachtung: „Das Silberoxid ist weiß geworden."
   a. Formulieren Sie die Reaktionsgleichung zu dem Versuch und bewerten Sie die Aussage der Schülerin aus fachlicher Perspektive. Wie lautet die Reaktionsgleichung nach ihrer Aussage?
   b. Welchen Typ von Präkonzept erkennen Sie hinter der Aussage der Schülerin? Erläutern Sie, wie Sie im Unterricht auf die Beobachtung eingehen können, um eine fachlich fundierte Vorstellung zu entwickeln.

6. Schülerinnen und Schüler haben von Gasen, insbesondere der Luft, häufig die Vorstellung, dass Luft „Nichts" ist (Barke 2006). Entwickeln Sie geeignete Experimente für den Anfangsunterricht Chemie, die den Schülerinnen und Schülern den materiellen Charakter der Luft demonstrieren. Arbeiten Sie eine altersgerechte Modellvorstellung aus (▶ Abschn. 7.6 und ▶ Abschn. 10.2.).

7. *Didaktische Rekonstruktion* und *Reduktion* im Vergleich
   a. Erläutern Sie das Modell der *Didaktischen Rekonstruktion* und seine Bedeutung für den naturwissenschaftlichen Unterricht. Illustrieren Sie die *Didaktische Rekonstruktion* am Beispiel
      – Biologie (Aufbau einer eukaryotischen Zelle) oder
      – Chemie (Aufbau eines Salzes – Ionenbindung).

b. Beschreiben Sie die Varianten der *Didaktischen Reduktion* und wenden Sie diese in geeigneter Weise auf Ihr gewähltes Beispiel aus 3a. an.

c. Vergleichen Sie die Gestaltung des Unterrichts nach *Didaktischer Rekonstruktion* und *Didaktischer Reduktion* und erläutern Sie die Unterschiede.

Ergänzungsmaterial Online:

https://goo.gl/m3SvKt

Literatur

Barke HD (2006) Chemiedidaktik – Diagnose und Korrektur von Schülervorstellungen.Springer, Berlin

Bayrhuber H, Kull U (Hrsg) (2005) Linder Biologie Gesamtband. 22. Aufl. Westermann, Braunschweig

Campbell NA, Reece JB (2009) Biologie, 8. Aufl. Person Studium, München

Duit R (2009) Bibliography - STCSE: Students' and Teachers' Conceptions and Science Education. Abrufbar unter: http://archiv.ipn.uni-kiel.de/stcse/ Zugeriffen:13.12.2016

Gropengießer H (2007) Theorien des erfahrungsbasierten Verstehens. In: Aus Vogt H, Krüger D (Hrsg) Theorien in der biologiedidaktischen Forschung. Springer, Heidelberg

Häußler P, Bünder W, Duit R et al (1998) Naturwissenschaftsdidaktische Forschung – Perspektiven für die Unterrichtspraxis. IPN, Kiel

Kattmann U (2007a) Didaktische Rekonstruktion – eine praktische Theorie. In: Krüger V (Hrsg)Theorien in der biologiedidaktischen Forschung. Springer, Heidelberg

Kattmann U (Hrsg) (2007b) Aspekt Physiologie. Biologie lernen mit Alltagsvorstellungen. Unterricht Biologie kompakt 329:7–13

Kattmann U, Duit R, Großengießer H et al (1997) Das Modell der Didaktischen Rekonstruktion – Ein Rahmen für naturwissenschaftliche Forschung und Entwicklung. ZfDN 3(3):3–18 ftp://ftp.rz.uni-kiel.de/pub/ipn/zfdn/1997/Heft3/S.3-18_Kattmann_Duit_Gropengiesser_Komorek_97_H3.pdf Zugegriffen: 13.12.2016

Krüger D (2007) Die Conceptual Change-Theorie. In: Aus Vogt H, Krüger D (Hrsg) Theorien in der biologiedidaktischen Forschung. Springer, Heidenberg

Manger A, Manger J, Moßner H et al (2009) Natura – Biologie für Gymnasien, Bayern 10. Ernst Klett Verlag, Stuttgart

Nückles M, Wittwer J (2014) Lernen und Wissenserwerb. In: Seidel T, Krapp A (Hrsg) Pädagogische Psychologie, 6. Aufl. Beltz, Weinheim, S 225–252

Posner GJ, Strike KA, Hewson PW et al (1982) Accommodation of a scientific conception: toward a theory of conceptual change. Sci Educ 66(2):211–227

Schnotz W (2001) Conceptual change. In: Rost D (Hrsg) Handwörterbuch Pädagogische Psychologie. Beltz PVU, Weinheim

Steffensky M, Parchmann I, Schmidt S (2005) „Die Teilchen saugen das Aroma aus dem Tee". Alltagsvorstellungen und chemische Erklärungskonzepte. Chemie in unserer Zeit 39:274–278

Strike KA, Posner GJ (1992) A revisionist theory of conceptual change. In: Duschl R, Hamilton R (Hrsg) Philosophy of science, cognitive psychology and educational theory and practice. New York University Press, New York, S 147–176

Weber HE (1976) Das Problem der didaktischen Reduktion im Biologieunterricht. Biologieunterricht 12(3):4–26

Unterrichtsmethoden im naturwissenschaftlichen Unterricht

© Springer-Verlag GmbH Deutschland 2017
C. Nerdel, *Grundlagen der Naturwissenschaftsdidaktik*,
DOI 10.1007/978-3-662-53158-7_6

6.1   Begriffsbestimmungen

Methodisches Handeln des Lehrers besteht aus der Inszenierung des Unterrichts durch die zielgerichtete Organisation der Arbeit, durch soziale Interaktion und sinnstiftende Verständigung mit den Schülerinnen und Schülern (Meyer 2008, S. 47). Unterrichtsmethodische Handlungskompetenz von Lehrkräften besteht in der Fähigkeit, in immer wieder neuen, nie genau vorhersehbaren Unterrichtssituationen Lernprozesse der Schüler zielorientiert, selbständig und unter Beachtung der institutionellen Rahmenbedingungen zu organisieren (ebd.).

Methodenvielfalt ist nach Meyer (2004) dann gegeben, wenn

- methodische Großformen ausbalanciert sind,
- die Verlaufsformen variabel gestaltet werden,
- die Vielfalt an Handlungsmustern eingesetzt wird und
- viele verfügbare Inszenierungstechniken genutzt werden.

6.2   Drei-Ebenen-Modell der Mirko-, Meso- und Makromethodik

Für Unterrichtsmethodik gibt es viele Begriffsdefinitionen, Konzepte und Strukturierungsvorschläge. ◻ Abb. 6.1 zeigt drei Ebenen zur Strukturierung der Unterrichtsmethodik nach Meyer (2004, 2008) und hat sich in der Praxis als gut anwendbar erwiesen. Die Ebenen werden nach ihrer zeitlichen Dauer im Unterricht gegliedert.

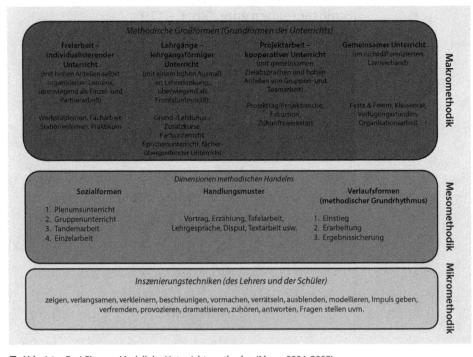

◻ **Abb. 6.1**   Drei-Ebenen-Modell der Unterrichtsmethoden (Meyer 2004, 2008)

6.2.1 Methodische Großformen

Methodische Großformen sind Organisationsschemata, die über längere Zeiträume Arbeits- und Sozialformen bestimmen. Meyer (2004, 2008) unterscheidet insgesamt vier Grundformen, die sich zum Teil auch überschneiden können (◼ Abb. 6.1).

Individualisierter Unterricht (*Freiarbeit*)   Zeichnet sich durch einen hohen Anteil selbstorganisierten Lernens sowie überwiegend als Einzel- oder Partnerarbeit aus. Er ist gut geeignet, um individuelle Lernschwerpunkte zu setzen und Methodenkompetenzen aufzubauen. Individualisierter Unterricht sollte zum Üben, Festigen und Wiederholen eingesetzt werden (*Basic Needs*: Kompetenzerleben, vgl. Deci und Ryan 1993).

Kooperativer Unterricht (*Projektarbeit*)   Fördert mit gemeinsamen Zielabsprachen und einem hohen Anteil von Gruppen- und Teamarbeit schwerpunktmäßig soziale und kommunikative Kompetenzen und kann das Selbstwertgefühl von Schülerinnen und Schülern in der Auseinandersetzung mit der Gruppe stärken (*Basic Needs*: Autonomieerleben und soziale Eingebundenheit, vgl. Deci und Ryan 1993).

Lehrgangsförmiger Unterricht (*Lehrgänge*)   Ist durch ein hohes Ausmaß an Lehrerlenkung gekennzeichnet und überwiegend als Frontalunterricht organisiert. Er ist gut geeignet, um Problemzusammenhänge aus Sicht der Lehrkraft zu vermitteln, die Fachkompetenz der Schülerinnen und Schüler aufzubauen und Schülerleistungen miteinander zu vergleichen. Diese Form ist weniger geeignet, um selbständiges Lernen anzubahnen.

Gemeinsamer Unterricht   Ist ein nicht differenzierter Unterricht, indem z. B. inner- und außerschulische Vorhaben vor- und nachbereitet werden (Feiern, Organisation, Klassenausflüge usw.)

■ **Forschungsergebnisse**

Die empirische Unterrichtsforschung und fachdidaktische Lehr-Lernforschung konnte in vielen Untersuchungen zeigen, dass es DIE optimale Unterrichtsmethode für alle Schülerinnen und Schüler nicht gibt. Vielmehr sind die individuellen Lernvoraussetzungen, persönliche Präferenzen und die Einbindung der Methoden in einen didaktischen Gesamtkontext (▶ Kap. 5, *Didaktische Strukturierung*) des Unterrichts von Bedeutung. Hierzu einige exemplarische Befunde (Meyer 2004):

Vergleich Direkte Instruktion – offener Unterricht   Direkte Instruktion ist erfolgreicher im Hinblick auf Wissensaneignung und fachliches Lernen. Es stellt sich allerdings die Frage, inwiefern auch verstehend gelernt oder ob nur Faktenwissen behalten wird. Offener Unterricht stärkt Lernerfolge bezüglich der Methoden- und Sozialkompetenzen.

Gruppenunterricht   Dieser zeigt größere Lernerfolge, wenn Schülerinnen und Schüler ohne (ständige) Lehrerkontrolle arbeiten dürfen (Prenzel 1997). Darüber hinaus ist eine selbständige Arbeitsweise aller Gruppenmitglieder erforderlich – Trittbrettfahren mindert den Lernerfolg. Die Lernergebnisse können noch gesteigert werden, wenn alle Gruppenmitglieder individuelle Verantwortung für das Gruppenergebnis übernehmen müssen. Die Variante

Lernen durch Lehren zeigt beidseitig gute Lernergebnisse, sowohl bei den Schülerinnen und Schülern, die sich in der Vermittlungsrolle befinden, als auch bei denen, die die Schülerrolle wahrnehmen.

6.2.2 Dimensionen des methodischen Handelns

6.2.2.1 Sozialformen

Plenumsunterricht (auch Klassenunterricht), Gruppenunterricht, Partnerarbeit und Einzelarbeit sind die vier möglichen Sozialformen des Unterrichts.

6.2.2.2 Ausgewählte Handlungsmuster

Unter Handlungsmustern und Lehrformen versteht man Unterrichtsmethoden im engeren Sinne. Hierzu gehören unter anderem:

- *Mindmapping* und *Clustering* zum Ideen gewinnen und Strukturieren
- Lernen an Stationen und Expertenpuzzle zur Erarbeitung komplexer Themengebiete
- Domino/Trimino als Spiele im naturwissenschaftlichen Unterricht zur Sicherung von Wissen
- Gesprächs- und Vortragsformen im Unterricht

Diese werden in den folgenden Beispielaufgaben erläutert.

Beispielaufgabe 6.1
Mindmapping und *Clustering* nach Demuth et al. (2007)
Entwerfen Sie einen schülerorientierten Unterrichtseinstieg zum Thema *Fette*.

Lösungsvorschlag
Um das Vorwissen und die Alltagserfahrungen der Schülerinnen und Schüler zum Thema Fette zu aktivieren, bietet sich ein *Brainstorming* an. Dabei sollen die Schülerinnen und Schüler frei zu einer gegebenen Fragestellung eigene Gedanken assoziieren. Eine Einstiegsfrage zum Thema könnte lauten: *Fett – Freund oder Feind? Nenne Dir bekannte Eigenschaften und Verwendungsmöglichkeiten von Fetten.*
Aus dieser Gedankensammlung können in einem ersten Unterrichtsgespräch von den Schülerinnen und Schülern Fragen formuliert werden, deren Bearbeitung die vorhandenen Vorkenntnisse vertieft und darüber hinaus unbekannte Aspekte des Themas näher beleuchtet (z. B. Woraus bestehen Fette? Was versteht man unter der *Iodzahl*? Ist Fett gesund?).
In einem zweiten Schritt können diese Fragen übergeordneten Kategorien zugeordnet werden, die den folgenden Unterrichtsstunden als Thema dienen (z. B. Eigenschaften von Fetten, Herstellung, gesundheitliche Auswirkungen) und arbeitsgleich oder arbeitsteilig, z. B. in einem Gruppenpuzzle, bearbeitet werden.
Exemplarische Ergebnisse dieser Aufgaben sind in ◘ Abb. 6.2 zu finden.

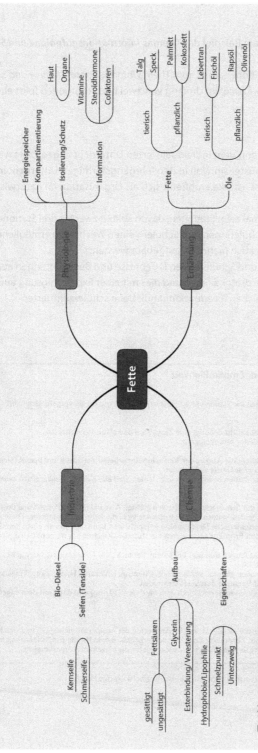

Abb. 6.2 *Mindmapping* und *Clustering* am Beispiel *Fette* (Demuth et al. 2007)

Beispielaufgabe 6.2
Lernen an Stationen am Beispiel des Themas *Informationsaufnahme und Schutz durch die*
Haut
Entwerfen Sie eine Stationenarbeit zum Thema *Informationsaufnahme und Schutz*
durch die Haut (Pondorf 2006) im Umfang von zwei bis drei Stunden (plus eine Stunde
Ergebnissicherung).

Lösungsvorschlag
Die Stationenarbeit kann dem individualisierten Unterricht zugeordnet werden, aber
auch als Handlungsmuster sinnvoll in den lehrgangsförmigen Unterricht integriert
werden. Je nach Klassenstärke empfiehlt sich als Organisation im naturwissenschaftlichen
Unterricht:

- Aufbau von maximal zehn Stationen, davon sollten zwei bis drei Stationen frei bleiben,
  um schnelleren Schülerinnen und Schülern einen Wechsel zu ermöglichen. Die
  Stationen können auch mehrfach aufgebaut werden.
- Die Schülerinnen und Schüler sollen Ergebnisse und Beobachtungen auf einem
  Gruppenlaufzettel protokollieren und dies mit einer Expertenlösung auf dem
  Lehrertisch vergleichen (Feedbackfunktion beim schülerzentrierten
  Arbeiten).

Arbeitsblatt 1: Station: Empfindlichkeit

Was die Haut alles kann...
Denkt daran, dass am Schluss die Station wieder genauso aussieht, wie Ihr sie vorgefunden habt!

Wie empfindlich bist Du?
Verteilt zunächst die Aufgaben! Ihr benötigt eine *Testperson* und einen *Versuchsleiter*.
Die anderen Gruppenmitglieder protokollieren.

Wichtig: die Testperson schließt die Augen; der Versuchsleiter arbeitet vorsichtig und bemüht sich,
die Spitzen des Stechzirkels *gleichzeitig* **aufzusetzen.**
Die Frage, die ihr mit dieser Station beantworten sollt, lautet: *Sind alle Körperbereiche gleich empfindlich?*

Durchführung:
Der Versuchsleiter beginnt mit dem Stechzirkel, der den größten Abstand (30 mm) besitzt und drückt in unregelmäßiger
Reihenfolge mal eine, mal beiden Spitzen kurz und *gleichzeitig* in die Haut der Testperson. Diese muss entscheiden, ob
sie den Druck als zwei unterschiedliche Druckpunkte unterscheiden kann oder ihn als einen empfindet.
Der Versuchsleiter zeigt den Protokollanten durch ein stummes Zeichen an, ob er mit einem oder mit zwei Druck-
punkten aufsetzt.
Die Testperson schließt die Augen und sagt bei jedem Versuch „ein Druckpunkt" oder „zwei Druckpunkte". Alle
Antworten werden protokolliert.
. olgende Körperbereiche sollen getestet werden: Hals, Oberarm, Unterarm, Handrücken, Fingerspitzen, Stirn, Lippen.
Je Körperteil sollten 6 bis 8 Versuche durchgeführt werden.
Anschließend werden die gleichen Bereiche mit dem mittleren (10 mm) und dann mit dem engen (5 mm) Stechzirkel
getestet.

Aufgaben:
1. Haltet in einem Versuchsprotokoll fest, welche Antworten der Testperson richtig (+) und welche falsch (–) waren.
2. Wertet die Protokolle aus! Formuliert Euer Versuchsergebnis, indem Ihr die Empfindlichkeit abschätzt!
3. Mache eine Aussage über die Anzahl der Sinnesorgane für die einzelnen Körperbereiche.

◻ **Abb. 6.3**   Arbeitsblatt zur Station Druckempfindlichkeit der Haut

- An den Stationen kann in Vierergruppen gearbeitet werden (ergibt sieben bis acht Gruppen bei einer Klassenstärke von etwa 30 Schülern); idealerweise sollte bei kleineren Lerngruppen Einzel- oder Partnerarbeit angestrebt werden, um das individualisierte Lernen besser zu ermöglichen.

Eine Differenzierung von *Pflicht- und Zusatzthemen* empfiehlt sich, um einer heterogenen Lerngruppe und dem unterschiedlichen Arbeitstempo gerecht zu werden.

- Pflichtstationen: Tastsinn (Tastsäcke/Blindenschrift; räumliches Auflösungsvermögen), Thermorezeption (Temperaturunterschiede/Kälteempfinden), Temperaturregulierung, Schutzfunktion
- zusätzliche Stationen: z. B. Fingerabdrücke

In ◼ Abb. 6.3 ist ein Arbeitsblatt für die Station *Druckempfindlichkeit der Haut* zu finden.

Beispielaufgabe 6.3
Einsatz des Gruppenpuzzles am Beispiel des fächerübergreifenden Themas *Fette*
Planen Sie die methodische Umsetzung der fächerübergreifenden Unterrichtseinheit *Fette* mithilfe eines Gruppenpuzzles und dokumentieren Sie Ihr Vorgehen für einen Kollegen.

Lösungsvorschlag
Das Gruppenpuzzle ist eine Form der Gruppenarbeit. Jede dieser Gruppen, die sogenannten Expertengruppen, bearbeiten einen anderen Teil eines größeren Gesamtthemas. Zum Thema Fette bieten sich mehrere Expertengruppen an, die sich mit verschiedenen strukturellen und funktionalen Aspekten sowie den alltäglichen und technischen Anwendungsmöglichkeiten von Fetten beschäftigen. Dann werden die Gruppen aufgelöst und neue Gruppen, die Vermittlungsgruppen, gebildet. In den neuen Gruppen erklärt jeder Experte den anderen Schülerinnen und Schülern, was es vorher in der Expertengruppe über sein Spezialgebiet gelernt hat. Die Umsetzung wird in ◼ Abb. 6.4 zusammenfassend gezeigt.

Vorbereitung
- Teilen Sie das Thema Fette für die Umsetzung in einer Unterrichtsstunde (oder mehreren) in fachlich sinnvolle und ungefähr gleich große Erarbeitungsgebiete für die Schülerinnen und Schüler auf. Es bieten sich unter anderem diese fünf Expertenthemen an: (1) Struktur und Eigenschaften von Fetten, (2) Vorkommen und chemische Reaktionen, (3) Fettstoffwechsel im menschlichen Körper (gegebenenfalls noch in Organ- und Zellebene trennen), (4) Ernährungs- und Gesundheitsaspekte von Fetten (5), Fette in Alltag und Technik (z. B. Seifen & Tenside, Schmierstoffe).
- Bereiten Sie entsprechendes Arbeitsmaterial vor (Texte, Bildmaterial, Videos, kleine Handexperimente, Modelle/Modellbaukasten etc.).

— Teilen Sie zu Beginn der Unterrichtsstunde die gesamte Lerngruppe in kleine bis mittelgroße Gruppen je nach Anzahl der vorgesehenen Expertenthemen auf (hier: fünf Expertengruppen mit je vier Personen) und geben Sie die vorbereiteten Materialien in die so entstandenen Expertengruppen.

Aneignungsphase

— Jeder Lernende der Expertengruppe bearbeitet die Fragestellung des Themas.

— Die Kleingruppe stellt die wesentlichen Punkte des Themas zusammen und erstellt didaktische Materialien (OHP-Folie, Wandzeitung, Powerpoint-Präsentation usw.), damit jedes Gruppenmitglied die gleiche Information in die Vermittlungsphase mitnimmt.

— Jedes Mitglied einer Expertengruppe ist am Ende dieser Aneignungsphase Experte seines Gruppenthemas.

Vermittlungsphase

— Die gesamte Lerngruppe wird nun neu in andere Kleingruppen zusammengesetzt, sodass je ein Experte eines Unterthemas in einer Vermittlungsgruppe vorhanden ist. Zum Thema Fette resultieren vier Vermittlungsgruppen, bestehend aus je fünf Experten.

— Jeder Experte erklärt den anderen Gruppenmitgliedern sein Spezialgebiet und lernt dabei von den Anderen.

— Die Inhalte sollten nicht nur vermitteln, sondern auch verarbeitet werden. Dies kann gewährleistet werden, wenn sich die Expertengruppen eines Unterthemas zuvor Aufgaben für die neue Gruppe überlegen und so die lernenden Nicht-Experten zur Anwendung des neu gelernten Stoffs anleiten.

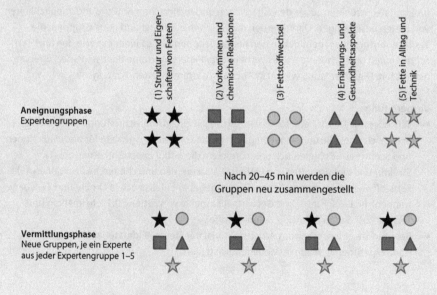

◼ **Abb. 6.4**   Ablauf eines Gruppenpuzzles zum Thema Fette

Schwierigkeiten, die bei der Anwendung des Gruppenpuzzles auftauchen können

- Die Schnittstellen zwischen kollektiver Arbeitsphase und individuellen Lernschritten müssen gut geplant werden, damit keine Unruhe aufkommt und möglichst wenig Zeit ineffizient verstreicht.
- Es arbeiten nicht alle Schülerinnen und Schüler gleich schnell, daher sollten Zusatzmaterialien für die Schnellen vorbereitet werden und zur Verfügung stehen.

Beispielaufgabe 6.4

Spiele zur Ergebnissicherung und Übung

Entwerfen Sie ein Domino zum Thema *Aufbau des Ohrs* oder ein Trimino zum Basiskonzept *Donator-Akzeptor-Konzept*.

Lösungsvorschlag

Um erarbeitete Kenntnisse zu festigen sowie in bekannten und neuen Zusammenhängen anzuwenden und zu üben, spielt die Ergebnissicherung die zentrale Rolle. Um diese Phase methodisch abwechslungsreich zu gestalten, können bekannte Gesellschaftsspiele auf ein fachliches Thema angewendet und im naturwissenschaftlichen Unterricht zur Übung gespielt werden.

Domino (◘ Abb. 6.5) und Trimino (◘ Abb. 6.6) eignen sich zur schülerorientierten Übung und zur Sicherung von Wissen. Bei den beiden Spielen müssen Begriffe und eine dazu passende Definition, Beschreibung oder Übersetzung in Symbolschreibweise aneinandergelegt werden, um die Anzahl der Spielkarten zu verringern (Domino) oder um eine geeignete Lösungsfigur zu erhalten (Trimino). Die Spiele können für die Einzelarbeit als Hausaufgabe oder in Partnerarbeit verwendet werden. Neben dem Zusammenbau einer vorgefertigten Variante können sich Schülerinnen und Schüler auch an dem Entwurf und der Konstruktion solcher Spiele beteiligen (Demuth et al. 2007).

Ausarbeitung und Spielregeln für Domino:

- Die Karten werden so gestaltet, dass jeweils ein Begriff mit Skizze mit einer Beschreibung eines anderen Begriffs kombiniert wird, doppelte Besetzung mit demselben Begriff bzw. Text ist ebenfalls möglich.
- Die Karten werden ausgeschnitten, verdeckt auf den Tisch gelegt und gemischt.
- Die Spieler ziehen so viele Karten, bis alle verteilt sind.
- Die Karten werden passend aneinandergelegt, bis ein Spieler keine Karten mehr hat. Dieser Spieler hat dann gewonnen.

Variation Trimino

Der Spielverlauf eines Trimino ist vergleichbar zum Domino, allerdings ist die Ausarbeitung etwas aufwendiger. Ziel des Spiels ist das Legen einer vorgegebenen Lösungsfigur (◘ Abb. 6.6). Weitere mögliche Lösungsfiguren finden Sie bei Demuth et al. (2007).

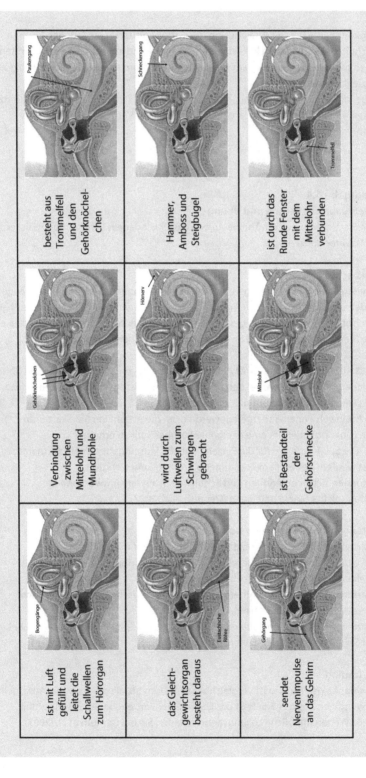

Abb. 6.5 Domino zum Thema Aufbau des Ohrs

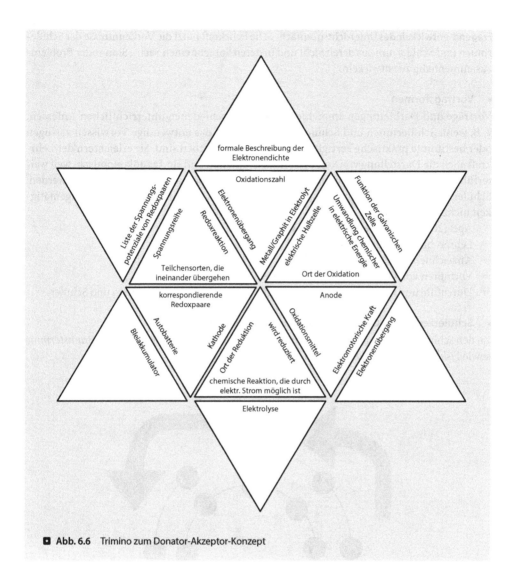

Abb. 6.6 Trimino zum Donator-Akzeptor-Konzept

■ **Gesprächsformen im Unterricht**

■ **Unterrichtsgespräch mit mehr oder weniger starker Lehrerlenkung (Meyer 1987)**

Gelenktes (kurzschrittiges) Unterrichtsgespräch Der Lehrer gibt Ziel und Inhalt des Gesprächs vor, zwingt aber die Schülerinnen und Schüler durch regelmäßige Zwischen- und Rückfragen zum aufmerksamen Nachvollziehen des Gedankengangs.

Fragend-entwickelndes Unterrichtsgespräch   Die Lehrkraft nutzt die Vorkenntnisse der Schülerinnen und Schüler, um aus deren Sicht und in deren Sprache einen Sach-, Sinn- oder Problemzusammenhang zu entwickeln.

■ **Vortragsformen**

Vorträge und Darbietungen empfehlen sich bei verschiedenen unterrichtlichen Anlässen, z. B. wenn Schülerinnen und Schüler noch nicht über das notwendige Vorwissen verfügen oder bestimmte praktische Fertigkeiten noch nicht erworben sind. Sie erleichtern der Lehrkraft auch die Darstellung von komplexen Sachverhalten und sind zeitökonomisch, weil weiterführende Informationen gebündelt und in gestraffter Form an die Schüler gegeben werden. Schülervorträge bieten sich insbesondere dann an, wenn eine sonstige praktische Eigentätigkeit nicht möglich ist.

Apel (2006) unterscheidet folgende Vortragsformen:

— Lehrer- bzw. Schülervortrag
— Anzeichnen mit Erläuterungen
— Vorführen von Objekten mit Erläuterungen
— Durchführung von Experimenten durch die Lehrkraft oder Schülerinnen und Schüler

■ **Schülerzentrierte Gesprächs- und Diskussionsformen**

Zu den schülerzentrierten Gesprächs- und Diskussionsformen gehören z. B. das *Brainstorming* sowie *Fishbowl* und *Kugellager* (◘ Abb. 6.7).

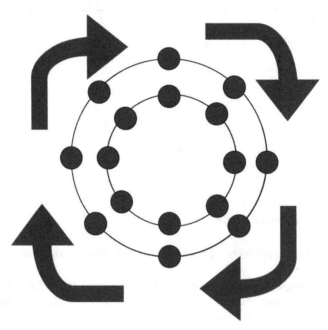

◘ **Abb. 6.7**   Kugellager (Schneider 2005)

■ **Ablauf des Kugellagers im Unterricht**

Vorbereitung Zwei Stuhlkreise, ein Innen- und ein Außenkreis, werden in der Mitte des Klassenraums aufgestellt. Die Schülerinnen und Schüler erhalten Informationen zu einem Thema und werden aufgefordert, diese in geeigneter Form für die Diskussion schriftlich aufzubereiten.

Durchführung Die Schülerinnen und Schüler tauschen sich drei bis fünf Minuten über das Thema aus und ergänzen ihre Notizen. Im Anschluss rückt jeder Schüler im Innenkreis zwei Plätze weiter.

Dauer Je nach Klassenstärke 20–30 Minuten.

Vorteile Die Partnergespräche schaffen eine vertraute Atmosphäre. Die wechselnden Gesprächspartner liefern neue Informationen und Standpunkte und können damit den Perspektivwechsel fördern.

Anwendungsbeispiele
- Sammeln von Informationen (zum Einstieg in ein Thema/nach einem Film/einer Exkursion/einem Vortrag etc.)
- zur Projektplanung
- Vorbereitung auf eine Klassenarbeit, Austausch über mögliche Aufgaben
- Pro-und-Contra-Diskussion im Innen- bzw. Außenkreis; z. B. im Bereich der ethischen Diskussion

6.2.2.3 Verlaufsformen: Grundrhythmus des Unterrichts

Unterrichtsverläufe sind durch einen methodischen Dreischritt gekennzeichnet (Meyer 2007): *Einstieg, Erarbeitung* und *Ergebnissicherung*. Die Lehrkraft sorgt in der Einstiegsphase dafür, dass ein Problemzusammenhang für die Behandlung eines Themas hergestellt und von den Schülern angenommen wird. Auch in dieser Phase können Schülerinnen und Schüler schon durch geeignete Handlungsmuster mitgestalten (▶ *Brainstorming, Mindmapping und Clustering*; ◨ Abb. 6.2). In der Erarbeitungsphase sollen sich die Lernenden vertiefend in den Sach- oder Problemzusammenhang einarbeiten. Hierzu ist eine angeleitete oder selbstständige Schülerarbeit erforderlich. Die Phase der Ergebnissicherung sollte das Lernergebnis sicherstellen und reflektieren (individuell, in der Gruppe oder im Klassenverband) und vereinbaren, wie es in der nächsten Stunde weitergehen kann. Weitere Erarbeitungs-, Übungs- und Ergebnissicherungsphasen können sich an eine Unterrichtsstunde anschließen und je nach Sequenzierung wiederholen.

Beispielaufgabe 6.5
Methodische Gestaltung eines Unterrichtseinstiegs
Erläutern Sie, welche Aufgaben der Unterrichtseinstieg hat und geben Sie drei Beispiele für die methodische Umsetzung dieser Unterrichtsphase zum Thema *Alkohole*, die möglichst viele der genannten Aufgaben erfüllen.

Lösungsvorschlag

Der Unterrichtseinstieg kann verschiedene affektive und/oder kognitive Funktionen übernehmen (◘ Tab. 6.1).

Einstiegsoption 1: Der stumme Impuls

Bei diesem Unterrichtseinstieg wird ein selbsterklärendes (realistisches) Bild von der Lehrkraft kommentarlos per computergestütztem Präsentationsprogramm oder Dokumentenkamera dargestellt (◘ Abb. 6.8). Der Text kann dabei zunächst ausgeblendet und eine Diskussion mit dem Auftrag „Äußert spontan Eure Gedanken zu der Abbildung" initiiert werden.

- Die Schüler werden zur Äußerung von Ideen aufgefordert.
- Vorschläge werden gesammelt und die Schülerinnen und Schüler gebeten, ihre Eindrücke mithilfe des Plakatmotivs zu begründen.

Sollte dieses *Brainstorming* mit nachfolgendem fragend-entwickelndem Unterrichtsgespräch noch keinen Hinweis auf das Thema *Alkohole* ergeben, kann das Textfeld zusätzlich aufgedeckt werden, um

- eigene oder berichtete Erfahrungen zum Thema Alkohol bei den Schülern zu aktivieren und damit einen Bezug zur Lebenswelt herzustellen,
- Neugierde in Bezug auf die Erklärung der physiologischen Wirkung des Alkohols zu wecken und somit eine Fragehaltung hinsichtlich seiner Eigenschaften und Wechselwirkungen mit dem menschlichen Körper zu entwickeln.

Die Lehrkraft kann die spontanen Äußerungen der Schülerinnen und Schüler sammeln und durch *Mindmapping* und *Clustering* (◘ Abb. 6.2) den weiteren Verlauf und die Erarbeitungsphase strukturieren. Durch diese Methoden können die Schülerinnen und Schüler zusätzlich die weiteren Schritte mitplanen und mitbestimmen.

Einstiegsoption 2: Ein themenorientierter Angebotstisch

Alkohole sind aufgrund ihrer Eigenschaften als polares Lösungsmittel in unserem Alltag allgegenwärtig. Die Lehrkraft präsentiert verschiedene Produkte (◘ Abb. 6.9), in denen Alkohole enthalten sind (z. B. freiverkäufliche Medikamente, Kosmetika, Reinigungsmittel etc.), mit der Aufgabe, sich über die Inhaltsstoffe der Produkte zu informieren. Mit diesem Angebot wird/werden

---

◘ **Tab. 6.1** Funktionen des Unterrichtseinstiegs (Baisch 2012)

Affektive Funktionen (A)	Kognitive Funktionen (K)
– Neugierde erzeugen, verblüffen – Bezug zur Lebenswirklichkeit der Schülerinnen und Schüler herstellen – Situationales Interesse für das neue Thema wecken	– Kenntnisse infragestellen oder verfremden (▶ *Kognitiver Konflikt*, Kap. 5) – Aufmerksamkeit fokussieren – Eine Fragehaltung hervorrufen – Über den geplanten Verlauf des Unterrichts informieren: Erzeugung von Zieltransparenz, *Advance Organizer* für den weiteren Unterrichtsverlauf (▶ Kap. 3)
– Vorkenntnisse, Vorerfahrungen und Einstellungen aktivieren – Die Verantwortungsbereitschaft wecken, um die weiteren Schritte zu planen und mitzubestimmen (Handlungsorientierung ▶ Abschn. 3.7)	

■ **Abb. 6.8**   Beispiel für einen stummen Impuls zum Thema Alkohole (Bundeszentrale für gesundheitliche Aufklärung, 2012)

- ein Bezug zur Lebenswirklichkeit der Schülerinnen und Schüler hergestellt.
- situationales Interesse für das neue Thema *Eigenschaften von Alkoholen* geweckt.
- Vorkenntnisse zum Alkohol als Lösungsmittel aktiviert (z. B. über den charakteristischen Geruch).

Abb. 6.9   Themenorientierter Angebotstisch mit Haushaltschemikalien

- eine Fragehaltung hervorgerufen, um die Eigenschaften des Alkohols als gemeinsamen Bestandteil aller präsentierten Produkte näher zu untersuchen.

Im weiteren Verlauf können Schülerexperimente zur Reinigungswirkung/Lösungsverhalten sowie zur konservierenden Wirkung durchgeführt werden.

Einstiegsoption 3: Das Demonstrationsexperiment

Taucht man ein erhitztes und oxidiertes Kupferblech (das Kupferoxid ist braun-schwarz) in Ethanol, entsteht als Oxidationsprodukt Ethanal, das Kupferoxid wird reduziert. Das Reaktionsprodukt Kupfer ist an seiner charakteristischen, orange-roten Farbe zu erkennen (Abb. 6.10). Der entstandene Aldehyd kann mithilfe einer geeigneten Nachweisreaktion (z. B. Fehling-Probe) nachgewiesen werden, der Ausgangsstoff Ethanol zeigt diese Reaktion nicht (Kontrolle).

Dieses Experiment

- regt Schülerinnen und Schüler zur Beschreibung von Beobachtungen/ Phänomenen ("Verfärbung des Kupferblechs", ▶ Abschn. 6.2.2) an.
- aktiviert das Vorwissen von Schülerinnen und Schülern zu Redox-Reaktionen aus der anorganischen Chemie.
- stellt die bisherigen Kenntnisse zu Redox-Reaktionen infrage und ruft eine Fragehaltung in Bezug auf den Reaktionsverlauf hervor.

■ **Abb. 6.10**   Reduktion von Kupferoxid

6.2.3   Inszenierungstechniken

Inszenierungstechniken sind kleine verbale und nonverbale, mimische, gestische und körpersprachliche Verfahren, mit dem Lehrkräfte und Schülerschaft den Unterrichtsprozess in Gang setzen und am Laufen halten. Sie sind durch eine große Vielzahl gekennzeichnet, z. B. zeigen, vormachen, Impuls geben, problematisieren, modellieren, strukturieren usw (Meyer 1987).

6.3   Überschneidungsbereiche

Auf die begriffliche Vielfalt wurde bereits im einleitenden Teil zu diesem Kapitel hingewiesen. Daher werden hier die Überschneidungsbereiche noch einmal explizit angesprochen: Methodische Fragen wurden schon in ▶ Abschn. 3.7 *Unterrichtsprinzipien* thematisiert. Bei den Unterrichtsprinzipien mit einem methodischen Schwerpunkt (Schülermitbeteiligung, Handlungsorientierung, Situiertes Lernen) spielen Methodenfragen eine zentrale Rolle, um das Unterrichtsprinzip umzusetzen. Für die (handlungsorientierte) Beteiligung der Lernenden kommen z. B. Gruppenarbeiten oder Projekte infrage, die von ihnen umgesetzt oder selbst gestaltet werden müssen. Auch beim Situierten Lernen wird die Gestaltung der Lernumgebung – der Lernkontext – in den Mittelpunkt der Betrachtung gestellt.

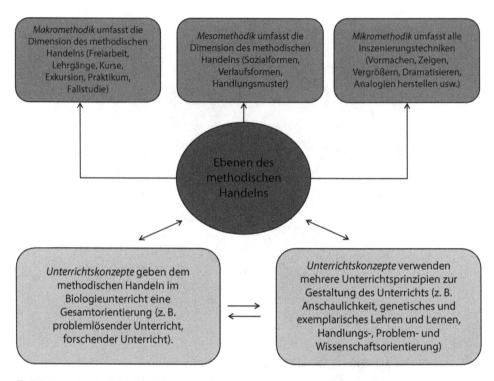

Abb. 6.11 Methodisches Handeln im Unterricht (Spörhase und Ruppert 2010, verändert nach Meyer 1987, 2004)

An dieser Stelle bietet sich auch schon ein Ausblick auf das ► Kap. 8 an: Unterrichtskonzeptionen (oder Unterrichtskonzepte) sind abgegrenzte didaktische Konzepte, die in besonderer Weise Ziel-, Inhalts-, und Methodenentscheidungen in einer Einheit zusammenfassen (Meyer 1987). Bei den Unterrichtskonzeptionen finden sich zum Teil begriffliche Überschneidungen zu den methodischen Großformen und auch zu den Handlungsmustern (Methoden i.e.S.). ☐ Abbildung 6.11 stellt die Bezüge grafisch dar.

6.4   Übungsaufgaben zum Kap. 6

1. Beschreiben Sie, in welchen Sozialformen Schülerexperimente im naturwissenschaftlichen Unterricht organisiert werden können. Erläutern Sie mögliche Vor- und Nachteile dieser Sozialformen beim Experimentieren.
2. Methodische Einbindung von Experimenten zur Fotosynthese in den Biologieunterricht
    a. Informieren Sie sich über die Experimente zur Fotosynthese von Ian Ingenhousz und fassen Sie seine Ergebnisse kurz zusammen.
    b. Erläutern einen möglichen didaktischen Ort,[1] wenn Sie diese Experimente als Lehrerdemonstrationsexperiment (► Kap. 7) einsetzen.

---

1   Unter dem *didaktischen Ort* versteht man die Stellung im Unterrichtsverlauf.

c. Formulieren Sie eine Fragestellung zu den Ingenhousz-Experimenten für den Unterrichtseinstieg so, dass im Gegensatz zu 2b) eine eigenständige Bearbeitung durch die Schülerinnen und Schüler möglich ist.

d. Erläutern Sie, welches Handlungsmuster Sie für die experimentelle Erarbeitung der Fragestellung aus 2c) der wählen.

3. Methoden für den handlungsorientieren Unterricht

a. Erläutern Sie das Prinzip der Handlungsorientierung (▶ Abschn. 3.7) und beschreiben Sie anhand von zwei Themengebieten aus dem Lehrplan Ihres Bundeslands, wie sich dieses Unterrichtsprinzip in einer Doppelstunde umsetzen lässt.

b. Konkretisieren Sie für eine Unterrichtsdoppelstunde aus 3a) die in der Erarbeitungsphase verwendeten Handlungsmuster. Begründen Sie deren Eignung mit Blick auf die Handlungsorientierung.

c. Formulieren Sie zwei unterschiedlich schwere Übungsaufgaben für die Unterrichtsdoppelstunde aus 3a), die verschiedene handlungsbezogene Kompetenzen fördern (▶ Kap. 2).

4. Verknüpfen Sie zwei unterschiedliche Handlungsmuster mit jeweils fünf Inszenierungstechniken am Beispiel einer radikalischen Substitution im Chemieunterricht.

5. Diskutieren Sie Vor- und Nachteile von Lehrervorträgen im naturwissenschaftlichen Unterricht. Wählen Sie zwei Themen für den Biologie- oder Chemieunterricht aus, für die sich unterschiedliche Varianten dieser Vortragsform besonders eignen und ordnen Sie Ihren Beispielen didaktische Orte zu.

Ergänzungsmaterial Online:

https://goo.gl/6PWqP9

Literatur

Apel HJ (2006) Darbietung im Unterricht. In: Arnold K-H, Sandfuchs U, Wiechmann J (Hrsg) Handbuch Unterricht. Klinkhardt, Bad Heilbrunn

Baisch P (2012) Unterrichtsmethoden wählen. In: Weitzel H, Schaal S (Hrsg) Biologie unterrichten – planen, durchführen, reflektieren. Cornelsen Verlag Skriptor GmbH, Berlin

Deci E, Ryan R (1993) Die Selbstbestimmungstheorie der Motivation und ihre Bedeutung für die Pädagogik. Zeitschrift für Pädagogik 39:223–238

Demuth R, Parchmann I, Ralle B (2007) Chemie im Kontext – Handreichungen für den Unterricht. Cornelsen Verlag, Berlin

Meyer H (1987) Unterrichtsmethoden, Bd. 2: Praxisband. Cornelsen-Verlag Skriptor GmbH, Berlin, S. 280ff

Meyer H (2004) Was ist guter Unterricht? Cornelsen Verlag Skriptor GmbH, Berlin

Meyer H (2007) Leitfaden Unterrichtvorbereitung. Cornelsen Verlag Skriptor GmbH, Berlin

Meyer H (2008) Unterrichtsmethoden I. Theorieband, 12. Aufl. Cornelsen Verlag Skriptor GmbH, Berlin

Pondorf P (2006) Was die Haut alles kann … Praxis der Naturwissenschaften – Biologie in der Schule 55(5):13–19

Prenzel M (1997) Sechs Möglichkeiten Lernende zu demotivieren. In: Gruber H Renkl R (Hrsg) Wege zum Können – Determinanten des Kompetenzerwerbs. Verlag Hans-Huber, Bern

Schneider K (2005) Kugellager. Praxis der Naturwissenschaften – Biologie in der Schule 54(2):13–14

Spörhase U, Ruppert W (2010) Biologiemethodik – Handbuch für die Sekundarstufe I und II. Cornelsen Verlag Skriptor GmbH, Berlin

6

Naturwissenschaftliches Arbeiten

© Springer-Verlag GmbH Deutschland 2017
C. Nerdel, *Grundlagen der Naturwissenschaftsdidaktik*,
DOI 10.1007/978-3-662-53158-7_7

Dem Konzept der *Scientific Literacy* gemäß (▶ Kap. 1 und 2) sollten Schülerinnen und Schüler in der Lage sein, naturwissenschaftliche Phänomene und Prozesse beschreiben und erklären zu können. Hierzu gehören ebenfalls ein Verständnis der naturwissenschaftlichen Arbeitsweisen und Methoden sowie grundlegende Fähigkeiten und Fertigkeiten, diese zur Problemlösung bei entsprechenden Fragestellungen anzuwenden (s. Kompetenzdefinition ▶ Abschn. 2.2). Als angehende Lehrkräfte sollten Sie daher einerseits selbst den Erkenntnisprozess in den Naturwissenschaften verstehen und die naturwissenschaftlichen Arbeitsweisen als Erkenntnismethoden sicher beherrschen, andererseits diese als rekonstruierte Unterrichtsinhalte im naturwissenschaftlichen Unterricht an Ihre Schülerinnen und Schüler so vermitteln, dass diesen die Anwendbarkeit auf immer neue Fragestellungen und Kontexte möglich ist.

Nach Beschäftigung mit diesem Kapitel sollten Sie daher wesentliche Phasen der experimentellen Erkenntnisgewinnung kennen und diese den Bildungsstandards Biologie und Chemie (KMK 2005a, b bzw. den EPA; KMK 1989 i.d.F. 2004) zuordnen können. Erkenntnistheoretisch können Sie ein induktives Vorgehen vom einem deduktiven unterscheiden. Darüber hinaus sollte es Ihnen möglich sein, Experimente theoretisch und praktisch sinnvoll in den Unterrichtsverlauf einzuordnen und ihre jeweilige didaktische Funktion zu erläutern.

7.1   Überblick: naturwissenschaftliche Arbeitsweisen

Die naturwissenschaftlichen Arbeitsweisen tragen wesentlich zum Verständnis der Naturwissenschaften bei. Sie zeigen exemplarisch auf, wie Erkenntnisse in den Naturwissenschaften gewonnen werden (*Lernen über die Natur der Naturwissenschaften*, Driver et al. 1996). Darüber hinaus haben sie eine doppelte Funktion: Einerseits soll das Verständnis wichtiger fachlicher Aspekte gewährleistet werden, andererseits sollen methodische Fähigkeiten erworben werden. Dazu gehört genaues Beobachten, Untersuchungen planen, Ergebnisse deuten und daraus Schlussfolgerungen zu ziehen. Das Experiment nimmt als verbindende naturwissenschaftliche Arbeitsweise für die Unterrichtsfächer Physik, Chemie und Biologie eine prominente Stellung ein. Zum Experiment gehören mehr Fähigkeiten als eine bloße Durchführung: eine Fragestellungen formulieren und Hypothesen bilden, ein aussagekräftiges Experiment planen, Schlüsse aus Beobachtungen ziehen und seine Annahme vor dem Hintergrund seiner Versuchsergebnisse zu reflektieren. Darüber hinaus gibt es aber auch weitere Erkenntnismethoden, die eher spezifisch für eines der Unterrichtsfächer sind. Diese werden im weiteren Verlauf näher betrachtet.

7.1.1   Grundformen des naturwissenschaftlichen Erkundens

Bei naturwissenschaftlichen Erkundungen können im Prinzip vier verschiedene Arbeitsweisen unterschieden werden: das *Betrachten, Untersuchen, Beobachten* und *Experimentieren* (Uhlig et al. 1962 nach Gropengießer 2013a). Durch Betrachten und Beobachten werden Objekte bzw. Prozesse vorwiegend auf der makroskopischen Ebene analysiert, diese sind allein mit den Sinnesorganen (Augen, Ohren, Nase, Zunge, Tastsinn) zu erschließen. Während sich das Betrachten auf unbewegliche Objekte bezieht (z. B. Vogelbalg, Pflanzen[-teile], Gesteine, Kristalle etc.), wird beim Beobachten das Verhalten von Systemen und Lebewesen in den Blick genommen, denen eine gewisse Dynamik innewohnt (z. B. Vogelzug, Maus oder Hamster im Labyrinth, Daniell-Element, Umschlagspunkt eines Indikators bei Säure-Base-Titration etc.). Wesentlich ist, dass beim Betrachten und beim Beobachten keine Eingriffe in die Struktur des Objekts oder die Prozesse des

Systems vorgenommen werden (Gropengießer 2013a). Wissenschaftliche Beobachtungen können analog zum Experimentieren hypothesengeleitet (deduktiv) oder erkundend (induktiv) erfolgen, wobei die Übergänge zwischen den beiden Arbeitsmethoden häufig fließend sind. Systematisches Beobachten kommt auch bei der Durchführungsphase des Experiments zum Einsatz (Kohlauf et al. 2011; ▶ Abschn. 7.2).

Will man Objekte und Prozesse vorwiegend auf der mikroskopischen bzw. submikroskopischen Ebene analysieren, bieten sich die Erkundungsformen Untersuchen und Experimentieren an. Untersuchungen ermöglichen einen Einblick in den mikroskopischen Bau der Materie unter Zuhilfenahme spezifischer Hilfsmittel wie Lupe und Mikroskop. In der Biologie können Zellstrukturen von Tieren und Pflanzen nach geeigneter Präparation durch Untersuchungen analysiert werden, in der Chemie z. B. Oberflächenstrukturen von Katalysatoren. Das Experiment geht über die alleinige Beschreibung eines Prozesses hinaus und klärt durch systematische Variation von Variablen Ursache-Wirkungsbeziehungen, die der direkten Beobachtung nicht zugänglich sind.[1] Zu den verschiedenen Phasen des Experiments gehören weitere Formen des naturwissenschaftlichen Arbeitens, z. B. vermuten und prüfen, beobachten und messen, diskutieren, modellieren und mathematisieren. Insofern stellt diese Erkundungsform von allen die komplexeste dar.

Definiert man die Erkundungsformen aus der Perspektive der Lernenden (bzw. Forschenden), werden die Arbeitsweisen Betrachten und Untersuchen gleichfalls unter dem Beobachten zusammengefasst. Das Untersuchen wird dann als ein Beobachten verstanden, bei dem Hilfsmittel zum Einsatz kommen (◘ Abb. 7.1).

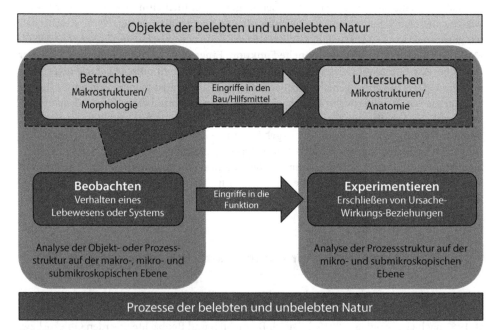

◘ Abb. 7.1   Erkundungsformen (verändert nach Gropengießer 2013a)

---

1   Experimente sind auch auf der makroskopischen Ebene denkbar, z. B. Experimente zum Lernverhalten von Schimpansen und Kindern oder zu den Wachstumsbedingungen von Pflanzen.

⊡ **Tab. 7.1** Naturwissenschaftliche Arbeitsweisen und ihr Zusammenspiel beim Experimentieren

Fächerübergreifende, naturwissenschaftsspezifische Arbeitsweisen	Arbeitsweisen mit besonderer Bedeutung für die Biologie (zum Teil auch für Chemie)
Beobachten/Messen	**Betrachten/Untersuchen** (entspricht Beobachten ohne bzw. mit Hilfsmitteln wie Lupe, Mikroskop, Fernglas)
Experimentieren (▶ Duit et al. 2004) – Vermuten & Prüfen – *Beobachten/Messen* – Protokollieren – Zeichnen/*Diagramme erstellen* – Modellieren/Mathematisieren	Zeichnen
Modellieren/Mathematisieren (▶ Abschn. 7.6) – Entwickeln eines Gedankenmodells – Herstellen eines realen Modells	Sammeln und Ausstellen (Schaal 2013)
Ordnen & Vergleichen (Hammann 2004b)	Halten und Pflegen (Killermann et al. 2008)
Allgemeine Arbeitsweisen	
Recherchieren, Textanalyse und Kommunizieren	

Die vier Grundformen des Erkundens (▶ Abschn. 7.1.1) sind fett gedruckt. Der Kursivdruck zeigt die Arbeitsweisen an, die als eigenständige Arbeitsweisen hier und in den folgenden Kapiteln besprochen werden.

7.1.2 Varianten naturwissenschaftlicher Arbeitsweisen

Nach den vier Grundformen des Erkundens werden nun weitere Arbeitsweisen vorgestellt ⊡ Tab. 7.1). Diese können einerseits als Teilbereich einer übergeordneten Arbeitsweise aufgehen (z. B. Protokollieren beim Experimentieren, Zeichnen beim Beobachten), andererseits können sie jede für sich sinnvoll im Unterricht genutzt werden.

7.2 Standards im Kompetenzbereich Erkenntnisgewinnung

Der Kompetenzbereich Erkenntnisgewinnung in den Bildungsstandards (KMK 2005a, b) fasst die zu fördernden Kompetenzen in Bezug auf die naturwissenschaftlichen Arbeitsweisen zusammen. ⊡ Tabelle 7.2 gibt einen vergleichenden Überblick, wie diese in den Bildungsstandards Biologie und Chemie verankert sind.

◘ **Tab. 7.2** Verankerung der Arbeitsweisen in den Bildungsstandards Biologie und Chemie, Kompetenzbereiche Erkenntnisgewinnung (KMK 2005a, b; ► Kap. 2)

	Biologie **Beobachten, Vergleichen, Experimentieren, Modelle nutzen und Arbeitstechniken anwenden** **Schülerinnen und Schüler …**	**Chemie** **Experimentelle und andere Untersuchungsmethoden sowie Modelle nutzen** **Schülerinnen und Schüler …**
Biologiespezifische Arbeitsweisen	E1 *mikroskopieren* Zellen und stellen sie in einer Zeichnung dar, E2 beschreiben und *vergleichen* Anatomie und Morphologie von Organismen, E3 analysieren die stammesgeschichtliche Verwandtschaft bzw. ökologisch bedingte Ähnlichkeit bei Organismen durch *kriteriengeleitetes Vergleichen*, E4 ermitteln mithilfe geeigneter *Bestimmungsliteratur* im Ökosystem häufig vorkommende Arten,	
Fächerübergreifende Arbeitsweise Experiment	E5 führen *Untersuchungen* mit geeigneten qualifizierenden oder quantifizierenden Verfahren durch, E6 planen einfache *Experimente*, führen die Experimente durch und/oder werten sie aus, E7 wenden Schritte aus dem *experimentellen Weg der Erkenntnisgewinnung* zur Erklärung an, E8 erörtern Tragweite und Grenzen von *Untersuchungs*anlage, -schritten und -ergebnissen,	E1 erkennen und entwickeln Fragestellungen, die mithilfe chemischer Kenntnisse und Untersuchungen, insbesondere durch chemische *Experimente*, zu beantworten sind, E2 planen geeignete *Untersuchungen* zur Überprüfung von Vermutungen und Hypothesen, E3 führen qualitative und einfache quantitative experimentelle und andere *Untersuchungen* durch und protokollieren diese, E4 beachten beim *Experimentieren* Sicherheits- und Umweltaspekte, E5 erheben bei Untersuchungen, insbesondere in chemischen *Experimenten*, relevante Daten oder recherchieren sie, E6 finden in *erhobenen oder recherchierten Daten*, Trends, Strukturen und Beziehungen, erklären diese und ziehen geeignete Schlussfolgerungen,
Fächerübergreifende Arbeitsweise Modellieren und Modellarbeit	E9 wenden *Modelle* zur Veranschaulichung von Struktur und Funktion an, E10 analysieren Wechselwirkungen mithilfe von *Modellen*, E11 beschreiben Speicherung und Weitergabe genetischer Information auch unter Anwendung geeigneter *Modelle*, E12 erklären dynamische Prozesse in Ökosystemen mithilfe von Modellvorstellungen, E13 beurteilen die Aussagekraft eines *Modells*	E7 nutzen geeignete *Modelle* (z. B. Atommodelle, Periodensystem der Elemente), um chemische Fragestellungen zu bearbeiten,

7.3   Beobachten, Messen und Untersuchen

Beobachten gehört als naturwissenschaftliche Arbeitsweise zu den vier Grundformen des Erkundens und wurde unter ▶ Abschn. 7.1.1 schon beschrieben. Während sich das Betrachten und Untersuchen auf Objekte der makro-, mikro- und submikroskopischen Ebene bezieht, werden beim Beobachten Prozesse in den Blick genommen (Gropengießer 2013b). Kennzeichnend für Beobachtung ist die kriteriengeleitete Fokussierung der Aufmerksamkeit und Ausrichtung des Sinnessystems. Um systematisch vorzugehen, sollte eine Fragestellung mithilfe von Beobachtungen bearbeitet werden. Beobachtungen erfordern ferner eine sorgfältige Protokollierung mit einer anschließenden Deutung der Beobachtungsergebnisse. Die Auswertung der Beobachtungen kann durch ein Kategoriensystem passend zur Fragestellung erleichtert werden (Beispiel Ethologie: Ruhe-, Spiel-, Sozial-, Ernährungsverhalten etc.). Auch können einfache Quantifizierungen hilfreich sein.

7.3.1   Untersuchen

Beim Untersuchen wird je nach Fragestellung in den Bau eines Objektes eingegriffen. Auf diese Weise werden Strukturen sichtbar, die auf der makroskopischen Ebene nicht mehr zu erkennen sind. Instrumente wie das Mikroskop oder Fernrohr vergrößern dabei die Leistungsfähigkeit der Sinne (Gropengießer 2013b). Der Arbeit mit diesen Hilfsmitteln kommt im Biologieunterricht eine besondere Bedeutung zu. Des Weiteren können neben der systematischen Beobachtung weitere Fähigkeiten erforderlich sein, z. B. Präparieren mit Pinzette und Präpariernadel, Anfertigen mikroskopischer Schnitte etc., um anatomische Strukturen erkennen zu können. Für solche Untersuchungen eignen sich Regenwürmer und Fische wie Heringe oder Forellen. Auch die Sektion von Organen eines Schweins im Kontext der Humanbiologie kann aufgrund der strukturellen Ähnlichkeit mit den Organen eines Menschen für das Verständnis der Strukturen von Bedeutung sein. Pflanzliche Präparate haben gewöhnlich den Vorteil, dass sie keinen Ekel oder schwerwiegende ethische Bedenken auslösen. Die Wasserpest oder das Zwiebelhäutchen sind aufgrund ihrer wenigen Zellschichten geeignete Objekte zum Mikroskopieren, um den Aufbau von Pflanzenzellen zu verdeutlichen und ihre Zellorganellen zu studieren. Unabhängig vom zu präparierenden Objekt sind die Artenschutzbestimmungen zu beachten.

7.3.2   Messen

Messen kann als eine spezielle Beobachtung gedeutet werden. Messen quantifiziert und präzisiert Beobachtungen. Beim Messen wird eine Anzahl von Basiseinheiten unter Zuhilfenahme von Messwerkzeugen gezählt, z. B. Zentimetermaß, Waage, Thermometer etc. Die Messwerkzeuge erleichtern das Ablesen des Vielfachen einer Basiseinheit. Die Basiseinheiten sind normativ festgelegt und werden mit ihren jeweiligen Einheitszeichen angegeben, z. B. Meter (m), Kilogramm (kg), Kelvin (K) etc. (Duit et al. 2004).

Beispielaufgabe 7.1
Beobachten im naturwissenschaftlichen Unterricht
1. Erläutern Sie die Arbeitsweise *Beobachtung* und grenzen Sie diese von ähnlichen Arbeitsweisen ab.

Lösungsvorschlag 1
Beim Beobachten wird der Blick auf naturwissenschaftliche Prozesse gelenkt. Dies erfordert einerseits eine Fragestellung mit dem Fokus, was beobachtet werden soll, andererseits eine genaue Protokollierung des beobachteten Vorgangs. Die Beobachtungsergebnisse werden anhand von definierten Kriterien ausgewertet und mit Blick auf die Fragestellung gedeutet. Die Arbeitsweisen Betrachten und Untersuchen beziehen sich dagegen auf Studien zum Bau und zur Struktur von Objekten. Während das Betrachten mit bloßem Auge den Habitus und die Morphologie eines Objekts erfasst, werden beim Untersuchen nach geeigneten Eingriffen in den Bau Hilfsmittel wie Lupe und Mikroskop eingesetzt, um z. B. anatomische Strukturen sichtbar zu machen. Aus der Perspektive des Forschenden bzw. Lernenden werden unter dem Begriff Beobachten die Arbeitsweisen Betrachten, Untersuchen und Beobachten zusammengefasst. Unter Beobachten versteht man damit das bewusste Erfassen von Strukturen vor und nach dem Eingriff in ihren Bau (gegebenenfalls mit erforderlichen Hilfsmitteln) und von naturwissenschaftlichen Prozessen (ohne Manipulation).

2. Erklären Sie die Bedeutung der Beobachtung im Rahmen des Experimentierens.

Lösungsvorschlag 2
Das Experiment dient zur Untersuchung von Ursache-Wirkungs-Beziehungen. Nach der Planung eines Experiments zur Untersuchung einer Forschungsfrage (deduktives Vorgehen) ist die Beobachtung ein wesentlicher Bestandteil bei der Durchführung des Experiments. Nur durch die genaue Beobachtung der Vorgänge in Experimental- und Kontrollansatz können die Ergebnisse miteinander verglichen werden und zu gültigen Schlussfolgerungen führen.

3. Verhalten ist für Beobachtungen im Biologieunterricht besonders geeignet. Ordnen Sie das Thema in den Lehrplan Ihres Bundeslands ein und entwickeln Sie eine Skizze für die Umsetzung im Biologieunterricht, bei der die Arbeitsweise Beobachten im Zentrum steht.

Lösungsvorschlag 3
Die Verhaltensbiologie ist ein Thema der Sekundarstufe II. Verhaltensbeobachtungen können im Unterricht auf zwei verschiedene Weisen gestaltet werden: Die Schülerinnen und Schüler beobachten a) Naturobjekte in ihrer Lebensumgebung an einem schulischen oder außerschulischen Lernort (z. B. Teich oder Zoo) oder b) das Verhalten von Tieren in einem Film oder Video.[2] Mögliches deduktives Vorgehen bei Kurzzeitbeobachtungen im Biologie-unterricht (ein bis zwei Unterrichtsstunden):
Einstieg: Fragestellung erarbeiten, Hypothesen aufstellen (z. B. zum Lernverhalten von Schimpansen)

---

2   Der Umgang mit Naturobjekten im Unterricht ermöglicht den Schülerinnen und Schülern eine sogenannte *Primärerfahrung*. Medial vermittelte Erfahrungen werden als *Sekundärerfahrungen* bezeichnet (▶ Kap. 10).

Erarbeitung:
- Kriterien erarbeiten oder Arbeitsanleitungen austeilen, nach denen das Lernverhalten der Schimpansen beobachtet werden soll
- Gegebenenfalls Hilfsmittel erklären und verteilen (z. B. Fernglas bei einem Einsatz im Zoo)
- Beobachtung der Schimpansen in Partner- oder Gruppenarbeit nach den erarbeiteten Kriterien; zeitlichen Rahmen festsetzen (nur im natürlichen Lebensraum, der Zeitrahmen ist bei Videoeinsatz durch die Filmsequenz vorgegeben)
- Sorgfältige Protokollierung der Beobachtungsergebnisse, z. B. durch Fotografie (im natürlichen Lebensraum) oder Beschreibung
- Auswertung und Vorbereitung einer Deutung (z. B. Sozialverhalten, Paarungsverhalten, Revierverhalten etc.)

Ergebnissicherung: Sammeln der Gruppenergebnisse und -deutungen. Diese werden z. B. in einem Tafelanschrieb schriftlich fixiert; Reflexion der Arbeitsweise Beobachten (Möglichkeiten und Grenzen)
Anwendung und Übung: Erstellung von Hypothesen zur Übertragbarkeit der beobachteten Befunde auf den Menschen

7.4 Mikroskopieren

Das Mikroskopieren hat für die Biologie eine große Bedeutung und ermöglicht Einblicke in die Welt des mikroskopisch Kleinen, das für das bloße Auge auch unter Zuhilfenahme einer Lupe nicht mehr erkennbar ist. Hierzu gehören z. B. Zellorganellen wie Chloroplasten und Mitochondrien oder spiralisierte Chromosomen in der Metaphase.

Beispielaufgabe 7.2
Untersuchungen mit dem Mikroskop
Ein Studierender im Schulpraktikum plant für den Biologieunterricht seiner 8. Klasse eine Unterrichtsstunde zum Thema *Vergleich von Tier- und Pflanzenzelle* und skizziert den Unterrichtsverlauf wie folgt:
- Einstieg: Wiederholung der letzten Stunde zum Thema *Zentrale Merkmale einer Eukaryotenzelle.*
- Erarbeitung: Schülerinnen und Schüler sollen in Partnerarbeit mithilfe ihres Schulbuches die Unterschiede der Zellenarten herausarbeiten. Anschließend werden die Ergebnisse der Gruppen vorgestellt und diskutiert.
- Sicherung: Die Lehrkraft erstellt zusammen mit der Klasse einen tabellarischen Hefteintrag.

Modifizieren Sie die Planung der Unterrichtsstunde so, dass eine naturwissenschaftliche Arbeitsweise eingesetzt wird und skizzieren Sie kurz den Ablauf Ihrer Unterrichtsstunde zum vorgegeben Thema.

Lösungsvorschlag

Der Einsatz naturwissenschaftlicher Arbeitsweisen nimmt eine zentrale Stellung im Biologie-unterricht ein. Es soll gewährleistet werden, dass Schülerinnen und Schüler neben den fachlichen Inhalten auch methodische Fähigkeiten und Fertigkeiten erwerben. Dabei spielt das Mikroskopieren im Biologieunterricht als eine Form des Untersuchens eine wichtige Rolle. Der Einsatz des Mikroskops ermöglicht einen Einblick in den mikroskopischen Bau der Materie. Neben der systematischen Beobachtung können zudem auch weitere Fähigkeiten wie Präparation oder das Anfertigen mikroskopischer Schnitte gefördert werden.

Die oben skizzierte Stunde kann in der Erarbeitungsphase dahingehend abgeändert werden, dass sich die Schülerinnen und Schüler den Unterschied der beiden Zelltypen selbst erarbeiten. Dies geschieht jedoch nicht durch die Bearbeitung eines Schulbuchtextes, sondern durch die Beobachtung beider Zelltypen unter dem Mikroskop. Der Einsatz des Mikroskops soll den naturwissenschaftlichen Erkenntnisgewinn der Schülerinnen und Schüler und zudem Kompetenzen im Bereich der Erkenntnisgewinnung (▶ Abschn. 7.2) fördern.

Die Schülerinnen und Schüler sollen jeweils in Partnerarbeit ein Präparat zur tierischen und pflanzlichen Zelle mikroskopieren und eine Skizze beider Zelltypen anfertigen. Sollte eine Doppelstunde zur Verfügung stehen, können die Präparate von den Schülern auch selbst angefertigt werden. Hierfür sind Zwiebelhäutchen und Abstriche der Mundschleimhaut der Schülerinnen und Schüler geeignet. Mithilfe der angefertigten Skizzen sollen die Schülerinnen und Schüler Unterschiede der Zellen herausarbeiten. Da die Zellbestandteile einer eukaryotischen Zelle bereits bekannt sind, können die Lernenden bekannte Strukturen bereits benennen. Im Anschluss sollen die Ergebnisse der Gruppen gemeinsam besprochen und diskutiert werden. Die Lehrkraft kann die Ergebnisse der Schülerinnen und Schüler an der Tafel tabellarisch dokumentieren, bei Bedarf ergänzen und mithilfe eines Hefteintrags sichern.

7.5   Experimentieren

Das Experiment ist in den Naturwissenschaften eine Frage an die Natur und stellt eine zent-rale naturwissenschaftliche Arbeitsweise dar. Es wird mit seinen zugehörigen Arbeitsweisen fächerübergreifend als so wesentlich erachtet, dass das Experimentieren sowohl in die Lehrpläne (▶ Kap. 3) als fachmethodische Kompetenz als auch in die Bildungsstandards im Bereich Erkennt-nisgewinnung Einzug erhalten hat (◘ Tab 7.2).

Die folgenden Standards beziehen sich explizit auf die Fähigkeiten und Fertigkeiten, die für die notwendigen Arbeitsweisen beim Experimentieren erforderlich sind. Schülerinnen und Schüler …

— planen einfache Experimente, führen die Experimente durch und/oder werten sie aus (Bio E6; Che E2/E3/E5),

— wenden Schritte aus dem experimentellen Weg der Erkenntnisgewinnung zur Erklärung an (Bio E7; Che E6) und

— wenden Modelle zur Veranschaulichung von Struktur und Funktion an (Bio E9; Che E7).

Darüber hinaus sind im Rahmen des experimentellen Erkenntnisprozesses Arbeitsweisen aus dem Kompetenzbereich Kommunikation erforderlich.

Schülerinnen und Schüler …

— veranschaulichen Daten messbarer Größen angemessen mit sprachlichen, mathemati-schen oder bildlichen Gestaltungsmitteln (Bio K3; Che K4).

Zu einem Experiment gehören weitere Arbeitsweisen (▣ Tab. 7.1 und 7.2), die bei seinen drei wesentlichen Schritten zur Anwendung kommen (Klahr 2000; ▣ Abb. 7.2):

- **Eine Fragestellung und Hypothesen (auf der Basis einer Theorie) generieren**

Hierbei werden aus bekannten Theorien und Modellen oder aus explorativen Daten eine oder mehrere Untersuchungsfragen und begründete Vermutungen abgeleitet. Fragestellungen sind weiter gefasst und grenzen den Untersuchungsbereich ein. Hypothesen sollten dagegen als konkrete Voraussagen formuliert werden, welche Versuchsergebnisse erwartet werden. Die Hypothesenbildung gilt als initialer Schritt für die deduktive Vorgehensweise beim Experimentieren. Hypothesen sind immer so zu formulieren, dass sie auch durch das Experiment widerlegt werden können (▶ Kap. 1).

- **Ein Experiment planen und durchführen**

Zur Überprüfung der formulierten Untersuchungsfrage muss ein aussagekräftiges Experiment geplant und durchgeführt werden. Von besonderer Bedeutung ist hierbei die Variablenkontrolle: Um den Einfluss eines Faktors (einer unabhängigen Variable) auf eine Messvariable (die abhängige Variable) eindeutig bestimmen zu können, müssen andere Faktoren konstant gehalten werden. Nur auf diese Weise kann mit Bestimmtheit gesagt werden, ob eine beobachtete Wirkung auf den Faktor als Ursache zurückzuführen ist. Im einfachsten Fall werden je ein Experimental- und Kontrollansatz vorbereitet (mit bzw. ohne Einwirkung des zu überprüfenden Faktors). Komplexere Versuchsansätze arbeiten mit mehreren Kontrollen bzw. Experimentalansätzen (z. B. um mithilfe von Verdünnungsreihen die Auswirkung unterschiedlicher Konzentrationen auf die Wirkung eines Enzyms zu überprüfen). Auch können in einem Versuchsansatz die Wechselwirkungen von mehreren das System potentiell beeinflussende Faktoren überprüft werden (zwei- bzw. mehrfaktorielles Untersuchungsdesign). Alle anderen möglichen Einflussfaktoren sind zu klären und als Störvariablen konstant zu halten.

- **Daten protokollieren, auswerten und interpretieren**

Für die Interpretation der Daten des Experiments ist es erforderlich, die Ergebnisse zunächst in geeigneter Weise aufzubereiten (z. B. durch eine Rechnung oder grafische Darstellung), anschließend auszuwerten und unter Berücksichtigung der theoretischen Überlegungen auf die Untersuchungsfrage zu beziehen. Die Ergebnisse geben so Hinweise auf die Bestätigung oder Widerlegung der Hypothesen. Dabei ist eine Methodendiskussion zu berücksichtigen, die möglicherweise Aufschluss über Einschränkungen im Geltungsbereich bzw. die Zulässigkeit der Verallgemeinerung gibt (z. B. wenn in Experimenten zur Fotosynthese nur Modellorganismen wie Erbse, Spinat oder Wasserpest verwendet wurden).

Von Experimenten wird erwartet, dass die Ergebnisse unabhängig vom Experimentator reproduzierbar sind.

7.5.1 Induktives Vorgehen beim naturwissenschaftlichen Arbeiten

Unter Induktion versteht man in der Wissenschaftstheorie die Schlussfolgerung von beobachteten Phänomenen auf eine allgemeinere Erkenntnis, z. B. ein Naturgesetz (z. B. Meyer 2015). Diese beobachteten Phänomene können z. B. mehrere explorative Versuchsreihen mit ihren Ergebnissen sein, aus denen in der Folge allgemeinere Hypothesen über die Gültigkeit der Ergebnisse erstellt werden und so zur Theorie oder Modellbildung beitragen können. Kritiker sind der Auffassung, dass die Induktion ein unzureichendes Beweisverfahren in den Naturwissenschaften sei (Herzog 2012) und forderten infolgedessen ein deduktives (hypothesengeleitetes) Vorgehen beim Experimentieren (Popper 1935).

7.5.2 Deduktives Vorgehen: naturwissenschaftliches Arbeiten als Hypothesentesten

Karl Popper bezweifelte infolge der Ergebnisse Einsteins Anfang der 1930er-Jahre, dass Befunde von einzelnen Beobachtungen, Experimenten oder Versuchsreihen geeignet seien, um eine wissenschaftliche Theorie zu beweisen (▶Induktion; Abschn. 7.5.1 und Herzog 2012). Für einen Beweis müssten alle singulären Fälle geprüft werden. Durch bestätigende Befunde kann daher nur die Zuverlässigkeit einer Theorie erhöht werden. Poppers Grundidee besteht daher darin, dass aus einer Theorie abgeleitete Hypothesen falsifizierbar (d. h. durch einen Widerspruch widerlegbar) sein müssen. Hier genügt ein objektives Ereignis, das mit der Hypothese unverträglich ist. Die Falsifizierbarkeit sollte daher das Kriterium sein, um eine Theorie der empirischen Wissenschaften (Erfahrungswissenschaften) von nicht-empirisch wissenschaftlichen Theorien (Mathematik, Logik, Religion) zu unterscheiden. Eine empirische Theorie ist nur dann wissenschaftlich, wenn sie geeignet ist, durch Aussagen über mögliche oder tatsächliche Beobachtungen widerlegt zu werden. Die widersprüchlichen Beobachtungen können sich aus Experimenten oder durch geeignete Gegenbeispiele ergeben. Die Fehlerhaftigkeit, die durch die genannten Befunde belegt wird, ist ein starkes Argument dafür, die Theorie in ihrer jetzigen Form zu modifizieren bzw. ganz aufzugeben. In diesem Sinne ist jede Theorie nur eine *auf Bewährung* (Kritischer Rationalismus; Herzog 2012, S. 64ff.). ◼ Abbidung 7.2 zeigt einen Überblick zu den naturwissenschaftlichen Arbeitsweisen und ihren Zusammenhang mit dem Experimentieren. Induktives und deduktives Vorgehen lassen sich als Vorgehensweisen mit unterschiedlichen Ausgangspunkten in dem gesamten Prozess verstehen.

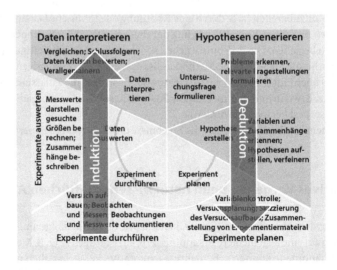

◼ **Abb. 7.2**   Das Experiment mit weiteren naturwissenschaftlichen Arbeitsweisen (verändert nach Mikelskis-Seifert und Duit 2010)

Naturwissenschaftliches Arbeiten als Problemlöseprozess

Die Kognitionsforschung beschäftigt sich schon lange mit den kognitiven Prozessen beim naturwissenschaftlichen Arbeiten und Entdecken. Danach wird sowohl das Problemlösen im Allgemeinen als auch das naturwissenschaftliche Arbeiten durch die Suche in unterschiedlichen Problembereichen gekennzeichnet (Simon 1977). Problemräume bestehen dabei aus allen möglichen Zuständen des Problems, die einen Problemlöser von einem Schritt zum nächsten führen. Die wesentlichen Aspekte des naturwissenschaftlichen Arbeitens wurden in dem empirisch untersuchten SDDS-Modell (*Scientific Discovery as Dual Search*) zusammengeführt, das der Fachdidaktik hierzulande als ein Ausgangspunkt

für die Forschung zur Kompetenzentwicklung beim Experimentieren und zu den Bildungsstandards diente (Hammann 2004a). Nach diesem Modell sind für das naturwissenschaftliche Arbeiten zwei Problembereiche bedeutsam (Klahr und Dunbar 1988): Der *Hypothesensuchraum* enthält alle möglichen Regeln, die ein Phänomen innerhalb der betrachteten Domäne beschreiben könnten. Die Suche in diesem Raum erfordert fachspezifisches Vorwissen sowie die Kenntnis von experimentellen Ergebnissen und Daten. Neben dem Aufstellen von Hypothesen gehört auch die Überprüfung ihrer Plausibilität in diesem Suchraum (deduktives Vorgehen; ▶ Abschn. 7.5.2). Der *Experimentiersuchraum*

enthält dagegen alle denkbaren Experimente zu einem Problem inklusive ihrer Ergebnisse, die eindeutige Aussagen zu einer Hypothese zulassen. Hierzu ist Wissen z. B. über die Variablenkontrolle nötig, das fachspezifisch angewendet werden muss (induktives Vorgehen; ▶ Abschn. 7.5.1). Letzter Bestandteil des Experimentierens ist die Auswertung von Daten, die zwischen diesen beiden Suchräumen vermittelt. Diese dient am Ende der Überprüfung der in der Hypothese formulierten Erwartung und empirischen Evidenz. Die Auswertung enthält gleichermaßen eine Abschätzung von Messfehlern, um so die Vertrauenswürdigkeit der Daten beurteilen zu können.

7.5.3 Typische Schwierigkeiten beim Experimentieren

Zu den Schwierigkeiten von Schülerinnen und Schülern beim Experimentieren gibt es gerade im englischsprachigen Raum viele Untersuchungen (z. B. De Jong und Joolingen 1998). Viele davon sind auf die Unkenntnis der Epistemologie oder der Arbeitsweise des Experimentierens zurückzuführen. Nachfolgend werden daher aus den drei zentralen Bereichen *Hypothesen generieren, Planung und Durchführung von Experimenten und Daten auswerten und interpretieren* einige Beispiele gezeigt.

■ **Hypothesen generieren**
Schülerinnen und Schüler haben im Allgemeinen große Schwierigkeiten, Hypothesen zu generieren (Chinn und Brewer 1993). Sie haben häufig keine Vorstellung davon, wie eine Hypothese zu formulieren ist. Darüber hinaus werden Hypothesen nicht auf der Basis einer Datengrundlage gebildet. Die Probanden sind in diesem Fall nicht in der Lage, korrekte Schlussfolgerungen aus widersprüchlichen Daten zu ziehen und folgerichtig eine Hypothese zu verwerfen. Häufig werden widersprüchliche Daten auch ignoriert, um an der ursprünglichen Theorie festzuhalten anstatt eine neue Hypothese zu formulieren. Die Schwierigkeit besteht darin, eine Alternativhypothese zu formulieren. Insbesondere vermeiden es Lernende, Hypothesen zu formulieren, die widerlegt werden können (*fear of rejection*). Das Gegenteil wurde allerdings auch beobachtet: Hypothesen wurden verworfen, weil die widersprüchlichen Befunde ausblieben. Darüber hinaus formulieren Schülerinnen und Schüler Hypothesen, die nicht geeignet sind, ein theoretisches Prinzip korrekt zu erfassen.

■   **Planen von Experimenten**

Die Planung und Durchführung von Experimenten dienen dazu, die Gültigkeit einer Hypothese zu überprüfen (deduktives Vorgehen; ▶ Abschn. 7.5.2). Alternativ können auch auf Datengrundlage Hypothesen formuliert werden (induktives Vorgehen; ▶ Abschn. 7.5.1). Schülerinnen und Schüler suchen vorzugsweise Ergebnisse, die die Hypothese bestätigen anstatt sie zu widerlegen; dieses Phänomen wird als *confirmation bias* bezeichnet. Auch wurde beobachtet, dass die Lernenden keine aussagekräftigen Experimente planen und bei der Überprüfung von Hypothesen nicht systematisch vorgehen. Sie verändern beispielsweise mehrere Variablen auf einmal mit der Folge, dass sie keine gültigen Schlussfolgerungen aus dem Experiment ziehen können. Es konnte auch gezeigt werden, dass Schülerinnen und Schüler Variablen verändern, die für das Hypothesentesten irrelevant sind. Andere Studien deuten außerdem darauf hin, dass Experimente durchgeführt werden, die nicht geeignet sind, Hypothesen zu testen, sondern lediglich geeignete Ergebnisse produzieren sollen anstatt das theoretische Modell dahinter zu verstehen (*engineering approach*).

■   **Interpretation von Daten**

Nachdem Experimente korrekt geplant und ausgeführt wurden, müssen sie ausgewertet und interpretiert werden. Dabei finden erfolgreiche Lerner in der Regel mehr Gesetzmäßigkeiten in den Daten als weniger erfolgreiche Lerner. Häufig werden Daten fehlinterpretiert. Die häufigste Fehlinterpretation ist die Bestätigung der aktuellen Hypothese. Dabei scheint die Hypothese die Dateninterpretation zu leiten, anstatt die Dateninterpretation gezielt darauf auszurichten, widersprüchliche Befunde zur Hypothese zu suchen (s.o.). Auch bei der Erstellung von Grafiken, die zur Datenauswertung und Interpretation der Messwerte benötigt werden, wurden verschiedene Schwierigkeiten beobachtet (von Kotzebue et al. 2015; Lachmeyer 2008; ▶ Exkurs Diagrammkompetenz).

Eine erfolgreiche Lernprozessregulation beim naturwissenschaftlichen Arbeiten ist hingegen dadurch gekennzeichnet, dass die Schülerinnen und Schüler geringe Schwierigkeiten damit haben

— die Zielsetzung/Fragestellung zu erfassen,
— ihren Lernprozess systematisch zu planen und zu überwachen,
— eine große Vielfalt von Experimenten einzusetzen und keine Zufallsstrategie zu verwenden und
— schnell Irrwege zu erkennen sowie flexibel und gezielt umdisponieren zu können.

Exkurs

Diagrammkompetenz im naturwissenschaftlichen Unterricht (▶ Kap. 9)

Schülerinnen und Schüler haben Schwierigkeiten, Diagramme richtig zu interpretieren und zu erstellen (Lachmayer et al. 2007). Auch bei der Konstruktion treten unabhängig vom Alter typische Schwierigkeiten auf (von Kotzebue et al. 2015). **Wahl des richtigen Diagrammtyps** Besteht die Aufgabe z. B. darin, die Erntereife verschiedener Gemüsesorten in einem Diagramm darzustellen, zeichnen Schülerinnen und Schüler den in der Schule dominierenden Typ des Liniendiagramms (von

Kotzebue und Nerdel 2015; von Kotzebue et al. 2015; ◘ Abb. 7.3). Allerdings sollte bei der Darstellung einer metrischen Variablen in Abhängigkeit von einer kategorialen Variablen ein Säulen- oder Balkendiagramm als Diagrammtyp verwendet werden. Darüber hinaus zeigt diese Schülerlösung ein weiteres typisches Fehlkonzept: „Die Zeit wird immer auf der x-Achse abgetragen" (von Kotzebue et al. 2015). **Achsenbelegung** Die Achsenbelegung in Diagrammen ist für

Schülerinnen und Schüler häufig nicht intuitiv verständlich, weil abhängige und unabhängige Variable in der zu bearbeitenden Problemstellung nicht erkannt und infolgedessen nicht richtig den Achsen zugeordnet werden können (von Kotzebue et al. 2015). In diesem Beispiel bestand die Aufgabe darin, die Kohlenstoffdioxidbilanz von zwei Pflanzenarten in Abhängigkeit von der Zeit anhand einer Wertetabelle darzustellen. Dabei wurden unabhängige und abhängige Variable vertauscht (◘ Abb. 7.4).

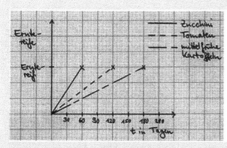
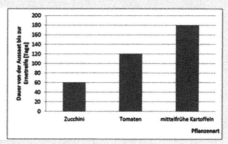

Abb. 7.3 Fehler bei der Diagrammkonstruktion, Wahl des Diagrammtyps (von Kotzebue und Nerdel 2015; ► Lachmeyer 2008; von Kotzebue et al. 2015)

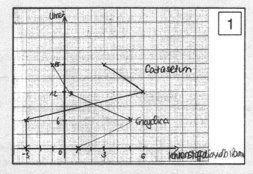

Abb. 7.4 Fehler bei der Diagrammkonstruktion, Achsenbelegung (von Kotzebue et al. 2015)

Beispielaufgabe 7.3

Experimentieren am Beispiel von Enzymreaktionen

Bei der Vorbereitung einer Unterrichtsstunde zum Thema Enzymreaktionen bzw. Verdauung finden Sie in Ihren Unterlagen die ■ Abb. 7.5 und 7.6 auf einem Arbeitsblatt:

1. Erläutern Sie detailliert die in ■ Abb. 7.5 und 7.6 dargestellten Versuchsanordnungen und die zu erwartenden Ergebnisse.

Lösungsvorschlag 1

In ■ Abb. 7.5 werden drei Versuchsansätze gemäß folgender Tabelle gezeigt:

Experiment 1, vollständiger Versuchsplan zur Überprüfung der Stärkeverdauung durch Speichel bei 37 °C		
	Ohne Stärke	**Mit Stärke**
Ohne Speichel	Jodlösung (Ansatz 1)	Jodlösung mit Stärke (Ansatz 2)
Mit Speichel	Jodlösung mit Speichel (fehlt)	Jodlösung mit Stärke und Speichel (Ansatz 3)

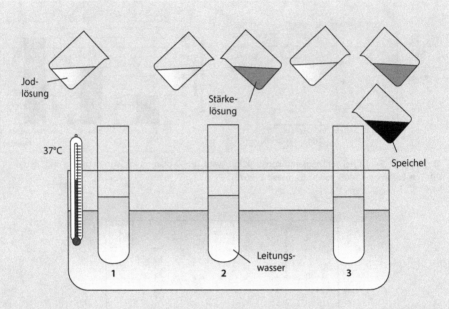

Jod-
lösung

Stärke-
lösung

37°C

Speichel

Leitungs-
wasser

1   2   3

◘ **Abb. 7.5**   Enzymreaktionen, Experiment 1

Das Experiment wird bei einer Temperatur von 37 °C durchgeführt. Dies entspricht der menschlichen Körpertemperatur und damit den ökologischen Bedingungen für die Wirkung des Enzyms. Versuchsansatz 1 enthält nur Jodlösung, die dem Nachweis von Stärke dient und sich bei Kontakt mit ihr blau färbt. In Versuchsansatz 2 werden gemeinsam Jod- und Stärkelösung gegeben, hier kann die Nachweisreaktion entsprechend beobachtet werden. Versuchsansatz 3 enthält neben der Jodlösung und der Stärkelösung noch Speichel. Speichel enthält das Enzym Amylase, das die Stärke in Di- und Monosaccharide spaltet. Diese Zucker ergeben nicht die charakteristische Blaufärbung der Stärke, weil sie nicht über die spiralige Struktur verfügen, in die die Jodmoleküle eingelagert werden. Die Färbung dieses Versuchsansatzes sollte entsprechend geringer ausfallen. Auf einen weiteren Kontrollansatz, der die (nicht vorhandene) Wechselwirkung von Speichel und Jodlösung zeigt, wurde in dem Experiment verzichtet.

In ◘ Abb. 7.6 werden vier Versuchsansätze gemäß folgender Tabelle gezeigt:

Experiment 2, vollständiger Versuchsplan zur Überprüfung der Eiweißverdauung durch Pepsin bei 37 °C		
	Ohne Pepsin	**Mit Pepsin**
Ohne Salzsäure (HCl)	Eiweißlösung (Ansatz 1)	Eiweißlösung mit Pepsin (Ansatz 2)
Mit Salzsäure (HCl)	Eiweißlösung mit Salzsäure (Ansatz 3)	Eiweißlösung mit Salzsäure und Pepsin (Ansatz 4)

Auch dieses Experiment wird bei einer Temperatur von 37 °C durchgeführt. Versuchsansatz 1 enthält nur Eiweißlösung. Dem Versuchsansatz 2 wird das Enzym Pepsin hinzugefügt, das Eiweiß spalten kann. Die Menge des vorhandenen Eiweißes sollte sich daher in diesem

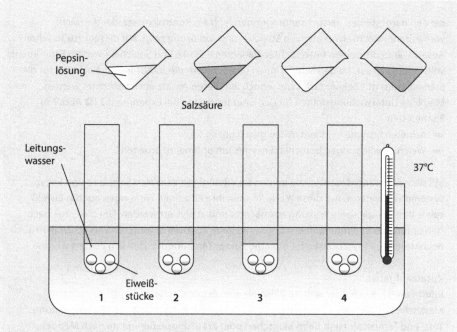

Pepsin-
lösung

Salzsäure

Leitungs-
wasser

37°C

Eiweiß-
stücke

1   2   3   4

○ **Abb. 7.6** Enzymreaktionen, Experiment 2

Ansatz etwas verringern. Versuchsansatz 3 enthält Eiweißlösung und Salzsäure. Durch die Säure wird das Eiweiß denaturiert; es sollte sich daher in seiner Struktur verändern aber nicht in seiner Menge. Versuchsansatz 4 enthält Salzsäure und Pepsin. Durch die Säure werden optimale Bedingungen für die Wirkung des Enzyms, das natürlicherweise im Magen aktiv ist, eingestellt. In diesem Ansatz sollte daher gegenüber dem Ansatz 2 eine größere Menge an Eiweiß verdaut werden können.

2. Formulieren Sie eine Fragestellung und Hypothesen für den Unterrichtseinstieg, die Sie mit Ihren Schülerinnen und Schülern erarbeiten und die mithilfe der gezeigten Experimente nachfolgend bearbeitet werden können. Sind die Experimente aussagekräftig geplant? Begründen Sie Ihre Entscheidung.

Lösungsvorschlag 2
Mögliche Untersuchungsfragen für den Stundenanfang bei Experiment 1 (○ Abb. 7.5) können sein:

▬ Verändern sich Haferflocken beim Kauen im Mund?
▬ Welche Auswirkung hat unser Speichel auf Stärke?
▬ Liegt nach dem Kauen und Einspeicheln immer noch Stärke aus den Haferflocken vor?

Alternativ: Problemexperiment zum Unterrichtseinstieg; Schüler kaut Haferflocken einige Zeit und wird aufgefordert, die geschmackliche Veränderung zu beschreiben (diese sollten nach einiger Zeit süßlich schmecken). Hierzu kann die Frage gestellt werden: Warum schmecken die Haferflocken nach längerem Kauen süß?

Bei den dargestellten Versuchsanordnungen fehlt ein Kontrollansatz, der die (nicht vorhandene) Wechselwirkung von Speichel und Jodlösung zeigt. Mit diesem zusätzlichen Ansatz wären die beiden untersuchten Variablen – Stärke und Speichel – in dem Experiment vollständig variiert. Da den Schülerinnen und Schülern die Jodlösung als Nachweis für die Stärke bereits gut bekannt ist, kann jedoch auf diesen Ansatz auch verzichtet werden. Mögliche Untersuchungsfragen für den Stundenanfang bei Experiment 2 (◘ Abb. 7.6) können sein:

- Arbeiten Enzyme in jedem Milieu gleich gut?
- Welche Bedingungen brauchen Enzyme, um optimal zu arbeiten?

Mit dem Experiment werden die beiden unabhängigen Variablen Salzsäure und Enzym systematisch variiert. Auf diese Weise können ihre einzelnen Wirkungen auf das Eiweiß sowie ihre gemeinsame Wirkung beobachtet und analysiert werden. Um die Frage nach den optimalen Bedingungen etwas zu erweitern, könnten in weiteren Versuchsreihen auch noch weitere pH-Werte getestet oder der Faktor Temperatur zusätzlich variiert werden.

Zusatzaufgabe:
Informieren Sie sich über weitere Beispiele zum Experimentieren!
Klassische Beispiele sind Experimente zur Fotosynthese, Nachweis der Pflanzenatmung, Tast- und Temperatursinn beim Menschen oder Kreuzungsexperimente nach Mendel (Mayer und Ziemek 2006). Auch in der Chemie können zahlreiche geeignete Beispiele für Experimente gefunden werden: Spannungsreihe und Nernst'sche Gleichung, chemisches Gleichgewicht, Reaktionskinetik.

Exkurs

Interesse von Jugendlichen und Lehramtsstudierenden am Experimentieren

Orientiert man sich an den Lehrplänen und an den Bildungsstandards, ist die Behandlung des Experiments als naturwissenschaftliche Arbeitsweise ein wichtiger Bestandteil des Biologie- und Chemieunterrichts. Befragt man Schülerinnen und Schüler, ob sie sich für diese Arbeitsweise interessieren, erhält man gegenläufige Resultate. Bei der PISA-Studie 2006 (PISA-Konsortium 2007) zeigte sich die Tendenz, dass hochkompetente Jugendliche ein stärkeres Interesse an den Naturwissenschaften zeigen. Allerdings interessierten sich 44 % der hochkompetenten Jugendlichen relativ wenig für Naturwissenschaften. Dieser Anteil ist bei hochkompetenten Finnen deutlich geringer: Hier liegt vder Anteil an Geringinteressierten nur bei 37 %. PISA 2006 konnte gleichfalls systematische Zusammenhänge zwischen dem Interesse und der Unterrichtswahrnehmung der hochkompetenten Jugendlichen zeigen. Diese berichteten vom häufigen Experimentieren im Unterricht sowie von ausgeprägten Anwendungsbezügen und Modellierungen. Kompetenzfördernd seien dabei allerdings nicht allein die *Hands-on*-Aktivitäten, sondern die richtige Dosierung und Abstimmung zwischen Forschungsfragen und Interaktionsgelegenheiten sei entscheidend. Lehramtsstudierende schätzen in Abhängigkeit von ihren Unterrichtsfächern den Wert von Experimenten für das Lernen im Chemieunterricht aus ihrer eigenen Erfahrung eher gering (Becker 1991): Von der gesamten Lehramtsstichprobe (N = 169) bewerteten nur 45 % das Experimentieren in ihrer eigenen Schulzeit positiv. Bei den Geisteswissenschaftlern und Sportstudierenden im Lehramt war dieser Anteil noch geringer ausgeprägt und betrug nur 36 bzw. 40 %. Nur angehende Lehrkräfte der Naturwissenschaften bewerteten das Experimentieren mit 77 % erwartungsgemäß stark positiv. Häufig wurden nicht gelingende Experimente als verwirrend eingestuft, sodass der fachwissenschaftliche Sinn von Experimenten in der Schulzeit unklar blieb. Ließen Schülerexperimente dagegen ausreichend Eigentätigkeit zu, wurden sie als nützlich eingestuft.

7.5.4 Zur Rolle des Experiments im naturwissenschaftlichen Unterricht

7.5.4.1 Ausgewählte Funktionen des Experiments im naturwissenschaftlichen Unterricht

Das Experiment kann im naturwissenschaftlichen Unterricht ganz unterschiedliche Funktionen einnehmen (Pfeifer et al. 2002, S. 292ff.). Ein einführendes Experiment eignet sich dazu, den Einstieg in eine Stunde zu gestalten, Interesse zu wecken und zum Nachdenken über das eigene Vorwissen anzuregen. Das entdeckende Experiment vollzieht die Schritte eines (deduktiven) Forschungsexperiments nach (▶ Abschn. 7.5.2) und gibt den Schülerinnen und Schülern Gelegenheit zum offenen Experimentieren (▶ Kap. 8). Das bestätigende Experiment illustriert bereits behandelte Inhalte zur Wiederholung und Vertiefung und ermöglicht anschauliche Einsichten in einen theoretischen Zusammenhang. Darüber hinaus können Experimente als Aufgaben eingesetzt werden; diese dienen entweder der Anwendung und Übung oder zur Überprüfung des Lernerfolgs (▶ Kap. 4).

Um dem Experimentieren als zentrale naturwissenschaftliche Arbeitsweise mehr Raum im Unterricht zu geben, wurden das forschend-entdeckende Lernen und das offene Experimentieren als Unterrichtskonzeptionen entwickelt. Diese werden ausführlich in ▶ Kap. 8 besprochen.

7.5.4.2 Arten der Durchführung

- **Demonstrationsversuche (Durchführung durch die Lehrkraft, gegebenenfalls auch durch Schüler)**

Demonstrationsversuche sind materialsparend und zeiteffizient. Darüber hinaus ist der Umgang mit manchen Chemikalien der Lehrkraft vorbehalten. Der Aufbau von Demonstrationsexperimenten sollte prägnant sein und den Gestaltgesetzen (Pfeifer et al. 2002, S. 302ff.) folgen. Schülerinnen und Schüler achten sonst häufig auf Hilfsmittel in den Versuchsaufbauten, weil diese besonders auffällig sind (z. B. Stative). Für Demonstrationen sollten die Apparaturen immer ausreichend groß sein, damit die stattfindenden Reaktionen gut beobachtet werden können. Beim Einsatz kleinerer Maßstäbe, z. B. bei *Microscale*-Experimenten, bietet sich die zusätzliche Projektion per OHP oder Dokumentenkamera an. Diese bieten den Vorteil, dass großer apparativer Aufwand entfällt und das Material auf das Wesentliche reduziert wird (Obendrauf 1996).

- **Schülerversuche**

Bei Schülerversuchen ist sicherzustellen, dass von den Experimenten bei ihrer Durchführung keine gesundheitliche Gefährdung ausgeht. Insbesondere ist auf eine angemessene Schutzkleidung zu achten. Auch benötigen die Schülerinnen und Schüler das nötige manuelle Geschick im Umgang mit Glasgeräten und Chemikalien. Bei großen Klassen sind Schülerexperimente aus Material- und Kostengründen besser in Partner- oder Gruppenarbeit durchzuführen. Von Schülerübungen wird ein Lernerfolg durch die Eigentätigkeit bei entsprechenden Rahmenbedingungen und instruktionaler Unterstützung angenommen (Wirth et al. 2008). Je nach didaktischer Einbindung des Experiments bietet sich die Möglichkeit des entdeckenden Lernens, der zusätzlichen Einübung manueller Fertigkeiten und der Nutzung eines motivierenden Effekts, der vom Experimentieren ausgehen soll. Dabei sollte darauf geachtet werden, dass es nicht allein bei den psychomotorischen Aktivitäten bleibt, sondern dass die Schülerinnen und Schüler kognitiv aktiviert werden, Experimente als Erkenntnismethode wahrzunehmen und sinnvoll auf geeignete Fragestellungen beziehen zu können (▶ Exkurs Interesse am Experimentieren).

7.6   Modellieren und Mathematisieren

In diesem Kapitel soll zunächst das Modellieren als naturwissenschaftliche Arbeitsweise vorgestellt werden, während auf verschiedene Modelltypen als Medium in ▶ Kap. 10 eingegangen wird.

Modellarbeit im naturwissenschaftlichen Unterricht

Modelle werden zum Beschreiben und Erklären von Phänomenen, als Originalersatz oder zum Überprüfen von Hypothesen eingesetzt. Sie sind Medien, mit denen …
- man naturwissenschaftliche Phänomene veranschaulichen und damit besser lernen kann oder
- mit denen man Naturwissenschaften erkunden kann, neue Erkenntnisse über die Natur erfährt und sich somit unbekannte Aspekte der (un-)belebten Welt erschließt.

Mathematische Modelle

sind eine Variante von theoretischen bzw. virtuellen Modellen und auch ein Spezialfall von Mathematisierungen im naturwissenschaftlichen Unterricht (▶ Abschn. 7.6.2).

Modelle werden zur Erklärung von naturwissenschaftlichen Strukturen und Prozessen auf der Basis von mehr oder weniger gegenständlichen Originalen konstruiert und haben Repräsentationsfunktion (Stachowiak 1980). Originale besitzen sehr viele Eigenschaften. Bei der Modellierung wird diese Menge an Eigenschaften zunächst vom Modellkonstrukteur eingeschränkt. Er trifft auf der Basis gewisser Annahmen und Vorüberlegungen eine spezifische Auswahl, von der er eine Klärung seiner Fragestellung erwartet. Diese Zusammenstellung relevanter Merkmale für das Modell erfolgt damit zunächst nur als Denkmodell des Konstrukteurs. In einem weiteren Schritt wird eine geeignete virtuelle oder gegenständliche Abbildung für das Denkmodell gesucht, die ebenfalls wieder über zahlreiche Eigenschaften verfügt, aber nicht mehr identisch mit dem Original ist (Upmeier zu Belzen 2013). An diesem Modell kann die Gültigkeit wissenschaftlicher Fragestellungen und Hypothesen überprüft werden. Hier zeigt sich die Erklärungsmächtigkeit und Reichweite des bisherigen Konstrukts, der Konstrukteur übt ausgehend von seinen Beobachtungen am Modell *Modellkritik*. Diese führt gegebenenfalls in einem weiteren Schritt zur Überarbeitung und Modifikation des Denkmodells und seiner (gegenständlichen) Repräsentation.

7.6.1 Drei Perspektiven auf Modelle (Fleige et al. 2012)

- **Objektperspektive**

Bei der Objektperspektive liegt die Aufmerksamkeit auf dem Gegenstand, der das Modell darstellt, und seiner Beschreibung (z. B. dreidimensionale Gegenstände, Diagramme oder schematische Zeichnungen). Dabei ist zunächst nicht von Interesse, auf welcher theoretischen Grundlage der Gegenstand als Modell hergestellt wurde oder wofür der Gegenstand als Modell dient.

- **Herstellungsperspektive**

Die Herstellungsperspektive befasst sich mit der Frage *Was stellt der Gegenstand dar?* Es werden Ausgangsphänomen und Modell in ihren verschiedenen Merkmalen verglichen: Größe, Relationen, Funktionen und Reaktionen des Ausgangsphänomens. Häufig handelt es sich hierbei um bekannte Informationen, die der Betrachter reproduktiv aus dem Modell bezieht.

- **Anwendungsperspektive**

Durch die Anwendungsperspektive kann man mithilfe des Modells und durch seine Anwendung etwas Neues über ein naturwissenschaftliches Phänomen, eine Struktur oder einen Prozess erfahren. Sie klärt weiterführende Fragestellungen, ermöglicht Prognosen oder Vermutungen über das Ausgangsphänomen und lädt dazu ein, diese mit dem Modell zu überprüfen. Unter dieser Perspektive können weitere Arbeitsweisen, insbesondere das Experimentieren, mitwirken und einen Beitrag zur naturwissenschaftlichen Erkenntnisgewinnung leisten.

7.6.2 Didaktische Umsetzung der Modellarbeit

Für die Modellarbeit im naturwissenschaftlichen Unterricht ist häufig die Herstellungsperspektive von Modellen relevant. Aus der Biologie- und Chemiesammlung werden vorgefertigte Modelle oder Teile davon für den Vergleich mit dem Original herangezogen (Modelle als Medium ► Abschn. 10.2). Selten besteht in diesem Fall die Möglichkeit zur Modifikation des vorhandenen Modells. Entsprechend wird das Modellieren als Erkenntnismethode eher wenig im Unterricht genutzt, obwohl die Anwendung von Modellierungen und die Modellkritik in unterschiedlichen biologischen Kontexten (explizit in den Bildungsstandards für die naturwissenschaftlichen Unterrichtsfächer) gefordert wird (◻ Tab. 7.2).

Dieses Kapitel fokussiert daher die Modellierung als Arbeitsweise im Biologie- und Chemieunterricht (◻ Tab. 7.3 und ◻ Abb. 7.7), wobei das Vorgehen mit den Schülerinnen und Schülern durchaus demjenigen in der naturwissenschaftlichen Forschung entspricht. Besonders wichtig sind der Aspekt der Modellkritik und die Sensibilisierung für die Vorläufigkeit naturwissenschaftlicher Modelle und Theorien.

▣ **Tab. 7.3** Didaktische Umsetzung der Modellarbeit nach Fleige et al. (2012)

Vorüberlegungen/ Denkmodelle Modelle 1	Ausgehend von einem Original (Strukturen oder naturwissenschaftliche Prozesse) werden Beobachtungen und/oder Datenerhebungen bei Experimenten durchgeführt
	Alltagsvorstellungen von Schülerinnen und Schülern werden in dieser Phase der Modellierung berücksichtigt
	Auf der Basis der Vorüberlegungen und Denkmodelle können je nach naturwissenschaftlichem Kontext mehrere theoretische, mathematische oder gegenständliche Modelle (gegebenenfalls mit geeigneten Visualisierungen) entwickelt werden
	Fragestellungen und Hypothesen über die Phänomene werden mit neuen Daten vom Original an den Modellen 1 überprüft

Fallunterscheidung

| Der Hypothesentest *bestätigt* die Gültigkeit der Modelle 1 | Die zuerst entwickelten Modelle 1 sind weiterhin vorläufig gültig | Der Hypothesentest *falsifiziert* die Gültigkeit der Modelle 1 | Werden die Hypothesen anhand neuer Daten vom Original widerlegt, werden die Modelle 1 überarbeitet |
| | | **Änderung Modelle 1** | Es resultieren die Modelle 2 wiederum mit vorläufiger Gültigkeit |

Der beschriebene Prozess gilt im Prinzip auch für die aktuell gültigen wissenschaftlichen Modelle.

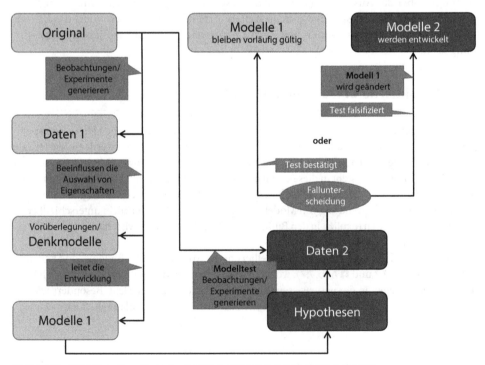

▣ **Abb. 7.7**   Didaktische Umsetzung der Modellarbeit (verändert nach Fleige et al. 2012)

Beispielaufgabe 7.4
Modelle zur Enzymhemmung

Entwickeln und visualisieren Sie unterschiedliche Modelle zur Hemmung von Enzymen unter Berücksichtigung von ◪ Abb. 7.8 und den fachlichen Hilfen. Nehmen Sie aus der Perspektive der Lehrkraft zunächst eine kurze fachliche Klärung der drei Typen der Enzymhemmung vor. Erläutern Sie im Anschluss Ihr Vorgehen bei der Modellierung, wenn Sie diese im naturwissenschaftlichen Unterricht mit Schülerinnen und Schülern vornehmen. Üben Sie dabei eine ausführliche Modellkritik an den entwickelten Modellen.

Fachliche Hilfen zur Enzymhemmung

Es gibt drei unterschiedliche Typen von Hemmungen:

1. Eine Variante macht das Enzym vollständig inaktiv.
2. Zwei Varianten dienen der Regulation des Stoffwechsels:
   a. Das aktive Zentrum bleibt bei der Enzymreaktion unverändert.
   b. Bei dem dritten Hemmtyp wird das aktive Zentrum verändert, wenn ein Stoffwechselprodukt an anderer Stelle des Enzyms bindet.

Lösungsvorschlag
Fachliche Klärung: Typen der Enzymhemmung

1. Bei der irreversiblen Hemmung blockiert ein Hemmstoff dauerhaft das aktive Zentrum des Enzyms, in dem er an dieses bindet und nur sehr langsam wieder dissoziiert. So kann das eigentliche Substrat nicht mehr umgesetzt werden, und dieser Stoffwechselvorgang kommt zum Erliegen. Häufig tritt diese Variante bei Vergiftungen auf.
2. Die den Stoffwechsel regulierenden Enzymhemmungen sind durch die Reversibilität von Bindungen am Enzym gekennzeichnet, die schnell wieder gelöst werden können. Auf diese Weise sind die betroffenen Enzymmoleküle nur kurzzeitig blockiert.
   a. Wird außer dem Substrat eine weitere Substanz, die dem Substrat strukturell ähnlich ist, der Enzymreaktion zugegeben, konkurrieren die beiden Stoffe um die Bindung am aktiven Zentrum des Enzyms. Auf diese Weise sind im Verlauf der Reaktion einige aktive Zentren durch die substratähnliche Substanz mit einem Enzym-Inhibitor-Komplex blockiert und stehen nicht für die Bildung eines Enzym-Substrat-Komplexes und die Umsetzung des eigentlichen Substrats zur Verfügung.
   b. Der dritte Hemmtyp, die allosterische Enzymhemmung, ist dadurch gekennzeichnet, dass ein Hemmstoff, z. B. ein Stoffwechselprodukt, an anderer Stelle des Enzyms bindet und so eine Konformationsänderung am aktiven Zentrum erzeugt. Auf diese Weise wird das aktive Zentrum inaktiviert, kann das Substrat nicht mehr binden oder die Umsetzung des Enzym-Substrat-Komplexes wird verhindert.

Während die Reaktionsgeschwindigkeit bei der kompetitiven Hemmung durch erhöhte Substratzugabe positiv beeinflusst werden kann, ist das bei der allosterischen Hemmung nicht der Fall.

Didaktische Umsetzung der Modellierung

Bei der Umsetzung der Modellierung im Biologie- und Chemieunterricht dient das Schema aus ◪ Abb. 7.7 als Orientierungshilfe. Die Schülerinnen und Schüler werden gebeten, ihre Vorkenntnisse zur Funktion von Enzymen und zur Wirkungsweise von Katalysatoren anhand von ◻ Abb. 7.8 zu aktivieren, sodass ihnen die Notwendigkeit dieser Moleküle im Stoffwechsel bewusst wird. Die Modellierung zur Aufklärung der Hemmtypen erfolgt in zwei Schritten.

Modell 1: Hemmung am aktiven Zentrum

Vorüberlegung unter Berücksichtigung der Hilfen: Als erste Unterscheidung der Modelle bietet sich das Konzept *irreversible vs. reversible (kompetitive) Hemmung* an, weil in beiden Fällen die Inhibitoren um das aktive Zentrum konkurrieren, ohne dass dieses eine Änderung erfährt. Entsprechend ist die Ursache für die Hemmung in der Reaktion von Enzym und Inhibitor zu suchen.

Bei den Visualisierungen können sich die Schüler an ◻ Abb. 7.8 orientieren und der Reaktion abweichend vom Substrat geformte Hemmstoffe hinzufügen (zweidimensionales Modell; ◻ Abb. 7.9). Alternativ können die Enzym- und Substratmodelle auch aus unterschiedlich farbigen Haushaltsschwämmen geformt werden. Auf diese Weise entstehen die vorläufig gültigen Modelle 1.

https://goo.gl/RZPs9K

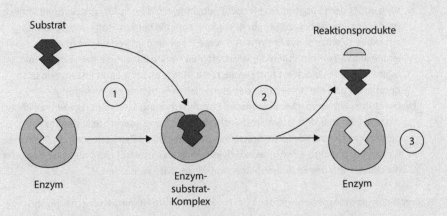

◻ **Abb. 7.8**   Enzymreaktionen nach dem Schlüssel-Schloss-Prinzip; schematische Darstellung einer ungehemmten Enzymreaktion. 1) Substratmolekül tritt in das *Aktive Zentrum* des Enzyms ein und wird gebunden, es bildet sich ein Enzym-Substrat-Komplex. 2) Das Substratmolekül wird in die Produkte überführt, die Produkte werden freigesetzt 3) Das Enzym geht unverändert aus der Reaktion hervor und steht für die Bindung neuer Substrate zur Verfügung. (verändert nach Weber, 2010)

Modell 2: Regulatorische Wirkung reversibler Enzymhemmung
Können diese beiden Hemmtypen nun die Regulation des Stoffwechsels erklären?
Vermutlich ist dies nicht der Fall (*Hypothese*).
Die irreversible Hemmung hat gar keinen regulatorischen Effekt, weil sie das Enzym durch
Bindung des Inhibitors zerstört (*Kritik an einem Modell 1*). Bei der kompetitiven Hemmung
◼ Abb. 7.9 (a) muss man berücksichtigen, dass Enzyme als Katalysatoren dem Gleichge-
wichtskonzept chemischer Reaktionen unterliegen und bei der Einstellung des Gleichgewichts
sowohl die Hin- als auch die Rückrichtung der katalysierten Reaktion beschleunigen. Soll
nun das Produkt einer Enzymreaktion regulierend (also hemmend) auf seine weitere Bildung
sein, ist mit der erneuten Anbindung an das aktive Zentrum nichts gewonnen, weil das
Gleichgewicht unmittelbar wieder eingestellt wird (*Modelltest und Kritik an Modell 1*).

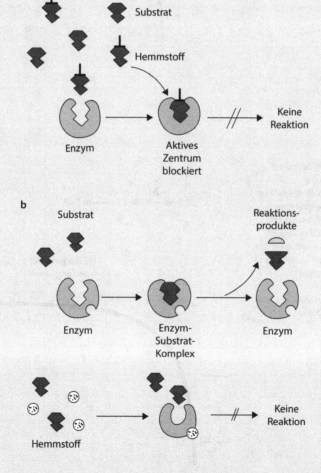

◼ **Abb. 7.9**   Unterschiedliche Hemmtypen (**a**) kompetitive Hemmung; die Umsetzung des Substrats
kann nicht erfolgen, weil das Aktive Zentrum durch Hemmstoffmoleküle blockiert ist. (**b**) nicht-kompetitive
(allosterische) Hemmung ; Oben: Enzymreaktion mit allosterischem Enzym und ohne Hemmstoff. Unten: Die
Bindung eines Hemmstoffs (allg. eines Effektors) hat eine Konformationsänderung des Aktiven Zentrums zur
Folge. Das Substrat kann danach nicht binden oder umgesetzt werden. (verändert nach Weber, 2010)

Abb. 7.10 Kompetitive
Hemmung; Substrat (S) und Inhibitor
(I) konkurrieren um die Bindung an das
Aktive Zentrum des Enzyms (E). Die
Umsetzungsgeschwindigkeit kann zu
Gunsten des Substrats erhöht werden,
wenn seine Konzentration erhöht wird.
(Christen et al. 2016)

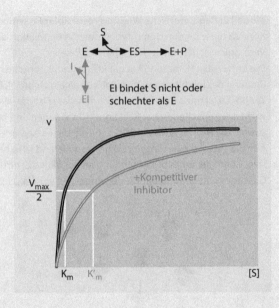

Abb. 7.11 Allosterische
Hemmung; Inhibitor
(I) bindet außerhalb des Aktiven
Zentrums und bewirkt eine
Konformationsänderung. Die
Umsetzungsgeschwindigkeit
kann von der Konzentration des
Substrats (S) nicht beeinflusst
werden, weil weniger
Enzymmoleküle
(E) zur Verfügung stehen.
(Christen et al. 2016)

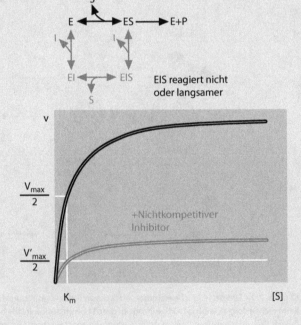

Um diese Einsicht zu ermöglichen, können als originale Daten die Reaktionskinetik von Enzymen bei reversiblen Hemmungen herangezogen werden. Je nach Hemmtyp zeigen die Funktionsgraphen der Michaelis-Menten-Kinetik einen anderen Verlauf (◼ Abb. 7.10 und 7.11). Um regulierend zu wirken, muss das Reaktionsprodukt Enzymmoleküle ausschalten, sodass diese für die Bildung eines Enzym-Substrat-Komplexes temporär nicht zur Verfügung stehen. So wird die Bildung von weiterem Reaktionsprodukt verhindert. Dies kann durch die nicht-kompetitive (allosterische) Hemmung erreicht werden, weil sie zu einer Veränderung und damit zeitweisen Inaktivierung des aktiven Zentrums führt. Anhand dieser Daten wird nun das Modell 2 konstruiert (◼ Abb. 7.9. (b)).

7.6.3 Mathematische Modelle in den Naturwissenschaften

Mathematische Modelle können theoretischer bzw. virtueller Art sein. Sie sind ein Spezialfall von Mathematisierungen im naturwissenschaftlichen Unterricht.

Beispielaufgabe 7.5
Wachstumsprozesse
Entwickeln Sie für Ihre Schülerinnen und Schüler Arbeitsmaterial, um im Biologieunterricht mathematische Modelle zum idealen Bakterienwachstum zu thematisieren.
Erstellen Sie geeignete Hilfen, um Schülerinnen und Schüler bei der Ableitung des mathematischen Modells zu unterstützen und eine Lösung für die Aufgabe. Zusatzaufgabe: Reflektieren Sie den Einsatz der unterschiedlichen Repräsentationen nach Bearbeitung von ▶ Kap. 9.
Klären Sie, ob sich das ideale Bakterienwachstum unter ökologischen Bedingungen zeigt.
Üben Sie Kritik am mathematischen Modell und unterbreiten Sie gegebenenfalls ein alternatives Modell, das Sie im Biologieunterricht behandeln.

Lösungsvorschlag
Arbeitsmaterial für Schülerinnen und Schüler: Infotext
Überall um uns herum gibt es unzählige Bakterien. Zwar sind die meisten von ihnen so klein, dass wir sie nicht mit bloßem Auge sehen können, aber gemessen an der Individuenzahl sind die Prokaryoten, zu denen auch Bakterien gehören, die erfolgreichsten Lebewesen der Erde. Die Anzahl der Bakterien in unserem Verdauungstrakt übertrifft die Zahl aller Menschen, die jemals gelebt haben, und selbst die Anzahl aller Körperzellen eines Menschen. In den Meeren leben mehr als $3*10^{28}$ Bakterien. Diese Zahl ist schätzungsweise 100 Millionen Mal größer als die der Sterne im sichtbaren Universum. Einen Grund für das Zustandekommen dieser beeindruckenden Zahlen ist die Vermehrung der Bakterien durch Zweiteilung in kurzen Zeitabständen.
Eine einzelne Bakterienzelle teilt sich innerhalb von 30 Minuten einmal, dadurch entstehen zwei Bakterienzellen. Diese beiden teilen sich wiederum innerhalb der nächsten 30 Minuten. Entsprechend hat sich die Bakterienpopulation nach 60 Minuten von einem Bakterium auf vier Bakterien erhöht.

Aufgabenstellung zum mathematischen Modellieren für Schülerinnen und Schüler

Ein alltägliches Beispiel: Nehmen Sie an, dass man zu Beginn einer Infektionskrankheit ein krankheitserregendes Bakterium aufnimmt, das sich innerhalb von 30 Minuten verdoppelt. Wie viele dieser Bakterien befinden sich dann bereits nach 24 Stunden im menschlichen Körper?

Entwickeln Sie ein mathematisches Modell unter Berücksichtigung der gegebenen Hilfen.

Hilfe 1 für Schülerinnen und Schüler

Erstellen Sie eine Tabelle, die das Bakterienwachstum nach 4 Stunden bzw. 8 Teilungen zeigt (◘ Tab. 7.4).

Hilfe 2 für Schülerinnen und Schüler

Stellen Sie die Anzahl der Bakterien in Abhängigkeit von der Zeit bzw. den Teilungsschritten in einem geeigneten Diagramm dar (◘ Abb. 7.12).

Hilfe 3 für Schülerinnen und Schüler

Berechnen Sie die Anzahl der Bakterien für jeden Teilungsschritt und verallgemeinern Sie diese Rechnung für jeden Teilungsschritt. Ausgangspopulation zum Zeitpunkt $t = 0$ ist 1 Individuum ($N_0 = 1$).

– Start: $N_0 = 1$

– Nach 1 Zellteilung: $N_1 = 1 * 2 = 2$

– Nach 2 Zellteilungen: $N_2 = 1 * 2 * 2 = 4$

– Nach 3 Zellteilungen: $N_3 = 1 * 2 * 2 * 2 = 8$

– Nach 4 Zellteilungen: $N_4 = 1 * 2 * 2 * 2 * 2 = 16$

Verallgemeinerung:

– Start: $N_0 = 1$

– Nach 1 Zellteilung: $N_1 = N_0 * 2 = N_0 * 2^1$

– Nach 2 Zellteilungen: $N_2 = N_1 * 2 = N_0 * 2 * 2 = N_0 * 2^2$

– Nach 3 Zellteilungen: $N_3 = N_2 * 2 = N_0 * 2 * 2 * 2 = N_0 * 2^3$

– Nach 4 Zellteilungen: $N_4 = N_3 * 2 = N_0 * 2 * 2 * 2 = N_0 * 2^4$

Daraus ergibt sich als mathematisches Modell zum idealisierten Bakterienwachstum nach n Zellteilungen

$$N_n = N_{n-1} * 2 = N_0 * 2^n$$

Lösung der Aufgabe für Schülerinnen und Schüler

Die Anzahl der Bakterien beträgt unter Berücksichtigung des Ausgangswerts N_0 und des allgemeinen mathematischen Modells nach 24 Stunden bzw. 48 Teilungen

$$N_{48} = N_0 * 2^{48} = 281.474.976.710.656$$

Die Bakterienpopulation ist nach 24 Stunden auf ungefähr 281,5 Billionen Individuen angewachsen.

⬛ Tab. 7.4 Bakterienwachstum innerhalb von 4 Stunden

Zeitspanne [min]	N Zellteilungen	N Bakterien
0	0	1
30	1	2
60	2	4
90	3	8
120	4	16
150	5	32
180	6	64
210	7	128
240	8	256

Idealisiertes Bakterienwachstum: Mit jeder Teilung verdoppelt sich die Zahl der Individuen in der Population, es handelt sich dabei um ein exponentielles Wachstum.

⬛ Abb. 7.12 Idealisiertes Bakterienwachstum: Anzahl der Bakterien in Abhängigkeit von den Teilschritten der Zeit (bzw. der Anzahl der Teilungen)

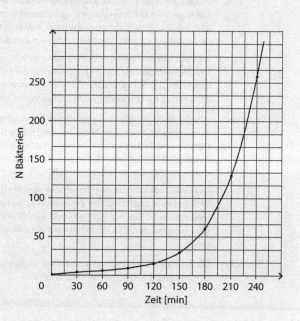

Zusatzaufgabe: Reflexion des Einsatzes unterschiedlicher Repräsentationen (► Kap. 9)
Wie an den verwendeten Hilfen und Lösungen der Aufgabe deutlich wird, können für einen einzigen biologischen Prozess unterschiedliche Repräsentationen zu seiner Beschreibung und Präzisierung verwendet werden (◘ Tab. 7.5).

Kritik an den Modellen des idealisierten Bakterienwachstums
Diagramm und mathematische Gleichung als Repräsentationen idealisierten Bakterienwachstums berücksichtigen nicht die realen Lebensbedingungen von Bakterienpopulationen und bedürfen daher der Modellkritik. Zu den Faktoren, die das Bakterienwachstum eingrenzen bzw. in Abhängigkeit des Lebensraums auch ganz unterbinden, zählen z. B.
- Nährstoffangebot
- Exkretion von Stoffwechselprodukten, die in höherer Konzentration toxisch wirken
- Antibiotikaeinsatz
- Populationsdichte
- Konkurrenz mit anderen Mikroorganismen

◘ **Tab. 7.5** Repräsentationsformen zur Darstellung des idealisierten Bakterienwachstums

Fließtext	(Ausführliche) Erläuterung des beobachteten biologischen Phänomens und der vorliegenden Daten; Benennung der relevanten Variablen und Beschreibung des Zusammenhangs
Tabelle	Abstraktion des beobachteten Zusammenhangs, dieser wird in Wertepaaren (n, f[n]) ausgedrückt. Dabei wird die unabhängige Variable, die Anzahl der Teilungen, in der ersten Spalte genannt. Mit dieser Zuordnung und dem Vernachlässigen weiterer verfügbarer Informationen über Bakterienwachstum (z. B. Wohnort, Wachstumsbedingungen) startet die Modellierung für das idealisierte Bakterienwachstum Tabellen können helfen, Visualisierungen in Form von Diagrammen vorzubereiten. Die direkte Ableitung von Wertepaaren aus dem Fließtext und Eintragung in das Diagramm fällt Schülerinnen und Schülern schwerer. Ohne Wertetabelle kommt es auch häufig zur Festlegung nicht sachgerechter Variablen
Diagramm	Visualisierung der Wertepaare und ihres Zusammenhangs durch Extrapolation im Achsendiagramm, die Anzahl der Teilungsschritte ist begrenzt. (◘ Abb. 7.12) Das Diagramm stellt damit ein mögliches virtuelles Modell dar, das den biologischen Zusammenhang zwischen Teilungsschritten und Bakterienzahl in Form des exponentiellen Kurvenverlaufs darstellt Das Diagramm kann das mathematische Modell veranschaulichen und damit das Verständnis es exponentiellen Zusammenhangs, der in allgemeiner Form durch eine mathematische Gleichung ausgedrückt wird, erleichtern. Prognosen über unendlich viele Teilungsschritte lassen sich aufgrund der Begrenzung dieses Modells z. B. nicht ableiten
Gleichung	Dieses mathematische Modell ist ein weiteres virtuelles Modell. Es ermöglicht die Betrachtung unendlich vieler Teilungsschritte

In einem weiteren Schritt der Modellierung sollten daher vier Phasen berücksichtigt werden, die auf einige der genannten Einflussfaktoren zurückzuführen sind ◘ Abb. 7.13:

— Anlaufphase (lag)
— exponentielle Phase (log)
— stationäre Phase
— Absterbephase

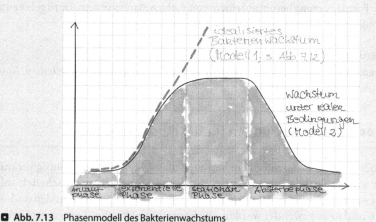

◘ **Abb. 7.13** Phasenmodell des Bakterienwachstums

7.6.4 Weitere mathematische Modelle im naturwissenschaftlichen Unterricht

Im Biologieunterricht lassen sich weitere mathematische Modelle mit den Schülerinnen und Schülern erarbeiten.

- **Prinzip der Oberflächenvergrößerung**

Die Modellierung erfolgt z. B. durch Zerteilung eines Würfels und die anschließende Berechnung der Oberflächen. Das Prinzip der Oberflächenvergrößerung findet wiederholt in der Sekundarstufe I und II Anwendung, insbesondere sind Lunge, Dünndarm, Kapillarnetze, Kiemen, Blätter, Membranen in Mitochondrien und Chloroplasten zu nennen.

- **Klassische Genetik und Populationsgenetik**

In diesem Themenbereich lassen sich Modelle aus der Kombinatorik für die Mendel'schen Regeln und bei der Populationsgenetik anwenden.

- **Beispiele aus der Chemie**

Auch in der Chemie sind mathematische Modelle sehr verbreitet: Atommodelle auf der Basis quantenmechanischer Betrachtungen, das ideale Gasgesetz, Reaktionskinetik bei katalysierten und nicht katalysierten Reaktionen (z. B. ◘ Abb. 7.10 und 7.11), Massenwirkungsgesetz, Nernst'sche Gleichung

7.6.5 Weitere Mathematisierungen im Unterricht nach Retzlaff-Fürst (2013)

■ **Definition Mathematisieren**
Beschreibung eines Phänomens aus Natur, Technik oder Wirtschaft mithilfe von mathematischen Systemen (Eck et al. 2011).

■ **Formalisierung**
Mathematische Formalisierung beruht auf einem eindeutigen Symbolsystem. Dazu gehören auch die entsprechenden Darstellungen mit Symbolen in Diagrammen.

■ **Quantifizierung**
Darstellung quantitativ erfassbarer Gesetzmäßigkeiten in Zahlen und Größensystemen, Anwendung von Rechenverfahren.

7.6.6 Methodische Umsetzungen für die Modellarbeit

Die Modellarbeit ist häufig eng mit der experimentellen Erkenntnisgewinnung verknüpft. Um zu lernen wie ein Forscher mit Experimenten und Modellierungen arbeitet, sollten daher im naturwissenschaftlichen Unterricht vorzugsweise Unterrichtsmethoden und -konzepte (▶ Kap. 6 und 8) angewendet werden, die konstruktivistisches Lernen ermöglichen und Schülerinnen und Schülern eigene Einsichten durch das theoretische und praktische Arbeitenermöglichen. Der Prozess der Modellbildung sollte damit schülerorientiert ausgerichtet werden und an das Vorwissen der Lernenden anknüpfen. Sie sollten darüber hinaus die Möglichkeit haben, bereits vorhandene fachliche Kenntnisse auf Alltagsprobleme anzuwenden.

Unterrichtsmethoden des individualisierten oder kooperativen Unterrichts sind daher gut geeignet (◘ Tab. 7.6).

7.7 Vergleichen und Ordnen

7.7.1 Klassifikationssysteme, Kriterien und Ausprägungen

Naturwissenschaftliches Vergleichen und Ordnen erfordert eine systematische Verwendung von Ordnungskriterien. Geeignete Klassifikationssysteme bestehen aus mehreren Gruppen, die anhand von Kriterien (z. B. Farbe) und Ausprägungen der Kriterien (z. B. Rot, Blau, Grün usw.) gebildet werden. Wird nach einem bestimmten Kriterium geordnet, müssen alle

◘ **Tab. 7.6** Schülerorientierte Unterrichtsmethoden für die Modellarbeit

Individualisierte Unterrichtsmethoden	Kooperative Unterrichtsmethoden
Wochenplanarbeit	Projektorientierter Unterricht
Stationenarbeit	Forscherauftrag
Expertenpuzzle	Plan- und Rollenspiele

Gruppen der Klassifikationssysteme anhand der unterschiedlichen Ausprägungen des Kriteriums gebildet sein, dies bezeichnet man als *kriterienstetes Ordnen* (Hammann 2004b). Kriterienstetes Ordnen ist für die Ordnungssysteme in den Naturwissenschaften (z. B. Verwandtschaftsbeziehungen bei Tieren und Pflanzen, PSE) unerlässlich, aber für Schülerinnen und Schüler häufig mit Schwierigkeiten verbunden. Unsere alltäglichen Ordnungssysteme entstehen nämlich häufig intuitiv und nicht systematisch: Küchen enthalten Möbel, Kochutensilien, Lebensmittel, Gewürze etc.

7.7.2 Methodentraining zum kriteriensteten Vergleichen

Das Ziel eines Methodentrainings zum kriteriensteten Vergleichen sollte die Vermeidung des Kriterienwechsels bei der Zuordnung von Objekten zu den Gruppen eines Klassifikationssystems sein. Daher werden folgende Fähigkeiten und Fertigkeiten eingeübt (Hammann 2004):

1. Unterscheiden zwischen unterschiedlichen Kriterien und ihren Ausprägungen
2. Verwenden eines einzigen Kriteriums bei der Bildung von Gruppen innerhalb eines Klassifikationssystems
3. Wahl der Ausprägung eines Kriteriums so, dass Gruppengrenzen eindeutig definiert werden können
4. Beim Ordnen von Organismen nach unterschiedlichen Gesichtspunkten verschiedenartige Kriterien festlegen, diese innerhalb eines Klassifikationssystems aber nicht wechseln
5. Vorgehensweise beim Ordnen überwachen bzw. die Ergebnisse des eigenen Ordnens überprüfen können

> **?** **Von der Fruchtgummi-Lakritz-Mischung zum Periodensystem oder biologischen Bestimmungsschlüssel**
>
> 1. Ordnen Sie die vielfältigen Süßigkeiten einer Fruchtgummi-Lakritz-Mischung in mindestens zwei Gruppen. Erläutern Sie, nach welchen Merkmalen die Süßigkeiten geordnet wurden. Sie können den Gruppen auch einen Namen geben.
> 2. Ordnen Sie die Süßigkeiten nun noch auf mindestens eine andere Art und Weise. Stellen Sie Gemeinsamkeiten und Unterschiede der Ordnungssysteme dar.

- **Unterrichtsbeispiele zum Vergleichen, Ordnen und Bestimmen**

Hammann M (2004b) Tiere ordnen. In: Duit R, Gropengießer H, Stäudel L (Hrsg) Naturwissenschaftliches Arbeiten. Friedrich Verlag, Seelze, S 38–46

Kattmann U (2007) Ordnen und Bestimmen – Einheit in der Vielfalt. Unterricht Biologie 323

Stäudel L (2004) Der gelbe Sack. In: Duit R, Gropengießer H, Stäudel L (Hrsg) Naturwissenschaftliches Arbeiten. Friedrich Verlag, Seelze, S 32–37

7.8 Übungsaufgaben zum Kap. 7

? 1. Erklären Sie drei wichtige Arbeitsweisen der Naturwissenschaften und beschreiben Sie diese in ihrer Bedeutung kurz vergleichend.

2. Erläutern Sie kurz die didaktische Bedeutung des Mikroskopierens als naturwissen-schaftliche Arbeitsweise im Biologieunterricht. Ordnen Sie das Mikroskopieren einer der Grundformen des Erkundens zu und begründen Sie Ihre Auswahl.

3. Erläutern Sie die kennzeichnenden Kriterien eines Experiments in Abgrenzung zu anderen Erkundungsformen sowie weitere Arbeitsweisen, die mit dem Experiment verbunden sind. Klären Sie dabei die Funktion dieser zusätzlichen Arbeitsweisen im experimentellen Kontext.

4. Die experimentellen Kompetenzen sind in den Bildungsstandards im Kompetenzbereich Erkenntnisgewinnung verankert. Gehen Sie kurz auf den Stellenwert des Experimentierens im naturwissenschaftlichen Unterricht ein und benennen Sie jene Standards des Faches Biologie und Chemie, die sich auf diese Arbeitsweise beziehen.

5. Sie wollen in einer Unterrichtsstunde zum Thema Fotosynthese die Einflussfaktoren der Fotosynthese experimentell von den Schülerinnen und Schülern ermitteln lassen. Entwickeln Sie als Vorbereitung auf die Stunde ein geeignetes Experiment und erläutern Sie an diesem Beispiel die Schritte der naturwissenschaftlichen Erkenntnisgewinnung.

6. Nennen Sie zwei typische Schülerfehler beim Experimentieren. Entwickeln Sie eine Aufgabenstellung, die die Schülerinnen und Schüler zum Nachdenken über ihre Vorstellung anregt.

7. Experimente haben im naturwissenschaftlichen Unterricht eine große Bedeutung in allen Phasen des Unterrichts. Ordnen Sie folgenden Arten von Experimenten einer geeigneten Unterrichtsphase (▶ Kap. 6) zu.
   a. Entdeckendes Experiment, das die Schritte eines Forschungsexperiments nachvollzieht
   b. Experimente, die das Interesse der Kinder und Jugendlichen wecken
   c. Bestätigendes Experiment, das bereits theoretisch erarbeitete Themen illustriert

8. Stellen Sie dar, wie experimentelle Erkenntnisgewinnung im naturwissenschaftlichen Unterricht methodisch umgesetzt werden kann (▶ Kap. 6).

9. Sie wollen Kompetenzen Ihrer Schülerinnen und Schüler beim naturwissenschaftlichen Experimentieren fördern. Zum Experimentieren gehört:
   — das Formulieren von Hypothesen zu einem natürlichen Phänomen,
   — das Planen und Durchführen eines Experiments zur Überprüfung einer Hypothese sowie
   — die Auswertung der Ergebnisse des Experiments, um die Hypothese zu bewerten.
   a. Formulieren Sie anhand eines Experiments Ihrer Wahl für drei unterschiedliche Kompetenzniveaus einen Erwartungshorizont.
   b. Um die Schülerinnen und Schüler in ihren unterschiedlichen Kompetenzniveaus adäquat zu fördern, entwickeln Sie gestufte Lernhilfen für drei Niveaus: ohne Lernhilfe, mit Lernhilfe, mit ausführlicher Lernhilfe.

	Niveau 1	Niveau 2	Niveau 3
Erwartungshorizont	Gering	Mittel	Hoch
Lernhilfe	Ausführlich	Hinweise strategisch/inhaltlich	Keine Hinweise oder nur strategisch
	Niveau 1	**Niveau 2**	**Niveau 3**

10. Entwickeln Sie für den Einsatz des Themenbereichs *Diffusion und Osmose* ein materielles Teilchenmodell (▶ Kap. 10) und wählen Sie eine geeignete Visualisierung (z. B. Schemazeichnung, Foto etc.). Erörtern Sie mithilfe Ihres Osmosemodells je zwei Vor- und Nachteile seines Einsatzes im naturwissenschaftlichen Unterricht.

Ergänzungsmaterial Online:

https://goo.gl/sJFlrX

Literatur

Becker H-J (1991) Chemieunterricht in der Retrospektive: Erinnerungen von Lehrerstudenten – „aktuelle" Anlässe für die fachdidaktische Lehre. PdN·Ch 40 (5):40–42

Chinn CA, Brewer WF (1993) The role of anomalous data in knowledge acquisition: a theoretical framework and implication science instruction. Rev Educ Res 63:1–51

Christen P, Jaussi R, Benoit R (2016) Biochemie und Molekularbiologie. Springer, Berlin

De Jong T, Joolingen W (1998) Scientific discovery learning with computer simulations of conceptual domains. Rev Educ Res 68(2):179–201

Driver R, Leach J, Millar R et al (1996) Young people's images of science. Open University Press, Bristol

Duit R, Gropengießer H, Stäudel L (Hrsg) (2004) Naturwissenschaftliches Arbeiten.Friedrich Verlag, Seelze

Eck C, Garcke H, Knaber P (2011) Mathematische Modellierungen, 2. Aufl. Springer, Berlin

Fleige J et al (Hrsg) (2012) Modellkompetenz im Biologieunterricht 7–10. Auer Verlag, Donauwörth

Gropengießer H (2013a) Erkunden und Erkennen. In: Gropengießer H, Harm U, Kattmann U (Hrsg) Fachdidaktik Biologie, 9. Aufl. Aulis Verlag, Halbergmoos, S 268–272

Gropengießer H (2013b) Beobachten. In: Gropengießer H, Harm U, Kattmann U(Hrsg) Fachdidaktik Biologie, 9. Aufl. Aulis Verlag, Halbergmoos, S 268–272

Hammann M (2004a) Kompetenzentwicklungsmodelle: Merkmale und ihre Bedeutung – dargestellt anhand von Kompetenzen beim Experimentieren. MNU 57(4):196–203

Hammann M (2004b) Tiere ordnen. In: Duit R, Gropengießer H, Stäudel L (Hrsg) Naturwissenschaftliches Arbeiten. Friedrich Verlag, Seelze, S 38–46

Herzog W (2012) Wissenschaftstheoretische Grundlagen der Psychologie. VS Verlag für Sozialwissenschaften | Springer Fachmedien, Wiesbaden

Killermann W, Hiering P, Starosta B (2008) Biologieunterricht heute, 12. Aufl. Auer, Donauwörth, Kap. 6, S 154–155

Klahr D (2000) Exploring science: the cognition and development of discovery processes. MIT Press, Cambridge

Klahr D, Dunbar K (1988) Dual space search during scientific reasoning. Cognitive Sci 12:1–48

KMK (1989 i.d.F. 2004) Einheitliche Prüfungsanforderungen in der Abiturprüfung Biologie. http://www.kmk.org/fileadmin/Dateien/veroeffentlichungen_beschluesse/1989/1989_12_01-EPA-Biologie.pdf Zugegriffen: 16.12.2016

KMK (2005a) Bildungsstandards im Fach Biologie für den Mittleren Schulabschluss. Luchterhand (Wolters Kluwer Deutschland GmbH), München, Neuwied. https://www.kmk.org/themen/qualitaetssicherung-in-schulen/bildungsstandards.html#c2604 Zugegriffen: 16.12.2016

KMK (2005b) Bildungsstandards im Fach Chemie für den Mittleren Schulabschluss. Luchterhand (Wolters Kluwer Deutschland GmbH), München, Neuwied. https://www.kmk.org/themen/qualitaetssicherung-in-schulen/bildungsstandards.html#c2604 Zugegriffen: 16.12.2016

Kohlauf L, Rutke U, Neuhaus B (2011) Entwicklung eines Kompetenzmodells zum biologischen Beobachten ab dem Vorschulalter. Zeitschrift für Didaktik der Naturwissenschaften 17:203–222

Lachmayer S (2008) Entwicklung und Überprüfung eines Strukturmodells der Diagrammkompetenz für den Biologieunterricht. Elektronische Dissertation. Universitätsbibliothek, Kiel. http://eldiss.uni-kiel.de/macau/receive/dissertation_diss_00003041 Zugegriffen:: 16.12.2016

Lachmayer S, Nerdel C, Prechtl H (2007) Modellierung kognitiver Fähigkeiten beim Umgang mit Diagrammen im naturwissenschaftlichen Unterricht. Zeitschrift für Didaktik der Naturwissenschaften 13:145–160

Mayer J, Ziemek P (2006) Offenes Experimentieren – Forschendes Lernen im Biologieunterricht. Unterricht Biologie 317:4–12

Meyer M (2015) Vom Satz zum Begriff – Philosophisch-logische Perspektiven auf das Entdecken, Prüfen und Begründen im Mathematikunterricht. Springer, Heidelberg

Mikelskis-Seifert S, Duit R (2010) PiKo-Brief 6: Das Experiment im Physikunterricht. In: Duit R, Mikelskis-Seifert S (Hrsg) Physik im Kontext. Konzepte, Ideen, Materialien für effizienten Physikunterricht. Sonderband Unterricht Physik, Friedrich Seelze

Obendrauf V (1996) Experimente mit Gasen im Minimaßstab. Chemie in unserer Zeit 30(3):118–125

Pfeifer P et al (2002) Konkrete Fachdidaktik Chemie. Oldenbourg Schulbuchverlag GmbH, München, S 292ff.

PISA-Konsortium Deutschland (Hrsg) (2007) PISA 2006: Die Ergebnisse der dritten internationalen Vergleichsstudie. Waxmann, Münster

Popper K (1935) Logik der Forschung. Mohr Siebeck, Tübingen

Retzlaff-Fürst C (2013) Protokollieren, Zeichnen und Mathematisieren. In: Gropengießer H, Harm U, Kattmann U (Hrsg) Fachdidaktik Biologie, 9. Aufl. Aulis Verlag, Halbergmoos, S 322–324

Schaal S (2013) Sammeln und Ausstellen. In: Gropengießer H, Harm U, Kattmann U (Hrsg) Fachdidaktik Biologie, 9. Aufl. Aulis Verlag, Halbergmoos, S 268–272

Simon HA (1977) Models of discovery. D. Reidel, Dordrecht

Stachowiak H (1980) Modelle und Modelldenken im Unterricht: Anwendungen der allgemeinen Modelltheorie auf die Unterrichtspraxis. Klinkhardt, Bad Heilbrunn

Uhlig A, Baer H-W, Dietrich G et al (Hrsg) (1962) Didaktik des Biologieunterrichts. Deutscher Verlag der Wissenschaften, Berlin

Upmeier zu Belzen A (2013) Unterrichten mit Modellen. In: Gropengießer H, Harm U, Kattmann U (Hrsg) Fachdidaktik Biologie, 9. Aufl. Aulis Verlag, Halbergmoos, S 325–334

Von Kotzebue L, Nerdel C (2015) Modellierung und Analyse des Professionswissens zur Diagrammkompetenz bei angehenden Biologielehrkräften. Zeitschrift für Erziehungswissenschaft (ZfE) 18:687–712

Von Kotzebue L, Gerstl M, Nerdel C (2015) Alternative conceptions for the construction of diagrams in biological contexts. Research in Science Education (RISE) 45(2):193–213

Weber, U. (Hrsg.) (2010). Fokus Biologie Gymnasium Bayern Jahrgangsstufe 11. Handreichungen für den Unterricht mit Kopiervorlagen und DVD-ROM. 1. Aufl. Berlin: Cornelsen. S. 57

Wirth J, Thillmann H, Künsting J et al (2008) Das Schülerexperiment im naturwissenschaftlichen Unterricht. Bedingungen der Lernförderlichkeit einer verbreiteten Lehrmethode aus instruktionspsychologischer Sicht. Zeitschrift für Pädagogik 54(3):361–375

Unterrichtskonzeptionen

© Springer-Verlag GmbH Deutschland 2017
C. Nerdel, *Grundlagen der Naturwissenschaftsdidaktik*,
DOI 10.1007/978-3-662-53158-7_8

8.1   Begriffliche Klärung

— Unterrichtskonzeptionen ——————————————————

Unterrichtskonzeptionen (Synonyme: didaktische Konzepte, Unterrichtsmodelle, Methodenkonzepte) sind normative Ansätze, die häufig aus der Praxis entwickelt wurden und als Orientierungshilfe für die Schulpraxis und für die Planung von Unterricht gedacht waren. Sie liefern Begründung von Ziel-, Inhalts- und Methodenentscheidung und definieren grundlegende Prinzipien der Unterrichtsarbeit. Unterrichtskonzeptionen formulieren dabei die Rolle der Lehrkraft und der Lernenden und geben Empfehlung für die organisatorisch-institutionelle Gestaltung (Jank und Meyer 2002).

Ein möglicher Nachteil von Unterrichtskonzeptionen kann das Ausbleiben einer gezielten Reflexion und Theoriebildung sein. Werden sie jedoch angemessen didaktisch reflektiert, können sie ausgezeichnete Ansatzpunkte für die Forschung und Weiterentwicklung von naturwissenschaftlichem Unterricht bieten.

Unterrichtskonzeptionen können nach drei Leitlinien eingeteilt werden:
1. Primäre Orientierung an der Wissenschaft.
    a. *Fachsystematik und -struktur* stehen im Vordergrund.
    b. *Konzepte mit übergreifender Bedeutung* stehen im Vordergrund (z. B. Basiskonzepte und Vernetzung; ▶ Kap. 3).
    c. *Naturwissenschaftliche Arbeitsweisen und Wissenschaftspropädeutik* stehen im Vordergrund (z. B. forschendes und entdeckendes Lernen oder problemorientierter Unterricht).
2. *Primäre Orientierung am Alltag und an der Lebenswelt* der Schülerinnen und Schüler (z. B. Chemie, Physik oder Biologie im Kontext).
3. *Fächerübergreifender Unterricht* ist ebenfalls eine Unterrichtskonzeption, die durch eine bestimmte Konstellation von Zielen, Inhalten, Prinzipien, Methoden und Medien gekennzeichnet ist. Er hat eine lange Tradition im naturwissenschaftlichen Unterricht und wird in den Fachlehrplänen für die Biologie und Chemie explizit angeregt. Die inhaltliche Schwerpunktsetzung kann sowohl mit Wissenschaftsbezug als auch alltagsorientiert erfolgen.
4. *Primäre Orientierung an der Genesis der Schüler,* also den entwicklungs- und lernpsychologischen Voraussetzungen. Als Beispiel hierfür ist der genetisch-exemplarische Unterricht nach Wagenschein zu nennen. Große Bedeutung hat dieser Ansatz nach wie vor in der Physikdidaktik (Kircher et al. 2015). Zur Vertiefung sei darüber hinaus ausgewählte Literatur zur Entwicklungspsychologie empfohlen, z. B. die Arbeiten von Jean Piaget (Oerter und Montada 2008).

8.2   Bezug zu den Unterrichtsprinzipien und methodischen Großformen

---

Unterrichtskonzeptionen stellen bestimmte lernpsychologische Annahmen und fachdidaktische Prinzipien, nach denen Unterricht gestaltet werden kann (▶ Abschn. 3.7), in den Mittelpunkt. Auf diese Weise legt die Entscheidung für eine gewisse Unterrichtskonzeption wesentliche Schwerpunkte inhaltlicher oder methodischer Art sowie den angestrebten Lernweg der Schülerinnen und Schüler fest (Weitzel und Schaal 2012). Die methodischen Großformen (▶ Kap. 6) werden zum Teil gleichfalls als Unterrichtskonzeptionen aufgefasst – die Übergänge sind fließend. Hierzu gehören insbesondere der *offene* und der *projektorientierte Unterricht*, die jedoch noch inhaltlich gestaltet werden müssen. Im Gegensatz zu den zuvor genannten Unterrichtskonzeptionen stehen bei offenem und projektorientiertem Unterricht die zu erwerbenden methodischen und sozialen Kompetenzen gegenüber dem inhaltlichen Wissenserwerb oder den fachmethodischen Kompetenzen im Vordergrund. Die Vor- und Nachteile der methodischen Großformen wurden bereits in ▶ Abschn. 6.2.1 besprochen.

Im Folgenden sollen nun ausgewählte Unterrichtskonzeptionen mit ihren leitenden Prinzipien und Methoden exemplarisch behandelt werden. Für die übrigen sei auf die Lehrbücher der Biologie- und Chemiedidaktik sowie die erziehungswissenschaftliche Literatur verwiesen.

8.3 Unterrichtskonzeptionen mit Schwerpunkt auf den naturwissenschaftlichen Arbeitsweisen und der Wissenschaftspropädeutik

Die Vermittlung der naturwissenschaftlichen Arbeitsweisen nimmt in den Lehrplänen und den Bildungsstandards eine wichtige Rolle ein. Bereits die TIMSS-Videostudien Ende der 1990er-Jahre (Roth et al. 2006) zeigten, dass die Kompetenzen der deutschen Schülerinnen und Schüler in diesem Bereich verbesserungswürdig sind. Die naturwissenschaftlichen Arbeitsweisen werden in der Regel eher rezeptiv und „kochbuchartig" im Unterricht vermittelt. Insbesondere die Hypothesenbildung und die Planungsphase von Experimenten bleiben häufig aus, sodass die nach „Rezept" durchgeführten Versuche den Lernenden oft nicht plausibel oder als Lösung eines Problems erscheinen. Auch andere Arbeitsweisen wie das Präparieren und Mikroskopieren werden häufig nur als Arbeitstechniken eingeübt, ohne explizit auf Fragestellungen einzugehen, die mithilfe dieser Erkenntnismethode geklärt werden können.

Unterrichtskonzeptionen zum *Forschenden Lernen* (synonym auch *Entdeckendes Lernen, Problemorientiertes Lernen*), die die naturwissenschaftlichen Arbeitsweisen zur Problemlösung in den Mittelpunkt stellen, haben ihren Fokus auf dem naturwissenschaftlichen Erkenntnisprozess, der Genese naturwissenschaftlichen Wissens und schon eine sehr lange Tradition im naturwissenschaftlichen Unterricht (z. B. John Dewey in den USA Anfang des 20. Jahrhunderts [Oelkers 2009]; in Deutschland ab den 1960er-Jahren). Diese Unterrichtskonzeptionen können sich dabei entweder am historischen Forschungsprozess (*historisch-genetisches Verfahren*) oder stärker an den Forschungsfragen der Schülerinnen und Schüler (*forschend-entwickelndes Unterrichtsverfahren* nach Schmidkunz und Lindemann 1992) orientieren. Sie versetzen Schülerinnen und Schüler in die Lage, sich neue Problembereiche selbständig zu erschließen, die erlernten Arbeitsweisen (z. B. Experimentieren und Untersuchen) hypothetisch-deduktiv auf neue Fragestellungen anzuwenden und Ergebnisse theoriegeleitet zu reflektieren und gegebenenfalls zu verallgemeinern. Darüber hinaus kann nach der konstruktivistischen Auffassung von Lernprozessen das selbstständige Lernen und Entdecken sowohl die Motivation als auch die Lernleistung fördern.

Beim forschend-entwickelnden Unterrichtsverfahren ist zu berücksichtigen, dass die neue Erkenntnis, die durch das naturwissenschaftliche Arbeiten gewonnen werden soll, ausschließlich für die Schüler neu ist und somit der Begriff *forschend* unter didaktischen Aspekten verstanden werden muss. Zum Vergleich werden hier die wesentlichen Merkmale der naturwissenschaftlichen Arbeitsweisen im authentischen Kontext genannt, die im schulischen Kontext eine eher untergeordnete Rolle spielen bzw. nur bedingt zu realisieren sind:

- Naturwissenschaftler generieren häufig Hypothesen auf der Basis von Analogien in verwandten Domänen.
- Hauptanteil der wissenschaftlichen Arbeit besteht in der Interpretation nicht erwarteter Befunde.
- Der wissenschaftliche Diskurs findet in (interdisziplinären und/oder internationalen) Teams statt (Kommunikation!).

8.3.1   Das hypothetisch-deduktive Verfahren

Das hypothetisch-deduktive Verfahren (Köhler 2006) orientiert sich am wissenschaftlichen Erkenntnisprozess und vollzieht seine wesentlichen Schritte an didaktisch geeigneten Beispielen im Unterricht nach (◨ Abb. 7.2). Dabei spielt die Schülerorientierung und -mitbeteiligung in allen Lernphasen eine wichtige Rolle (◨ Tab. 8.1). Es wird angenommen, dass für eine wissenschaftlich kritische Haltung die selbstständige Arbeit im Unterricht und die Reflexion der Ergebnisse in der Gruppe wichtige Voraussetzungen sind.

8.3.2   Das forschend-entwickelnde Unterrichtsverfahren

Das forschend-entwickelnde Unterrichtsverfahren (vgl. gestufter Unterrichtsverlauf nach Schmidkunz und Lindemann 1992) ist mit dem hypothetisch-deduktiven Vorgehen in seinen ersten vier Lernphasen vergleichbar, wobei in diesem Verfahren der Schwerpunkt auf den Schülerfragen bei der Problemgewinnung liegt (◨ Tab. 8.2). Auch können einzelne Phasen verkürzt

◨ **Tab. 8.1** Phasen des hypothetisch-deduktiven Verfahrens (Mikelskis-Seifert und Duit 2010; Köhler 2006)

Lernphase	(Schüler-)Aktivität
1. Problemstellung	a. Problemfindung b. Formulierung von Hypothesen
2. Planung	a. Ableiten von empirisch überprüfbaren Folgerungen aus den Hypothesen b. Ausarbeitung eines Plans zur Durchführung einer Beobachtung bzw. eines Experiments
3. Durchführung	a. Bereitstellung von Materialien b. Aufbau der Anordnung zum Beobachten bzw. Experimentieren c. Durchführung der Beobachtung bzw. des Experiments d. Protokollierung der Ergebnisse (der Beobachtung bzw. des Experiments)
4. Auswertung	a. Deutung der Ergebnisse b. Vergleich der Deutung mit den Folgerungen aus den Hypothesen (→ Bestätigung bzw. Widerlegung)

○ **Tab. 8.2** Denkstufen des forschend-entwickelnden Unterrichtsverfahrens nach Schmidkunz und Lindemann (1992)

Lernphase	(Schüler-)Aktivität
1. Problemgewinnung	a. Problemgrund b. Problemerfassung (Problemfindung), (Problemstellung) c. Problemformulierung
2. Überlegung zur Problemlösung	a. Analyse des Problems b. Vorschläge zur Problemlösung c. Entscheidung für einen Lösevorschlag
3. Durchführung eines Lösungsvorschlags	a. Planung des Lösungsvorschlags (Planung des praktischen Tuns) b. Praktische (experimentelle) Durchführung des Lösevorschlags c. Erörterung und Zusammenfassung der Ergebnisse
4. Abstraktion der gewonnenen Erkenntnisse	a. Grafische Abstraktion (z. B. Zeichnung des Versuchsaufbaus) b. Verbale Abstraktion (Beschreibung und Erklärung in eigenen Worten der Schülerinnen und Schüler) c. Symbolhafte Abstraktion (z. B. verallgemeinernde Diagramme, Reaktionsgleichungen)
5. Wissenssicherung	a. Anwendungsbeispiele (Transfer) b. Wiederholung des Inhalts und vier Lernphasen c. Lernzielüberprüfung

Wichtig: Die Stufen kennzeichnen die Aktivität der Lernenden, Lehrkraft unterstützt nach Bedarf (z. B. durch Strukturierung der Aktivitäten).

oder besonders betont werden. Hinzu kommt eine fünfte Phase, die das erarbeitete Wissen sichert und anwendet, wie es auch dem Grundrhythmus von Unterricht entspricht.

8.3.3 Offenes Experimentieren

Nach der Konzeption des *Forschenden Lernens* sollten die Schüler selbst aktiv werden und ihren Lernweg bestimmen, ohne dass konkrete Handlungsprodukte für den Unterricht zu erbringen sind. So erhält der Schüler Mitbestimmungsmöglichkeiten, die sich positiv auf die Lernmotivation auswirken sollten. Offenheit bedeutet hier, dass der Prozess des forschenden Lernens für die individuellen Vorgehensweisen und Interessen der Lernenden offen ist (Mayer 2006). Auch im Fall des *Offenen Experimentierens* bearbeiten die Schülerinnen und Schüler Problemstellungen, die aus der Forschungsperspektive bereits (weitestgehend) geklärt sind, die Lernenden erleben diesen Prozess aus ihrer Sicht nach. Die Lehrkraft kann unterschiedliche Grade der Unterstützung in allen Phasen des Lernprozesses anbieten, die optimal auf die Fähigkeiten und Fertigkeiten der Schülerinnen und Schüler abgestimmt sein sollten (○ Tab. 8.3).

◻ **Tab. 8.3** Grade der Unterstützung durch die Lehrkraft im Lernprozess (Hof und Mayer 2008)

Grad	Fragestellung formulieren	Hypothesen generieren	Planung des Experiments	Durchführung des Experiments	Auswertung des Experiments
0	Lehrer	Lehrer	Lehrer	Lehrer	Lehrer
1	Lehrer/Schüler	Lehrer/Schüler	Lehrer/Schüler	Lehrer/Schüler	Lehrer/Schüler
	Impulsgeber Lehrer	Impulsgeber Lehrer	Impulsgeber Lehrer	Impulsgeber Lehrer	Impulsgeber Lehrer
2	Lehrer/Schüler	Lehrer/Schüler	Lehrer/Schüler	Lehrer/Schüler	Lehrer/Schüler
	Impulsgeber Schüler	Impulsgeber Schüler	Impulsgeber Schüler	Impulsgeber Schüler	Impulsgeber Schüler
3	Schüler	Schüler	Schüler	Schüler	Schüler

8.4 Unterrichtskonzeptionen mit Orientierung an Alltag und Lebenswelt: Kontextorientierung

Unterrichtskonzeptionen, die sich am Alltag und an der Lebenswelt der Schülerinnen und Schüler orientieren, stellen den Gegenentwurf zu einer strikten Fachsystematik im naturwissenschaftlichen Unterricht dar. Entsprechend versteht sich auch die Unterrichtskonzeption *Chemie im Kontext* als alternatives Gesamtkonzept für den Chemieunterricht (Demuth et al. 2006) (◻ Abb. 8.1).

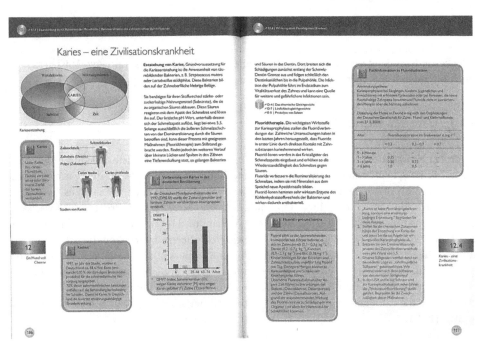

◻ **Abb. 8.1** Karies als alltagsbezogener Kontext für die Erarbeitung des Donator-Akzeptor-Konzepts und chemischen Gleichgewichts (aus Demuth et al. 2006)

Chemie im Kontext wurde nach folgenden Leitlinien gestaltet:

1. Gegeben sind Kontexte relativ weitgefasster Themenbereiche mit aktuellen und lebensweltbezogenen Fragestellungen. Sie weisen einen Umwelt- und Lebensweltbezug und/oder eine Forschungsrelevanz auf, der bzw. die der Vermittlung fachsystematischer Inhalte dienen und mit schulischen Mitteln umsetzbar sind. Die Kontexte bilden damit die Struktur für den naturwissenschaftlichen Unterricht, z. B. kann ein Kontext ein Rahmen für einen Themenbereich im Lehrplan sein.
2. Vertikale/curriculare Vernetzung: Fachliche Inhalte werden über Basiskonzepte miteinander vernetzt (▶ Kap. 2 und 3).
3. Methodenvielfalt: Selbstverantwortung für das Lernen stärken.

8.5   Fächerübergreifender Unterricht

8.5.1   Begründungen für den fächerübergreifenden Unterricht

Der fächerübergreifende Unterricht setzt sich zum Ziel, wichtige Konzepte aus den verschiedenen Unterrichtsfächern miteinander zu vernetzen. Nach Labudde (2003, 2006) kann diese Zielsetzung aus unterschiedlichen Perspektiven begründet werden.

- **Konstruktivistische Auffassungen vom Lernen**
Lernen wird als aktiver Prozess verstanden. Der Erwerb neuen Wissens erfolgt durch die Integration in bestehendes Vorwissen und eine Vernetzung der alten und neuen Fakten, Prozesse und Konzepte, um komplexere Zusammenhänge und Situationen verstehen zu können. Die Alltagserfahrungen, die Schülerinnen und Schüler machen, haben gewöhnlich keine fachsystematische Struktur. Daher können diese mit fächerübergreifendem Unterricht besser aufgegriffen und aus verschiedenen Fächerperspektiven geklärt werden. Viele Untersuchungen haben darüber hinaus gezeigt, dass ausschließlich fachsystematischer Unterricht zu trägem Wissen führt, d. h., dass im Unterricht erarbeitete Fakten und Konzepte nicht zur Problemlösung auf neue Sachverhalte angewendet werden können. Die Situierung von Wissen bzw. der Kontextbezug soll die Anwendbarkeit besser ermöglichen. Allerdings wird hier kritisiert, dass der Kontext mitgelernt wird und so naturwissenschaftliche Konzepte nicht ohne Weiteres aus diesem herausgelöst werden können.

- *Scientific Literacy* **und Wissenschaftspropädeutik**
Der fächerübergreifende Unterricht eignet sich in besonderer Weise zur Übung der naturwissenschaftlichen Denk- und Arbeitsweisen sowie weiterer überfachlicher Kompetenzen (z. B. Problemlösen, Diskursfähigkeit, Multiperspektivität). Gleichzeitig kann hier ein besonderes Augenmerk auf die Chancen und Grenzen eines Faches gelegt werden und die Geltungsbereiche von Modellen und Theorien überprüft werden.

- **Überfachliche und fachübergreifende Kompetenzen**
Vom fächerübergreifenden Unterricht wird ebenfalls angenommen, dass er die fachübergreifenden Kompetenzen wie Umweltkompetenz, Ambiguitätstoleranz oder differenziertes Denken besonders fördern kann.

- **Schlüsselprobleme der Menschheit**

Die Schlüsselprobleme der Menschheit (z. B. Klimawandel, Gentechnik, Ressourcen und Energie) sind nur interdisziplinär zu lösen. Gleichzeitig werden junge Menschen frühzeitig mit den aktuellen Fragestellungen angewandter Naturwissenschaften vertraut gemacht, können diese aus unterschiedlichen Perspektiven kennenlernen und idealerweise auf der Basis eines fundierten Wissens verantwortungsvoll handeln.

8.5.2 Organisation des fächerübergreifenden Unterrichts

Im Hinblick auf die Organisation des fächerübergreifenden Unterrichts können verschiedene Varianten unterschieden werden, die sich in der inhaltlichen Fokussierung, der Zusammenarbeit der Lehrkräfte und der Verankerung in der Stundentafel deutlich voneinander unterscheiden.

◘ **Tab. 8.4** Organisation des fächerübergreifenden Unterrichts nach Labudde (2003, 2006) und Häußler et al. (1998)

Fachüberschreitend	In ein Einzelfach, z. B. in den Biologieunterricht, werden Erkenntnisse aus einem anderen Fach eingebracht. Beispiele: – Chemie oder Physik bei der Behandlung der Fotosynthese – Rechnen mit Logarithmen bei der Behandlung des pH-Werts – Lesen von naturwissenschaftlichen Fachtexten, z. B. wissenschaftlichen Berichten, im Deutschunterricht
Fächerverknüpfend	Basiskonzepte oder Methoden, die in mehreren Fächern eigen sind, werden wechselseitig und systematisch miteinander verknüpft. Beispiele: – Absprachen: zwischen Physik- und Biologielehrkraft bei den Themen (Hydrostatik/-dynamik bzw. Herz-Kreislauf-System – Energetische Betrachtungen von Systemen (Physik, Chemie, Biologie und Geografie)
Fächerkoordinierend	Ein übergeordnetes Thema wird aus der Perspektive unterschiedlicher Einzelfächer bearbeitet. Beispiele: – Treibhauseffekt (z. B. Physik, Erdkunde, Biologie, Politik) – Nahrung für acht Milliarden Menschen? (Biologie, Chemie, Wirtschaft und Politik, Erdkunde, Ethik), ◘ Abb. 8.2 (vgl. Pöpping und Melle 2012)
Fächerergänzend (auf der Ebene der Stundentafel)	Interdisziplinäre Themen werden in einem eigenen Fach (z. B. im Wahlpflichtbereich) zusätzlich zu den naturwissenschaftlichen Einzelfächern und diese ergänzend unterrichtet. Die traditionellen Fächergrenzen werden teilweise aufgehoben, dabei müssen die Bezüge zwischen Fächern und der Ergänzung wechselseitig hergestellt werden. Interdisziplinäre Themen liegen quer zu den Inhalten der Fächer und werden häufig schülerbezogen, problem- bzw. alltagsorientiert formuliert
Integriert (auf der Ebene der Stundentafel)	Ausschließlich interdisziplinäre Bearbeitung von naturwissenschaftlichen Themen mit integrierter Entwicklung fachlicher Inhalte. Die Auswahl und Reihenfolge der Inhalte ist nicht mehr an den naturwissenschaftlichen Fachdisziplinen orientiert, die Entwicklung des fachlichen Wissens erfolgt aus der fächerübergreifenden Thematik (z. B. in einem eigenen Unterrichtsfach *Naturwissenschaften*) Unterstützungsmaßnahmen: schulinterne Beratungen, Absprachen zwischen den Lehrkräften in den jeweiligen Klassenstufen, Fachkompetenz in wenigstens einer Naturwissenschaft und Gelegenheit zu regelmäßiger Lehrerfortbildung

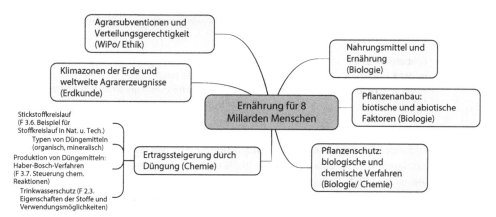

◘ Abb. 8.2 Das fächerübergreifende Thema „Nahrung für acht Milliarden Menschen?" aus unterschiedlichen Fachperspektiven

◘ Tabelle 8.4 zeigt fünf unterschiedliche Möglichkeiten, fächerübergreifenden Unterricht in der Schule durchzuführen. Dabei können Sie beispielsweise als Lehrkraft von naturwissenschaftlich Fächern thematische Aspekte aus unterschiedlichen Naturwissenschaften allein in Ihren Unterrichtsstunden umsetzen (fachüberschreitender Unterricht) oder mit Kolleginnen und Kollegen z. B. im Rahmen einer Projektwoche themenzentriert arbeiten (fächerkoordinierender Unterricht).

8.5.3 Methoden des fächerübergreifenden Unterrichts

Generell sollten im fächerübergreifenden Unterricht Methoden bevorzugt werden, die ein konstruktivistisches Lernen ermöglichen. Diese bieten eine ausreichende Schülerorientierung. Des Weiteren sollten die Methoden eine Aktivierung von Vorwissen und die Anwendung fachlicher Kenntnisse auf Alltagsprobleme erleichtern bzw. unterstützen. Entsprechend bieten sich Methoden für den individualisierten oder kooperativen Unterricht an (◘ Tab. 8.5).

◘ Tab. 8.5 Methodenvorschläge für den fächerübergreifenden Unterricht (▶ Abschn. 6.2.2)

Individualisierter Unterricht	Projektorientierter/kooperativer Unterricht
– Wochenplanarbeit – Stationenarbeit	– Forscherauftrag – Plan- und Rollenspiele – Expertenpuzzle
Weitere Methodenideen und Unterrichtsvorschläge findet man bei Harms (2008).	

? Für die Planung einer fächerübergreifenden Unterrichtseinheit stehen folgende Themen zur Auswahl:

- Globale Mobilität
- In der Kälte leben
- Sauer macht lustig
- Schokolade

- Doping
- Immer der Nase nach
- Von der Kernseife zum *high-tech-Waschmittel*
- Schön bunt

Aufgaben
- Legen Sie den Typ der fächerübergreifenden Zusammenarbeit fest.
- Strukturieren Sie ein Thema Ihrer Wahl mithilfe einer *Mindmap*, indem Sie relevante Unterthemen und die damit zusammenhängenden Fachkonzepte benennen, die aus der Perspektive der Biologie, Chemie, Physik, Geografie, Psychologie, Ethik usw. bearbeitet werden können (❏ Abb. 8.2).
- Ordnen Sie das fächerübergreifende Thema einer Jahrgangsstufe und einem Lehrplanthema in einem naturwissenschaftlichen Unterrichtsfach zu. Nehmen Sie dabei Bezug auf geeignete Basiskonzepte der Bildungsstandards oder EPA.
- Identifizieren Sie fachbezogene naturwissenschaftliche und fächerübergreifende Kompetenzen, die Sie anhand des gewählten Themas fördern können.
- Erläutern Sie eine mögliche methodische Umsetzung und bestimmen Sie den Zeitrahmen der fächerübergreifenden Unterrichtseinheit. Entwickeln Sie ein exemplarisches Arbeitsmaterial (z. B. geeignete Experimentiervorschriften, Aufgaben, Arbeitsblätter, Lernprogramme, Filmsequenzen) mit Arbeitsaufträgen mit Ihrem fachlichen Schwerpunkt.

■ **Weiterführende Literatur zur Bearbeitung und Lösungsansätze für ausgewählte Themen**

Demuth R, Schöttle M (2010) Säuren und Laugen – nicht nur ätzend; Chemie im Kontext – Sekundarstufe I, Themenheft 6. Cornelsen, Berlin

Demuth R, Parchmann I, Ralle B (2006) Chemie im Kontext. Cornelsen, Berlin

Eilks I (2001) Biodiesel – kontextbezogenes Lernen in einem gesellschaftskritisch-problemorientierten Chemieunterricht. Praxis der Naturwissenschaften Chemie in der Schule 50(3):8–10

Harms U (Hrsg) (2008) Fächerübergreifend unterrichten. Unterricht Biologie 336

Labudde P (2008) Naturwissenschaften vernetzen – Horizonte erweitern. Kallmeyer, Seelze

Obendrauf V (Hrsg) (2009) Duftstoffe. Praxis der Naturwissenschaften, Chemie in der Schule 58(5)

Pengg H (2014) Das Audi e-gas-Projekt. Erneuerbare Mobilität mit Gasfahrzeugen. Praxis der Naturwissenschaften, Chemie in der Schule 63(7), S 13–16.

Pez P (Hrsg) (2010) Mobilität. Geographie heute 279

Sebald F (Hrsg) (2004) Olfaktion und Emotion. Unterricht Biologie 295

Stripf R, Scharf K-H (Hrsg) (2008) Doping. Praxis der Naturwissenschaften, Biologie in der Schule 57(3)

8.5.4 Fächerübergreifender Unterricht mit biologischem Schwerpunkt

Die Lehrpläne für den Biologieunterricht haben viele Themenbereiche, bei denen sich das fächerübergreifende Arbeiten ausgesprochen anbietet oder auch explizit vom Lehrplan gefordert wird. Hierzu gehören nach Killermann et al. (2008):

- Zellen und Stoffwechselvorgänge (Biologie, Chemie, Physik)
- Informationsverarbeitung und Verhalten (Biologie, Physik, Psychologie)
- Humanbiologie, Gesundheits- und Sexualerziehung[1] (Biologie, Religion, Ethik, WiPo)
- Genetik, Gentechnik und ethische Implikationen (unter anderem Biologie, Religion, Ethik)
- Ökologie, Angepasstheit von Lebewesen und Umweltbildung (Biologie, WiPo, Erdkunde, Ethik)

Darüber hinaus bietet die Evolution als wichtige Theorie der Biologie beste Möglichkeiten zur vertikalen Vernetzung von biologischen Themenbereichen, spielt aber für den fächerübergreifenden Unterricht eine eher untergeordnete Rolle.

- **Humanbiologie als Basis für die Gesundheits- und Sexualerziehung**

In der Humanbiologie der Sekundarstufe I und II werden Themen aus verschiedenen Fachgebieten der Biologie z. B. die Anatomie und Physiologie, die Evolution bzw. Entwicklung des Menschen sowie die Humanethologie und Soziobiologie behandelt. Ziel des Unterrichts ist es, mit einem exemplarischen Vorgehen den Schülerinnen und Schülern wesentliche Einblicke in die zentralen Lebensvorgänge zu geben. Dabei wird der Struktur-Funktions-Zusammenhang (funktionelle Anatomie) betont. Im Einzelnen ist das Curriculum wie folgt aufgebaut:

- Sek I: Bewegungsapparat, Sinnesorgane, Ernährung/Verdauung, Blutkreislauf, Nerven-/ Hormon-/ Immunsystem, Fortpflanzung/Vererbung
- Sek II: Vertiefung und Behandlung der molekularen Basis (Stoffwechselphysiologie, Neurobiologie als Grundlage von Verhalten), Evolution

Die Abfolge der Themen ist besonders unter dem Aspekt der Interessensentwicklung hervorzuheben. Der Themenbereich Humanbiologie spricht insbesondere Mädchen an, das Interesse an diesen Themen steigt im Verlauf der Sek I (Häußler et al. 1998). Es kann vermutet werden, dass das Interesse am eigenen Körper mit dem Einsetzen der Pubertät zusammenhängt.

- **Gesundheitserziehung**

Die Gesundheitserziehung als fächerübergreifendes Thema besitzt eine hohe Schüler- und Gesellschaftsrelevanz. Das Jugendalter ist insbesondere in neuerer Zeit geprägt von zunehmenden Defiziten und Fehlverhalten, die sowohl für die kurz- als auch langfristige Gesundheiterhaltung des menschlichen Körpers problematisch sind. Hierzu zählen Karies, Bewegungsmangel, *Fast Food*, übermäßiger Computer-/Fernsehkonsum sowie erste Erfahrungen mit legalen und illegalen Drogen. Das Ziel schulischer Gesundheitserziehung besteht daher im Wesentlichen in der Sensibilisierung und Förderung gesundheitsfördernder Verhaltensweisen sowie der Prävention bzw. dem Abbau schädlichen Verhaltens. Bei der Gesundheitserziehung bieten sich sehr gute Möglichkeiten für die externe Kooperation mit Eltern, Beratungsstellen, Behörden, Ärzten und weiteren (außerschulischen) Akteuren. Hindernd bei der Behandlung dieses Themenbereichs können bereits erlernte Verhaltensweisen sowie mangelnde emotionale Betroffenheit sein, die keine Einstellungsänderung zur Folge haben können. Die Änderung des zugehörigen Verhaltens erfolgt oftmals erst bei hinreichend großem Leidensdruck, was das Risiko an Spätfolgen deutlich erhöht.

Folgende Themenbeispiele sind für die Behandlung in der Sekundarstufe I gut geeignet:
- Zusammenhang von Sport, Ernährung und Gesundheit (Sportphysiologie, Kl. 10)
- Vorbeugen von Haltungsschäden

---

1   Die Gesundheits- und Sexualerziehung ist z. B. in der Lehramtsprüfungsordnung von Bayern (§32 LPO I 2008) als Bestandteil der Schulpädagogik explizit genannt.

- Schutz vor Infektionskrankheiten
- Gefährdung durch Schadstoffe: Allergien
- Suchtprävention: Nikotin/Alkohol/Medien

▪ Sexualerziehung

Für die Sexualerziehung erging am 21.12.1977 ein Grundsatzurteil vom Bundesverfassungsgericht. In diesem wird der Schule das Recht zur Sexualerziehung eingeräumt und die inhaltlichen und methodischen Gestaltungsfreiheiten für den Unterricht festgelegt:

1. Die individuelle Sexualerziehung gehört in erster Linie zu dem natürlichen Erziehungsrecht der Eltern im Sinne des Art. 6 Abs. 2 GG; der Staat ist jedoch aufgrund seines Erziehungsauftrages und Bildungsauftrages (Art. 7 Abs. 1 GG) berechtigt, Sexualerziehung in der Schule durchzuführen.
2. Die Sexualerziehung in der Schule muss für die verschiedenen Wertvorstellungen auf diesem Gebiet offen sein und allgemein Rücksicht nehmen auf das natürliche Erziehungsrecht der Eltern und auf deren religiöse oder weltanschauliche Überzeugungen, soweit diese für das Gebiet der Sexualität von Bedeutung sind. Die Schule muss insbesondere jeden Versuch einer Indoktrinierung der Jugendlichen unterlassen.
3. Bei Wahrung dieser Grundsätze ist Sexualerziehung als fächerübergreifender Unterricht nicht von der Zustimmung der Eltern abhängig.
4. Die Eltern haben jedoch einen Anspruch auf rechtzeitige Information über den Inhalt und den methodisch-didaktischen Weg der Sexualerziehung in der Schule.
5. Der Vorbehalt des Gesetzes verpflichtet den Gesetzgeber, die Entscheidung über die Einführung einer Sexualerziehung in den Schulen selbst zu treffen.

Das gilt nicht, soweit lediglich Kenntnisse über biologische und andere Fakten vermittelt werden.

Die Richtlinien zur Gestaltung der Sexualerziehung orientieren sich an dem klassischen Familienbild, zum Teil mit Betonung christlicher Werte und Normen (z. B. Bayern, Baden-Württemberg). Dabei wird die zweigeschlechtliche Ehe als bevorzugter Rahmen für Sexualität gewürdigt. Anzumerken ist jedoch, dass alle Länder in ihren Vorgaben alternative Lebensgemeinschaften berücksichtigen. Als fester Bestandteil der Richtlinien ist die Gleichberechtigung der Geschlechter hervorzuheben. Dies gilt gleichfalls für die Stärkung des Selbstbewusstseins von Kindern und Jugendlichen zur Prävention von sexuellem Missbrauch. Auch die Empfängnisverhütung und HIV/AIDS sind wichtige Themen im Sexualkundeunterricht. Insbesondere bieten sich fächerübergreifende Fragestellungen für den Religions- bzw. Ethik- sowie den Sozialkundeunterricht und das Unterrichtsfach Deutsch an, um eine ganzheitliche Erziehung zu selbstbestimmtem und verantwortlichem Sexualverhalten zu gewährleisten (◘ Tab. 8.6).

◘ **Tab. 8.6** Mögliche Themenschwerpunkte für die Sexualerziehung in der Sekundarstufe I

Themenschwerpunkte ab Jahrgangsstufe 5	Themenschwerpunkte ab Jahrgangsstufe 8
– Pubertät, Menstruation, Spermienerguss – Selbstbefriedigung und partnerschaftliche Sexualität – Schutz vor sexuell übertragbaren Krankheiten – Formen des Zusammenlebens – Sexualität in den Medien und Pornografie	– Sexualverhalten aus der Sicht der Verhaltensbiologie – Formen des Sexualverhaltens – Schwangerschaft/-abbruch, künstliche Befruchtung, Erbkrankheiten – Moderne Fortpflanzungsmedizin

8.6 Übungsaufgaben zum Kap. 8

 1. Fächerübergreifender Unterricht
   a. Beschreiben Sie drei unterschiedliche Varianten von fächerübergreifendem Unterricht.
   b. Erläutern Sie die didaktischen Funktionen dieser Unterrichtskonzeption.
   c. Wählen Sie ein fächerübergreifendes Thema, das Sie fächerkoordinierend mit Biologie, Deutsch und einer Gesellschaftswissenschaft unterrichten können.
   d. Erläutern Sie exemplarisch, welche Kompetenzen im Kompetenzbereich Fachwissen Biologie oder Chemie und im Kompetenzbereich Kommunikation anhand dieses fächerübergreifenden Unterrichts aus 1c) gefördert werden können

2. Offenes Experimentierten zur alkoholischen Gärung
   Die optimalen Bedingungen für die alkoholische Gärung von Hefepilzen sollen im Chemieunterricht experimentell ermittelt werden.
   a. Erläutern Sie zwei geeignete Unterrichtseinstiege in die Thematik.
   b. Formulieren Sie eine geeignete Fragestellung mit Hypothesen zur Wirkung von mind. drei verschiedenen Faktoren auf die alkoholische Gärung.
   c. Leiten Sie in der Erarbeitungsphase die Planung geeigneter Experimente an, um die Wirkung der genannten Faktoren zu überprüfen. Formulieren Sie mögliche Hilfestellungen für Ihre Schülerinnen und Schüler bei diesem offenen Experimentieren.

3. Kontextorientierung
   a. Wählen Sie ein geeignetes Thema aus dem Biologie- oder Chemielehrplan Ihres Bundeslands aus, das Sie kontextorientiert mit Bezügen zur Lebenswelt der Schülerinnen und Schüler unterrichten können. Begründen Sie Ihre Auswahl.
   b. Zeigen Sie am Beispiel Ihres Kontextes wie Sie fachliche Konzepte erarbeiten können und führen Sie diese auf geeignete Basiskonzepte zurück.
   c. Diskutieren Sie mind. drei unterschiedliche Handlungsmuster, die bei der Erarbeitung ihres Kontextes zum Einsatz kommen können.

Ergänzungsmaterial Online:

https://goo.gl/SEdQ59

Literatur

§ 32 Erziehungswissenschaften Ordnung der Ersten Prüfung für ein Lehramt an öffentlichen Schulen (Lehramts-
    prüfungsordnung I – LPO I) Vom 13. März 2008 (GVBl S. 180)BayRS 2038-3-4-1-1-K Abrufbar unter http://www.
    gesetze-bayern.de/Content/Document/BayLPO_I-32 Zugegriffen: 18.12.2016

Demuth R, Parchmann I, Ralle B (2006) Chemie im Kontext.Cornelsen, Berlin, S 187

Harms U (Hrsg) (2008) Fächerübergreifend unterrichten. Unterricht Biologie 336

Häußler P et al (1998) Naturwissenschaftsdidaktische Forschung – Perspektiven für die Unterrichtspraxis. IPN, Kiel

Hof S, Mayer J (2008) Förderung von wissenschaftsmethodischen Kompetenzen durch Forschendes Lernen. Ein
    Vergleich zwischen direkter Instruktion und Guided-Scientific-Inquiry. Erkenntnisweg Biologiedidaktik 7, S
    69–84

Jank W, Meyer H (2002) Didaktische Modelle. Cornelsen, Berlin

Killermann W et al (2008) Biologieunterricht heute. Auer-Verlag, Donauwörth

Kircher E, Raimund G, Häußler P (Hrsg) (2015) Physikdidaktik – Theorie und Praxis, 3. Aufl.Springer Spektrum, Hei-
    delberg

Köhler K (2006) Welche fachgemäßen Arbeitsweisen werden im Biologieunterricht eingesetzt? In: Spörhase-Eich-
    mann U, Ruppert W (Hrsg) Biologie-Didaktik – Praxishandbuch für die Sekundarstufe I und II. 2. Aufl.Cornelsen
    Scriptor, Berlin

Labudde P (2003) Fächerübergreifender Unterricht in und mit Physik. Eine zu wenig genutzte Chance. Physik und
    Didaktik in Schule und Hochschule 1(2):48–66

Labudde P (2006) Fachunterricht und fächerübergreifender Unterricht: Grundlagen. In: Arnold K-H, Sandfuchs U,
    Wiechmann J (Hrsg) Handbuch Unterricht. Klinkhardt, Bad Heilbrunn

Mayer J (2006) Offenes Experimentieren – Forschendes Lernen im Biologieunterricht. Unterricht Biologie 317(30)

Mikelskis-Seifert S, Duit R (2010) PiKo-Brief 6: Das Experiment im Physikunterricht. In: Duit R, Mikelskis-Seifert S
    (Hrsg) Physik im Kontext. Konzepte, Ideen, Materialien für effizienten Physikunterricht. Sonderband Unterricht
    Physik, Friedrich Seelze

Oelkers J (2009) John Dewey und die Pädagogik, 1. Aufl. Beltz, Weinheim

Oerter R, Montada L (2008) Entwicklungspsychologie, 6. Aufl. Beltz Verlagsgruppe, Weinheim

Pöpping W, Melle I (2012) Dünger und Pflanzenwachstum – Ein fächerübergreifendes Gruppenpuzzle. Praxis der
    Naturwissenschaften – Chemie in der Schule 61(7):23–30

Roth KJ, Druker SL, Garnier HE et al (2006) Teaching science in five countries: results from the TIMSS 1999 Video
    Study (NCES 2006-11). U.S Department of Education, National Center for Education Statistics. U.S Government
    Printing Office, Washington, DC

Schmidkunz H, Lindemann E (1992) Das forschend-entwickelnde Unterrichtsverfahren – Problemlösen im natur-
    wissenschaftlichen Unterricht, 6. Aufl. Westarp, Essen

Weitzel H, Schaal S (2012) Biologie unterrichten: planen, durchführen & reflektieren. Cornelsen, Berlin

Fachsprache und fachbezogenes Kommunizieren im naturwissenschaftlichen Unterricht

© Springer-Verlag GmbH Deutschland 2017
C. Nerdel, *Grundlagen der Naturwissenschaftsdidaktik*,
DOI 10.1007/978-3-662-53158-7_9

9.1 Holistische Betrachtung der naturwissenschaftlichen Fachsprache

Um an den für die Gesellschaft relevanten Fragestellungen der Naturwissenschaften teilzuhaben und fundierte Entscheidungen treffen zu können, ist ein Verständnis und der kompetente Gebrauch der naturwissenschaftlichen Fachsprache unerlässlich (*Scientific Literacy*, ▶ Kap. 1 und 2). Aber was genau wird unter dem Begriff *Fachsprache* verstanden? Eine eindeutige Definition ist bisher nicht gelungen (Rincke 2010). Fachsprachen beruhen im Gegensatz zur Alltagssprache auf Übereinkünften von Wissenschaftlern in ihren jeweiligen Fachgebieten. Fachtermini sind knapp, exakt, intersubjektiv, situationsunabhängig und international verständlich, um eine Objektivierung der Sprache zu ermöglichen. Eine eindeutige Abgrenzung zur Alltagssprache ist aber nicht einfach, weil viele Elemente der Alltagssprache in die Fachsprache einfließen und umgekehrt. Entsprechend sollte die Unterrichtssprache in den naturwissenschaftlichen Fächern zwischen Fach- und Alltagssprache vermitteln. Lehrkräfte sollten daher in der Lage sein, im Unterricht sicher zwischen Alltagssprache und Fachsprache zu wechseln und die alltagssprachlichen Elemente in der Fachsprache hinsichtlich der mit ihnen vermittelten Vorstellungen zu hinterfragen (▶ Kap. 5).

Des Weiteren werden naturwissenschaftliche Erkenntnisse nicht allein über verbalsprachliche Äußerungen, d. h. geschriebene oder gesprochene Texte, kommuniziert, vielmehr wird für eine ökonomische und präzise Kommunikation naturwissenschaftlicher Sachverhalte auf eine Vielzahl verschiedener Darstellungsformen zurückgegriffen. Naturwissenschaftliche Fachsprache wird in der internationalen Literatur demnach verstanden als

> **»** a synergistic integration of words, diagrams, pictures, graphs, maps, equations, tables, charts, and other forms of visual and mathematical expression.
> (Lemke 1998)

Der Umgang mit diesen unterschiedlichen Repräsentationen ist häufig nicht selbsterklärend. Viele Schülerinnen und Schüler haben Schwierigkeiten, die verschiedenen Darstellungsformen richtig zu interpretieren und aufeinander zu beziehen. Unter *representational competence* versteht man daher im wissenschaftlichen Diskurs die Fähigkeit zur Interpretation, Konstruktion, Koordination und Translation domänenspezifischer Repräsentationen (Kozma und Russell 1997):

> **»** Representational competence allows learners to reflectively use a variety of representations […], singly or together, to think about, communicate, and act on chemical phenomena […].
> (Kozma und Russell 2005)

Sie umfasst unter anderem die folgenden Aspekte (Nitz 2012):
a. Repräsentationen nutzen, um naturwissenschaftliche Konzepte und Phänomene zu beschreiben,
b. eine dem Zweck angemessene Repräsentation (bzw. eine Kombination von Repräsentationen) auszuwählen und/oder zu konstruieren,
c. erklären, warum eine bestimmte Repräsentation (oder eine Kombination von Repräsentationen) einem bestimmten Zweck angemessen bzw. angemessener als andere ist,
d. Merkmale und Eigenschaften von Repräsentationen identifizieren und beschreiben,

e. Repräsentationen und ihre Merkmale als Evidenz nutzen, um im sozialen Diskurs Behauptungen zu unterstützen, Schlussfolgerungen zu ziehen und Vorhersagen über Relationen zu treffen,

f. Verbindungen zwischen verschiedenen Repräsentationen herstellen, sie ineinander überführen und Beziehungen zwischen ihnen erklären sowie

g. verschiedene Repräsentationen und ihre Aussagekraft beschreiben und miteinander vergleichen.

9.1.1 Externe Repräsentationen in der naturwissenschaftlichen Fachsprache

◼ Tabelle 9.1 gibt einen Überblick über die externen Repräsentationen in der naturwissenschaftlichen Fachsprache sowie mögliche Kategorien, in denen die Basisrepräsentationen Text, Bild

◻ **Tab. 9.1** Externe Repräsentationen in der Fachsprache und ihre Varianten

		Externe Repräsentationen in der Fachsprache		
		Text	**Symbol**	**Bild**
Kategorien der Repräsentationsvarianten	**Basis**	Kontinuierliche Texte (Fließtext)	Buchstaben (-gruppen), Zahlen, sonstige Zeichen	Realistisches Bild Fotografie
	Abstraktion	Diskontinuierliche Texte (Tabellen und Listen, des Weiteren auch Grafiken, Diagramme oder Landkarten; Naumann et al. 2010, S. 25[1])	Summenformeln Konstitutionsformeln Reaktionsgleichungen oder mathematische Gleichungen	Schemazeichnung Diagramm
	Dimension		Strukturformeln: Valenzstrichformel, Keilstrichformel etc.	2D-Darstellungen 3D-Darstellungen Modelle
	Dynamik/zeitl. Verlauf			Filme (realistische Bilder mit Bewegung) Animationen (Grafiken und Schemazeichnungen mit Bewegung)
	Interaktivität/ Parameterwahl	Hypertext		Simulationen (kombiniert mit Dimension oder Dynamik)

---

1   Grafiken und Diagramme werden im Folgenden aufgrund ihrer kognitiven Verarbeitung den Bildern zugeordnet (▶ Abschn. 9.2.2).

und Symbol verändert werden können. So kann eine Schemazeichnung der Nervenzelle oder eines Versuchsaufbaus in unterschiedlichen Dimensionen dargestellt werden: zweidimensional in der Zeichenebene oder als dreidimensionale, computersimulierte Grafik. Auch Text ist nicht gleich Text: Neben den kontinuierlichen Fließtexten gehören auch z. B. Tabellen und Listen zu den Texten. Weil letztere keinen beständigen Lesefluss aufweisen, werden sie auch als diskontinuierliche Texte bezeichnet.

9.1.2 Repräsentationen und im naturwissenschaftlichen Unterricht geforderte Übersetzungsleistungen

Schülerinnen und Schüler bekommen im naturwissenschaftlichen Unterricht häufig die Aufgabe gestellt, eine (oder mehrere) gegebene Repräsentation(en) in eine zweite oder dritte zu übersetzen. Auch können mehrere Repräsentationen gegeben sein, die wechselseitig aufeinander bezogen werden müssen, um eine Aufgabe zu lösen. Die Tabelle zeigt Beispiele für solche Übersetzungen, bei denen aus einer im Lernmaterial gegebenen Repräsentation eine weitere z. B. im Rahmen einer Aufgabenstellung formuliert werden soll.

Repräsentationen und häufige Repräsentationswechsel (Zellbesetzung nach Stäudel 2008)							
		Resultierende Repräsentationen					
		Text	**Tabelle**	**Bild**	**Graph**	**Formel**	**Modell**
Im Lernmaterial gegebene Repräsentation	Text	x	x	x	x	x	x
	Tabelle			x	x		
	Bild				x	x	x
	Graph					x	x
	Formel						x

Ein X kennzeichnet einen sinnvollen Wechsel.

Beispielaufgabe 9.1
Repräsentationswechsel
Der kompetente Umgang mit der Fachsprache wird in den Bildungsstandards und Lehrplänen gefordert. Ein Aspekt der Fachsprache ist der Wechsel zwischen verschiedenen Repräsentationen, der im Unterricht geübt werden sollte.
1. Nennen Sie drei unterschiedliche Repräsentationen, die Sie in einer Unterrichtsstunde zum Thema *Carbonsäuren und Ester* bei der Einführung in die organische Chemie in der Sekundarstufe I oder II verwenden könnten.

Lösungsvorschlag 1
- **Kontinuierlicher Text** zur Erläuterung einer experimentellen Versuchsanordnung zur Herstellung von Estern, Einstellung des Estergleichgewichts
- **Schema** zum Versuchsaufbau der Estersynthese
- **Diagramm**, das die Entstehung der Produkte/Abnahme der Edukte in Abhängigkeit von der Zeit darstellt

2. Stellen Sie alle möglichen Übersetzungen zwischen diesen drei Repräsentationen tabellarisch dar.

Lösungsvorschlag 2

Mögliche Übersetzungen zwischen den Repräsentationen aus Aufgabe 1			
		Wird übersetzt in	
		Text	**Schema**	**Diagramm**
Gegeben ist	**Text**	—	Zeichnung der Versuchsapparatur	Konstruktion eines Diagramms zur Geschwindigkeit der Veresterung (Hin- und Rückreaktion)
	Schema	Erläuterung des Versuchsaufbaus zur Herstellung von Estern und der Durchführung	—	Übersetzungsleistung nur bedingt möglich (gegebenenfalls einzelne Werte im Schema als Momentaufnahme ablesbar)
	Diagramm	Informationsentnahme, Konzentrationsänderungen in Abhängigkeit der Zeit	Zeichnung der Versuchsapparatur	—

3. Wählen Sie aus Ihrer Tabelle zwei Übersetzungen aus und formulieren Sie Aufgaben für Ihre Schülerinnen und Schüler zur Übung dieser beiden Repräsentationswechsel.

Lösungsvorschlag 3
Folgende Aufgaben können zur Übung zweier ausgewählter Repräsentationswechsel (dunkel grau unterlegte Zellen in der Tabelle) gestellt werden:
Aus dem Text soll ein Diagramm konstruiert werden: *Entnehmen Sie die gemessenen Daten aus dem Text und konstruieren Sie ein Diagramm, aus dem Sie die Geschwindigkeit der Veresterung bestimmen können (Hin- und Rückreaktion).*
Das Schema soll in einen Text übersetzt werden: *Beschreiben Sie den Versuchsaufbau zur Herstellung eines Esters.*

9.2 Fachbezogene Kommunikation in den Bildungsstandards

Erwerb und Nutzung der naturwissenschaftlichen Fachsprache sind wegen ihrer großen Bedeutung ebenfalls in den Bildungsstandards (KMK 2005a, b) und den EPA der KMK (1989 i.d.F. 2004) verankert worden. Im Folgenden werden die Bezüge zwischen den Aufgaben der fachbezogenen Kommunikation auf der individuellen und zwischenmenschlichen Ebene sowie den jeweiligen Standards hergestellt. Mithilfe eines kognitionspsychologischen Modells (Schnotz 2001; ◘ Abb. 9.1) können darüber hinaus die Verstehensprozesse beim Lernen mit Texten und Bildern erklärt werden.

9.2.1 Fachbezogene Kommunikation

- **auf individueller Ebene …**
1. externe Repräsentationen zur Rezeption naturwissenschaftlicher Themen und Inhalte zu nutzen:
    - naturwissenschaftliche Sachverhalte recherchieren und auswerten (z. B. Bildungsstandards Biologie, K4; Chemie, K1)
    - themenbezogene und aussagekräftige Informationen auswählen (Bildungsstandards Chemie, K2)
2. interne Repräsentationen (propositionale Repräsentation und mentales Modell, ◘ Abb. 9.1) von dargestellten Sachverhalten generieren zu können:
    - Fachsprache auf grundlegendem Niveau verstehen und korrekt anwenden (z. B. Bildungsstandards Biologie, K9, K10; Chemie, K4)
    - Aussagen auf naturwissenschaftliche Richtigkeit überprüfen (Bildungsstandards Chemie, K3; ▶ Kompetenzbereich Fachwissen)
3. Sprachproduktion:
    - naturwissenschaftliche Phänomene mithilfe von Biologie- und Chemiekenntnissen unter Nutzung der Fachsprache erklären (Bildungsstandards Biologie, K6, K7; Bildungsstandards Chemie, K4)
    - Untersuchungen und Diskussionen protokollieren (Bildungsstandards Biologie, K3; Bildungsstandards Chemie, K6) (▶ Kompetenzbereich Erkenntnisgewinnung)

- **für den zwischenmenschlichen Informationenaustausch …**
4. externe Repräsentationen zur Weitergabe von Informationen sach- und adressatengerecht nutzen zu können:
    - Erklärungen in geeigneter Form (verbal, mathematisch, symbolisch) darstellen und mitteilen (z. B. Bildungsstandards Chemie, K4)
    - ein ständiges Übersetzen von Alltags- in Fachsprache und umgekehrt (Bildungsstandards Biologie, K8; Bildungsstandards Chemie, K5)
    - situations- und adressatengerechte Dokumentation und Präsentation von Arbeitsergebnissen (Bildungsstandards Chemie, K7) (▶ Kompetenzbereich Erkenntnisgewinnung)
5. naturwissenschaftlich argumentieren zu können:
    - Sachverhalte fachlich korrekt darstellen und reflektieren, Argumente finden oder gegebenenfalls eigene Auffassung aufgrund von Gegenargumenten revidieren (Bildungsstandards Biologie, K6; Bildungsstandards Chemie, K8, K9) (vgl. Kompetenzbereich Erkenntnisgewinnung)

- **und erfordert soziale Kompetenzen …**
6. Teamfähigkeit (Bildungsstandards Chemie, K10):
    - strukturierte, aufeinander abgestimmte Arbeitsplanung,
    - Reflexion der Arbeitsprozesse sowie
    - Bewertung und Präsentation der gewonnenen Ergebnisse
    - sind wesentliche Voraussetzungen für eine gelingende Arbeit im Team.

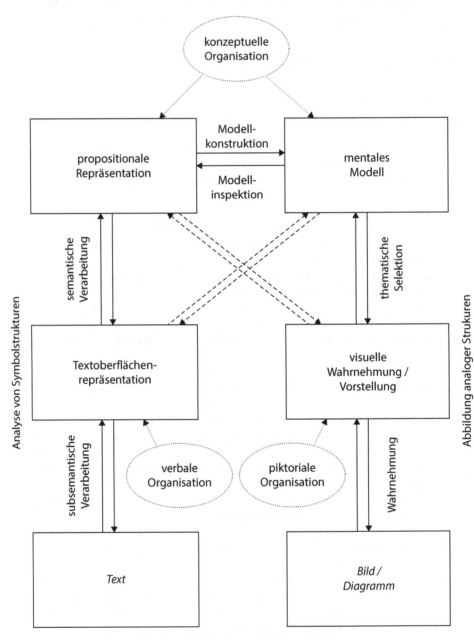

☐ **Abb. 9.1**   Integriertes Modell des Text-Bild-Verstehens nach Schnotz (2001)

> ⊙ **Fachsprache und Kommunikation sind Objekte und Instrumente des Lernens
> zugleich!**

9.2.2 Das integrierte Modell des Text-Bild-Verstehens

Schnotz (2001, 2002; Schnotz und Bannert 2003) entwickelte ein integratives Modell zum Text-, Bild- und Diagrammverstehen, um das Wechselspiel der kognitiven Prozesse bei der individuellen Verarbeitung von Texten (sowie anderen Symbolen), realistischen und logischen Bildern im Arbeitsgedächtnis zu erklären.

In diesem Modell wird davon ausgegangen, dass bei der Verarbeitung von textlichen (oder anderen Zeichensystemen) und bildlichen Darstellungen, z. B. in einem Lernmaterial, die sensorische Aufnahme und die interne Verarbeitung von Texten und Bildern bzw. Diagrammen auf zwei unterschiedlichen Kanälen erfolgt ◻ Abb. 9.1.

Textliche und symbolische Repräsentationen (z. B. Texte und Gleichungen) bestehen aus Symbolen wie Buchstaben und Zahlen und haben keine Ähnlichkeit mit dem Objekt, das sie beschreiben (das Tier *Hund* hat keinerlei Ähnlichkeit mit dem Wort Hund). Bildliche Repräsentationen weisen dagegen eine strukturelle Ähnlichkeit zu dem dargestellten Gegenstand auf. Nach dem Grad der Ähnlichkeit zwischen dem realen Objekt und der dazugehörigen Darstellung wird zwischen *realistischen Bildern* (Fotografien oder Zeichnungen) und *logischen Bildern* (z. B. Kreis- und Liniendiagrammen) unterschieden. Logische Bilder weisen keinerlei Ähnlichkeit mit dem dargestellten Inhalt auf, allerdings stimmen sie basierend auf einer Analogierelation in der Struktur mit dem Original überein (Schnotz 2002). So können beispielsweise in einem Säulendiagramm nicht-räumliche Merkmale durch räumliche Abstände dargestellt werden (z. B. die Dauer bis zur Erntereife bestimmter Gemüsesorten).

Die Verarbeitung von Texten und Bildern bzw. Diagrammen im Arbeitsgedächtnis erfolgt zunächst getrennt nach ihrer textlichen bzw. bildlichen Zeichenstruktur (Schnotz 2001; ◻ Abb. 9.1). Beim Verstehen eines Bildes bzw. Diagrammes entsteht nach der Erfassung oberflächlicher Bildmerkmale und einer vertieften Verarbeitung, die die Zusammenhänge dieser Merkmale klärt und interpretiert, ein mentales Modell im Arbeitsgedächtnis. Texte werden nach der Erfassung textlicher Oberflächenstrukturen und deren semantischer Verarbeitung beim Verstehen mental über die proportionale Repräsentation im Arbeitsgedächtnis gespeichert. Unter den Propositionen versteht man Gedächtniseinheiten, die textbasierte Information ähnlich den Sätzen einer gesprochenen Sprache speichern. Mentales Modell und proportionale Repräsentation stehen nach dem integrativen Modell in Wechselwirkung und sind ineinander überführbar. Werden z. B. beim Betrachten eines Bildes, das sich ein Schüler selbst erklärt, anhand eines mentalen Modells Propositionen generiert, spricht man von *Modellinspektion*. Anhand dieser propositionalen Repräsentationen können sprachliche Äußerungen kommuniziert werden. Dabei werden kognitive Schemata aus dem Langzeitgedächtnis aktiviert, die die Interpretation des Bildes anleiten. Beim umgekehrten Prozess, der *Modellkonstruktion*, wird ausgehend von den Propositionen ein mentales Modell aufgebaut. Bei gleichzeitiger Verarbeitung von Bildern und Texten dienen die Prozesse der Modellinspektion und -konstruktion dem Abgleichen und der Zusammenführung von Informationen aus beiden Quellen.

9.3   Fachbegriffe im Biologie- und Chemieunterricht

9.3.1 Begriff (häufig synonym *Konzept*)

Ein Begriff ist eine kognitive Einheit, die rezipierte Ereignisse nach kritischen Attributen sowie Regeln ihrer Verknüpfung zusammenfasst. Ein Begriff wird mit einer Lautfolge und/oder einer Zeichenkombination benannt und steht damit der Kommunikation zur Verfügung (Graf 1989). Durch Begriffe werden Einheiten gebildet, die alle Vertreter dieses Begriffs zusammenfassen und von anderen unterscheiden. Attribute und Eigenschaften, die allen Mitgliedern eines Begriffs gemein sind, werden in die Definition einbezogen, diejenigen, die nur wenige aufweisen, weggelassen. Die Kognitionspsychologie geht davon aus, dass Begriffe (und Aussagen) die Grundeinheiten der Informationsspeicherung im menschlichen Gedächtnis sind (Hoffmann 1986; Anderson 1996).

Vom Begriff selbst ist der Name des Begriffs (Terminus) zu unterscheiden, häufig werden diese beiden in der Umgangssprache gleichgesetzt. Begriffsdefinitionen haben fünf wesentliche Funktionen: Vokabeln kennenlernen, Unklarheiten beseitigen, Bedeutungen klären, theoretische Zusammenhänge verstehen, Einstellungen beeinflussen.

■ **Beispiel**

Die Attribute *pelzige Wirbeltiere, vierbeiniger Gang, Schwanz, (Schlapp-)Ohren, meist längliche Schnauze, guter Geruchsinn, Abstammung vom Wolf* und *Lautartikulation: bellen* werden unter einem gemeinsamen Begriff mit dem Namen *Hund* zusammengefasst. Das Wort Hund besitzt keinerlei Ähnlichkeit mit dem Tier (vgl. Modell des Text-Bild-Verstehens ► Abschn. 9.2.2).

9.3.2 Aufbau eines Begriffs

Bei der Bildung von Begriffen können folgende Aspekte unterschieden werden:

■ **Denotation**

Alle Ereignisse oder Gegenstände der Umwelt, die zu einem Begriff zusammengefasst werden, können als dessen Denotation bezeichnet werden. Mit der Denotation wird der Begriffsumfang beschrieben. Viele Begriffe in den Naturwissenschaften haben eine konkret anschauliche Denotation, z. B. *Baum, Säure, Mineral etc.* Andere Begriffe sind dagegen die Zusammenfassung nicht unmittelbar sichtbarer Ereignisse. Sie haben eine abstrakte Denotation. Zu solchen Begriffen gehören *Homologie, Fotosynthese, Energie, Redox-Reaktion.*

■ **Konnotation**

Hierunter versteht man die (Neben-)Bedeutung, z. B. die stilistischen und affektiven Wortbedeutungskomponenten, die im Begriff (un-)bewusst „mitschwingen".

9.3.3 Bedeutung und Verwendung von Fachbegriffen

Ergebnisse naturwissenschaftlicher Forschung werden in Begriffe und Aussagen gefasst und sind damit grundlegende Elemente von Wissenschaft. Die Bedeutung von Begriffen ist dem Wandel durch Forschung unterlegen. Begriffslernen setzt damit ein lebenslanges Lernen voraus. In den

Naturwissenschaften gibt es eine sehr große Anzahl von Begriffen; z. B. enthält das Lexikon der Biologie mehr als 30.000 Fachbegriffe (Berck 2005, S. 92). Für die Lehrkraft stellt sich daher die Frage nach der begründeten Auswahl von Begriffen für den Unterricht und einer notwendigen Reduktion von Begriffsnamen durch konsistente Verwendung.

Häufig werden in der Fachwissenschaft Biologie bzw. im Biologieunterricht für einen Begriff mehrere Bezeichnungen (Namen und/oder Symbole) benutzt, z. B.

- für den Begriff *Spermium*: Samenzelle, Samenfaden, Samen, Spermienzelle, männliche Geschlechtszelle
- für die *Petalen*: Blumen-, Blüten-, Blumenkron-, Blüten- und Kronblatt

Bisher gibt es leider keine einheitliche Namensgebung für zentrale Begriffe der Naturwissenschaften, insbesondere in der Biologie. Mit Blick auf die didaktische Reduktion (▶ Abschn. 5.4) werden daher häufig eher umgangssprachlich Namen gewählt, die wenig anschlussfähig sind und daher nur ein bis wenige Male im Biologieunterricht verwendet werden. Im Unterricht stellt sich für die Lehrkraft immer die Frage, ob ein Fachterminus oder ein deutscher bzw. Alltagsname für einen Begriff gewählt werden soll. Diese Gestaltung obliegt der Lehrkraft, hier sind Absprachen innerhalb der Fachgruppe sehr wichtig, um die Anschlussfähigkeit zu gewährleisten und den Schülerinnen und Schülern eine vertikale Vernetzung der Konzepte zu ermöglichen (▶ Abschn. 3.6).

Da es keine verbindlichen Richtlinien gibt, kann auf folgende Orientierungshilfen zurückgegriffen werden (Berck 2005):

- Fachtermini sollten verwendet werden, falls sie allgemein bekannt sind, z. B. Gen, Mutation, Biotop, Antibiotikum (Hinweise z. B. aus Lokalpresse); die analoge Entscheidung gilt für umgangssprachliche Termini, z. B. Zellkern.
- Deutsche Bezeichnungen, die Fehlvorstellungen hervorrufen können, sollten unbedingt vermieden werden (z. B. Samen für Spermium, Schmarotzer für Parasit).
- Für eine Einführung von Fachtermini bereits in den unteren Jahrgangsstufen spricht, dass der Fachterminus fortlaufend verwendet werden kann und sollte, damit kein Umlernen von einem alltagsprachlichen auf einen Fachterminus erforderlich ist.
- Bisher stehen wissenschaftliche Untersuchungen noch aus, inwieweit der Begriff in Abhängigkeit von seinem Namen gelernt wird. Ein neuer, bisher unbekannter Terminus könnte den Vorteil haben, dass er im Gegensatz zu einer deutschen Bezeichnung als Vokabel ohne assoziative (und zum Teil fehlerhafte) Konnotationen gelernt werden kann.

9.3.3.1 Untersuchungen zur Verwendung von Fachtermini in der Schulpraxis

In Deutschland wurden einige Untersuchungen zum Begriffslernen durchgeführt (Graf 1989; Binger und Berck 1993):

- In 26 Schulbüchern für die Primarstufe wurden 1304 verschiedene biologische Begriffe (ohne Artnamen) gefunden. Nur 1 % dieser Begriffe kommt in allen diesen Büchern vor, entsprechend besteht kein Konsens über die Begriffe, die gelernt werden sollen. Die Spannweite der Anzahl der Fachbegriffe variierte zwischen 206 und 1015 Begriffen pro Biologieschulbuch.

— Für die Sekundarstufe I wurden 15 Schulbücher untersucht. Hier fanden die Autoren 1595 verschiedene biologische Begriffe im Minimum, 3818 maximal. Die Häufigkeit der gemeinsamen Fachbegriffe wurde nach Jahrgangsstufen differenziert:
  — Jahrgangsstufe fünf und sechs: 5 % der biologischen Begriffe kamen in allen Büchern (N = 8) vor.
  — Jahrgangsstufe sieben bis zehn: 4 % der biologischen Begriffe kamen in allen Büchern (N = 7) vor.
— Eine konsistente Verwendung der Begriffe über die Jahrgangsstufen konnten die Autoren nicht feststellen. Ca. 50 % der eingeführten Begriffe werden in der Sekundarstufe I nur einmal verwendet.

9.3.3.2 Textliche Repräsentationen im Chemieunterricht

Auch im Chemieunterricht werden textliche Repräsentationen und Fachbegriffe verwendet. Analog zur Begriffsbildung in der Biologie beschreiben Fachtermini ein dahinterstehendes chemisches Konzept in Kürze. Darüber hinaus gibt es spezifische Fachbegriffe und -namen für chemische Arbeitsprozesse und -methoden.

Häufig geht man in der Chemie mit Begriffspaaren um:
— korrespondierende Bezeichnungen (z. B. Säure-Base-Paar)
— gegensätzliche Bezeichnungen, z. B. sauer/basisch, oxidierend/reduzierend, exotherm/endotherm, polar/unpolar
— einander ausschließende Termini wie ionisch, radikalisch etc.
— Bezeichnungen für komplementäre Konzepte, z. B. Welle/Teilchen

Als weitere textliche Repräsentationen kommen Benennungen und Namen hinzu:
— Trivialnamen nach Ort der Entdeckung oder dem Entdecker
— IUPAC-Nomenklatur

9.3.4 Begriffsökonomie im naturwissenschaftlichen Unterricht

Die sachgerechte Auswahl von Grundbegriffen ist mit Blick auf die Gesamtzahl der Begriffe und die limitierte Kapazität des Arbeitsgedächtnisses zwingend erforderlich. Ein möglicher Ansatz kann sein, die in Schulbüchern am häufigsten verwendeten Begriffe auszuwählen und die Liste sachlogisch zu ergänzen. Die Lehrkraft sollte sich bei der Auswahl immer die Frage stellen, ob der Begriff für die sachliche Darstellung des Themas, das Verständnis und/oder zum Weiterlernen erforderlich ist. Dies sind wichtige Aspekte der didaktischen Rekonstruktion, insbesondere der fachlichen Klärung (▶ Kap. 5 und 11). Dabei sollten die wesentlichen Merkmale eines Begriffs, vor allem die kritischen Attribute erarbeitet werden (Berck 2005).

Hilfreich für die Unterrichtsvorbereitung ist die Anfertigung eines Begriffsnetzes (Concept Mapping; ▶ Kap. 6). Mit den gewählten Begriffen kann die Abfolge der Begriffe im Unterricht grob festgelegt und Begriffsnamen ausgesucht werden. Maximal zwei neue Begriffe sollten pro Unterrichtsstunde in den unteren Jahrgangsstufen 5–7 eingeführt werden. Diese neuen Begriffe können gemeinsam mit den Schülerinnen und Schülern in ein Begriffsnetz eingefügt werden. Darüber hinaus sollten die Begriffe häufig wiederholt werden, um eine Verankerung im Langzeitgedächtnis zu erreichen.

Beispielaufgabe 9.2

Fachbegriffe in Schulbuchtexten

Gegeben ist der folgende Text aus einem aktuellen Schulbuch für den naturwissenschaftlichen Unterricht (Jungbauer 2010; ◼ Abb. 9.2).

Wasser begegnet uns in drei Aggregatzuständen

» Heißes Wasser tropft auf einen Eisblock und höhlt ihn aus. Wasser fließt heraus und Wasserdampf steigt auf. Den kannst du nicht sehen, denn Wasserdampf ist unsichtbar. Du siehst nur den feinen Nebel, der daraus entsteht. Hier zeigt sich Wasser in drei verschiedenen Zustandsformen: fest, flüssig und gasförmig. Diese drei Zustandsformen sind die Aggregatzustände des Wassers. Ob ein Stoff fest, flüssig oder gasförmig ist, hängt von der Temperatur ab, die er gerade hat. Du weißt, dass Wasser bei Temperaturen unter 0 °C festes Eis bildet. Beim Erwärmen schmilzt es bei 0 °C. Es wird flüssig. 0 °C ist die Schmelztemperatur von Wasser. Bei dieser Temperatur geht Wasser vom festen in den flüssigen Aggregatzustand über. Beim weiteren Erwärmen siedet das Wasser bei 100 °C und verdampft. 100 °C ist die Siedetemperatur von Wasser. Bei dieser Temperatur geht es vom flüssigen in den gasförmigen Aggregatzustand über. Wenn du einen Eiswürfel in einem kleinen Becherglas erhitzt, kannst du diese drei Aggregatzustände zur gleichen Zeit beobachten. Es kommt vor, dass ein Teil des Wassers bereits

◼ **Abb. 9.2** Exemplarischer Schulbuchtext

siedet, während noch ein festes Eis im Wasser schwimmt. Es dauert nämlich einige Zeit, bis ein dicker Eiswürfel vollständig geschmolzen ist. (190 Wörter)

Aufgabe

Ordnen Sie das Thema einer Jahrgangsstufe und einem Unterrichtsfach Ihrer Schulform zu und schätzen Sie die Anzahl fachlich klärungsbedürftiger Begriffe. Markieren Sie verzichtbare Begriffe.

Lösungsvorschlag

In Bayern wird das Thema *Aggregatzustände von Wasser* im Natur- und Technik-Unterricht in der fünften Jahrgangsstufe im achtjährigen Gymnasium unterrichtet.

Anzahl klärungsbedürftiger Fachbegriffe zum Thema *Aggregatzustände von Wasser*					
Nr.	**Begriff**	**N**	**Nr.**	**Begriff**	**N**
1	°C	5	13	Schmelzen	2
2	Aggregatzustand	4	14	Nebel	1
3	Becherglas	1	15	Schmelztemperatur	1
4	Beobachten	1	16	Schwimmen	1
5	Eis	2	17	Sieden	2
6	Eisblock***	1	18	Siedetemperatur	1
7	Eiswürfel***	2	19	Stoff	1
8	Erhitzen	1	20	Temperatur	4
9	Erwärmen***	2	21	Verdampfen	1
10	Fest	4	22	Wasser	11
11	Flüssig	5	23	Wasserdampf	2
12	Gasförmig	3	24	Zustandsformen	2

*** Umgangssprachliche Begriffe, die verzichtbar sind, weil schon synonyme Fachbegriffe in dem Text verwendet werden.

Von den 190 Wörtern des Textes sind 24 (= 12,6 %) fachlich klärungsbedürftig. Dazu gehören auch solche, die die Schülerinnen und Schüler aus ihrer Alltagssprache bereits kennen: beobachten, erhitzen, fest, flüssig etc. Diese Begriffe müssen in den naturwissenschaftlichen Zusammenhang gestellt werden. Beobachten sollte z. B. als naturwissenschaftliche Arbeitsweise von einer wenig bewussten Wahrnehmung und der alltäglichen Wortbedeutung unterschieden werden. Fest/flüssig sollten im chemischen Kontext als Adjektive für die Beschreibung von Zustandsformen näher erläutert und mit dem alltäglichen Gebrauch dieser Begriffe verglichen werden. Die 24 klärungsbedürftigen Begriffe kommen insgesamt 60-mal in dem Text vor. Damit besteht knapp ein Drittel des Textes aus (sich wiederholenden) Wörtern, die für die Schülerinnen und Schüler mit einer naturwissenschaftlichen Bedeutung versehen werden.

9.4 Symbolische Repräsentationen im naturwissenschaftlichen Unterricht

Zwischen dem Gebrauch von Symbolen im Biologie- und Chemieunterricht gibt es eine gewisse Korrespondenz. Auch im biologischen Kontext werden häufig Symbol- und Formelschreibweisen verwendet, die im Anfangsunterricht der anorganischen und organischen Chemie in der Sekundarstufe I eingeführt werden. Nachfolgend wird daher die Verwendung von Symbolen am Beispiel des Unterrichtsfaches Chemie erläutert.

9.4.1 Symbole in der Chemie

◪ Tabelle 9.2 zeigt die vielfältigen Verwendungen von Symbolen im Chemieunterricht.

▪ Einordnung der wichtigsten Formeltypen

Die ◪ Abb. 9.3 zeigt wichtige Formeltypen für den naturwissenschaftlichen Unterricht der Sekundarstufen. Dargestellt sind unter anderem Summenformeln, Ionenformeln und verschiedene Strukturformeln.

▪ Reaktionsgleichungen und Reaktionsschemata

Reaktionsgleichungen und Reaktionsschemata werden auf der Basis der Stöchiometrie generiert. Dabei werden alle umgesetzten und entstehenden Stoffe berücksichtigt. Einzuhalten ist die Stoff- und die Ladungsbilanz. Erst in höheren Jahrgangsstufen sind auch Angaben zur Energiebilanz des Reaktionssystems obligatorisch. Um diesen Aspekten einer Reaktionsgleichung symbolischen Ausdruck zu verleihen, werden nach den Konventionen bestimmte Zeichen ausgewählt, z. B. Reaktionspfeile.

9.4.2 Wechsel zwischen textlichen und symbolischen Repräsentationen

Dem Repräsentationswechsel zwischen chemischen Symbolen und Formeln sowie der textlichen Beschreibung kommen im Unterricht eine besondere Bedeutung zu (▶ Abschn. 9.1). Die Lehrkraft sollte es unbedingt vermeiden, Symbole als Wort im Unterrichtsgespräch zu verwenden.

◪ **Tab. 9.2** Verwendung von symbolischen Darstellungen im Chemieunterricht

Abkürzungen: z. B. PSE, DNA	Phasensymbole
Elemente: z. B. H, He, N, Mg	Physikalische Größen und Maßeinheiten
Chemische Verbindungen, z. B. – Summenformeln – Konstitutionsformeln – Valenzstrichformeln – Raum- und Elektronenformeln	Kennzeichnung der elektronischen Wertigkeit – Ladung (+, –) – Wertigkeit – Oxidationszahlen, Hybridisierung – Mesomere Grenzstrukturen
Reaktionsgleichungen	

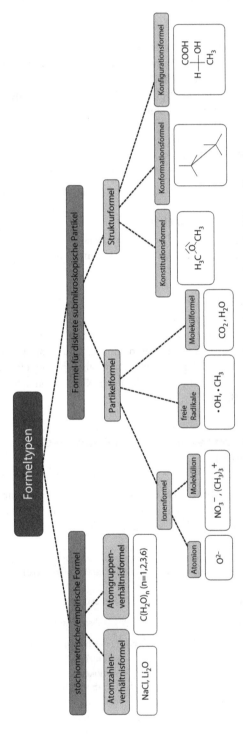

■ **Abb. 9.3**   Wichtige Formeltypen für den naturwissenschaftlichen Unterricht der Sekundarstufen (verändert nach Pfeifer 2002)

Stattdessen sind die passenden Fachtermini bzw. Benennungen oder Namen zu verwenden (z. B. sprich: Methan statt CH_4). Je nachdem, welche symbolische Schreibweise verwendet wird, erhält man noch zusätzliche Informationen zu dem bezeichneten Molekül.

Beispielaufgabe 9.3

Symbolische Repräsentationen der Ethansäure

Zeichnen Sie die Summenformel und unterschiedliche Strukturformeln der Ethansäure. Erläutern Sie die Funktion der dargestellten Formeln.

Lösungsvorschlag

Strukturformeln	Symbolische Repräsentation	Fachterminus/Name: Ethan und Ethansäure (Essigsäure)
	$C_2H_4O_2$	Summenformel: Abbildung der Stöchiometrie
	$CH_3\text{-}COOH$	*Konstitutionsformel/Halbstrukturformel*
	H··C··C (Lewis-Struktur)	*Elektronenformel* (Lewis-Formel): Angabe der Valenzelektronen
	H–C–C (Valenzstrich)	*Valenzstrichformeln*: Abbildung der Bindungsverhältnisse/Valenzlehre
	(Skelettformel)	*Skelettformel*: knappe Darstellung der Molekülstruktur. In der organischen Chemie gebräuchlich, Kohlenstoff- und Wasserstoffatome werden nicht gekennzeichnet
	(Keilstrichformel)	Raumformeln (hier Keilstrichformel) berücksichtigen als *Konfigurations-/Konformationsformeln* die Stereochemie von Molekülen → fließender Übergang zu bildlichen Repräsentationen. Weitere Formeln dieses Typs sind die Fischer- und Newman-Projektion (z. B. Kohlenhydrate) sowie die Sägebockformel

9.5 (Bewegte) Bilder im naturwissenschaftlichen Unterricht

9.5.1 Lernen mit Text-Bild-Kombinationen

In vielen empirischen Untersuchungen zum Lernen mit Multimedia (▶ Kap. 10) erwiesen sich Standbilder bzw. Animationen in Kombination mit Lehrtexten als förderlich für den Wissenserwerb im Gegensatz zu Text allein (z. B. Mayer 2001). Bei der Bildgestaltung sollte darauf geachtet werden, dass die Darstellungen nicht zu komplex sind, ein mittlerer Abstraktionsgrad ist oftmals hilfreich. Auch sollten farbliche Markierungen zur Aufmerksamkeitslenkung nur sparsam eingesetzt werden. Aus seinen Untersuchungen formulierte Mayer unter anderem (Mayer 2001, Mayer und Fiorella, 2014) Prinzipien zur Text-Bild-Kombination:

■ **Ausgewählte Multimedia-Design-Prinzipien**

Kohärenz   Text und Bild sollten sich aufeinander beziehen und sich folgerichtig ergänzen; kein „interessanter" Detailreichtum (z. B. Mayer und Fiorella 2014).

Kontiguitätsprinzip   Text und Bild sollten in räumlicher und zeitlicher Nähe zueinander präsentiert werden (z. B. Mayer und Fiorella 2014).

Modalitätsprinzip   Zu Grafiken sollte besser gesprochener als geschriebener Text zur Erläuterung hinzugefügt werden (Mayer und Pilegard 2014).

Redundanz vermeiden   Zur Vermeidung von übermäßiger kognitiver Belastung sollte keine Präsentation von gesprochenem und geschriebenem Text gleichzeitig erfolgen (z. B. Kalyuga und Sweller 2014).

9.5.2   Diagramme im naturwissenschaftlichen Unterricht

Diagramme gehören zu den logischen Bildern (Schnotz 2001 ► Abschn. 9.2.2) und werden in den Naturwissenschaften im Rahmen des Experimentierens zur Datenauswertung und zur Ergebnispräsentation eingesetzt (Lachmayer 2008; ► Abschn. 7.5). Auch im naturwissenschaftlichen Unterricht können sie wirksam als Lehr- und Lernmittel zur Anwendung kommen. Diagramme ersetzen oder unterstützen die Textinformation und sollen die Ableitung zusätzlichen Wissens erleichtern sowie das Verständnis fördern, insbesondere dann, wenn sie selbst konstruiert werden. Andere Untersuchungen zeigen aber auch, dass Diagramme keine intuitiv verständlichen Repräsentationen sind (Schnotz 1994). Schülerinnen und Schüler haben Schwierigkeiten, Diagramme zu verstehen und sie selbst zu konstruieren. Auch fällt es ihnen nicht leicht, Bezüge zwischen der Text- und Diagramminformation herzustellen (Ainsworth 2006).

Entsprechend müssen Kompetenzen zum Lesen und zum Erstellen von Diagrammen auch im naturwissenschaftlichen Unterricht speziell unterrichtet und gefördert werden. Die sach- und adressatengerechte Anwendung dieser Repräsentation wird explizit in den Bildungsstandards und Lehrplänen (► Kap. 2 und 3) gefordert. Voraussetzung für die Diagnose und Förderung von Fähigkeiten zum Diagrammgebrauch ist ein Modell über die Kompetenzstrukturen, das die verschiedenen Fähigkeiten und Fertigkeiten beim Lernen mit Diagrammen im Detail beschreibt (Lachmayer et al. 2007). Unterschieden werden nach diesen Autoren drei verschiedene Fähigkeiten: die *Informationsentnahme* aus Diagrammen, ihre *Konstruktion* und die *Integration* von Diagramm- und Textinformation.

Bei der Informationsentnahme kann zusätzlich zwischen *Identifizierung* und dem *Ablesen* unterschieden werden. Zur Identifizierung gehören alle Aspekte, die eine Aussage über die dargestellte Relation erlauben, ohne dass konkrete Werte aus dem abgelesen werden. Um dies zu ermöglichen, müssen die Variablen den Achsen zugeordnet werden, der Maßstab der Skalen bestimmt, die Skalen beschriftet und gegebenenfalls mehrere Datenreihen mit einer Legende versehen sein. ◘ Abbildung 9.4 illustriert dieses Phänomen: Ohne Identifizierung kann keine Aussage über die dargestellten Variablen und ihre Relation getroffen werden. Ist das Diagramm dagegen vollständig beschriftet, wird die Veränderung einer Dorschpopulation in Abhängigkeit von der Zeit sichtbar. Wird die Skalenreichweite zusätzlich berücksichtigt, kann auch der Beobachtungszeitraum von 15 Jahren konkret benannt werden. Die Kategorie

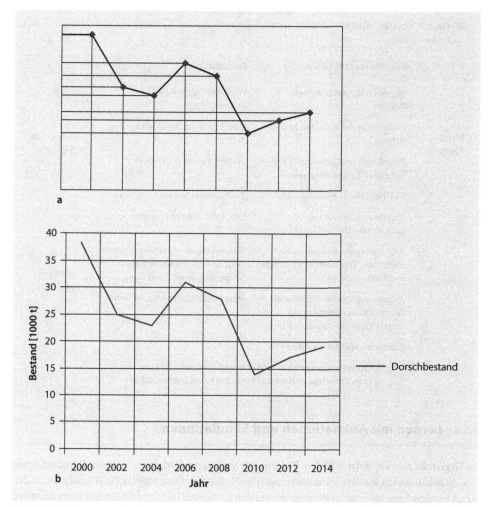

■ **Abb. 9.4**   Diagramme (**a**) ohne und (**b**) mit Identifizierung

Ablesen bezieht sich auf das Ablesen konkreter Werte und/oder Trends aus dem Diagramm oder ihrem Vergleich.

Bei der Konstruktion wird analog zur Informationsannahme vorgegangen. Jedoch muss der Schüler den *Diagrammrahmen* selbst erstellen. Dazu gehören die Wahl des passenden Diagrammtyps, die Zuordnung der Variablen zu den Achsen und ihre Beschriftung sowie das Zeichnen der Skalen und einer Legende. Das Eintragen der Daten bezieht sich sowohl auf Datenpunkte als auch auf die Skizzierung von Verbindungs- und Trendlinien.

Bei der Integration werden Informationen aus Diagrammen und Texten systematisch aufeinander bezogen. Schülerinnen und Schüler müssen in Abhängigkeit von der Aufgabenstellung entweder eine Textantwort auf der Basis dieser beiden Informationsquellen geben oder Diagrammelemente in das vorgegebene Diagramm bzw. in ein zusätzliches Diagramm zeichnen. ■ Tabelle 9.3 zeigt eine zusammenfassende Darstellung der beschriebenen Komponenten der Diagrammkompetenz.

◘ **Tab. 9.3** Kompetenzstrukturmodell zum Umgang mit Diagrammen (Lachmayer et al. 2007; Lachmayer 2008)

	Informationsentnahme	Konstruktion	
Identi-fizierung	Erkennen der dargestellten Relation	Wahl eines geeigneten Diagrammtyps	**Aufbau des Rahmens**
	Zuordnung der Variablen zu den Achsen	Zuordnung der Variablen zu den Achsen	
	Zuordnung der Daten zu den Symbolen (Legende erfassen)	Zeichnen einer Legende	
	Beachten der Skalenreichweite	Zeichnen der Skalen	
Ablesen	1. Ordnung: Ablesen eines Funktionswerts	Eintragen von Punktwerten	**Eintragen der Daten**
	2. Ordnung: Vergleich zweier Werte oder Erkennen eines Trends (qualitativ/quantitativ)	Skizzierung einer Verbindungslinie zwischen Punkten oder freie Skizzierung einer Trendlinie	
	3. Ordnung: Vergleich mehrerer Werte oder Vergleichen von Trends (qualitativ/quantitativ)	Freie Skizzierung mehrerer Trends	
	Extrapolieren/Vorhersagen		
Informationsentnahme- und konstruktionsnahe Integration (von Kotzebue und Nerdel 2015; Beck und Nerdel 2015)			

9.5.3 Lernen mit Animationen und Simulationen

Im Gegensatz zum Lernen mit Texten, Bildern und Symbolen erfordert das Lernen mit Animationen und Simulationen besondere Voraussetzungen im Hinblick auf ihre technische Wiedergabe. In der Regel werden diese beiden Darstellungen über den Computer oder mobile Endgeräte präsentiert und genutzt. Dieser technische Aspekt von Medien zur Darstellung von Repräsentation wird im ▶ Abschn. 10.6 ausführlich behandelt.

9.5.3.1 Animationen
Im Gegensatz zu Bildern, die als Standbilder in Büchern oder auf Overheadfolien präsentiert werden, können Bewegungsabläufe mithilfe von Animationen schematisch dargestellt werden. Animationen werden definiert als

> ┌─ **Animation** ─────────────────────────────────────
> │
> │ **»** [...] a constructed pictorial display that changes its structure or other properties over
> │   time and so triggers the perception of a continuous change. Animation is distinct from
> │   video in that it is not the result of merely capturing images of the external world –
> │   rather, it is the product of deliberate construction processes such as drawing.
> │   Lowe und Schnotz (2014)

Animationen können geeignet sein, das Verständnis von dynamischen Systemen in den Naturwissenschaften zu fördern (Lewalter 1997). Darüber hinaus können Animationen aber auch Informationen zu relevanten statischen Strukturen entnommen werden. Umgekehrt können sich statische Bilder ebenso positiv auf den Wissenserwerb über Strukturen und Prozesse auswirken. Eine generelle Überlegenheit von Animationen gegenüber statischen Bildern gibt es daher nicht; vielmehr ist die Wirksamkeit animierter Lernumgebungen abhängig von unterschiedlichen Faktoren, z. B. dem individuellen Vorwissen der Lerner oder den angestrebten Lernergebnissen.

Weitere Informationen finden Sie unter:

http://goo.gl/rpltAa

Im Internet können Sie viele geeignete Beispiele für die Verwendung im Biologie- oder Chemieunterricht finden, z. B. ATP-Synthase – Synthese von Energieäquivalenten. Apps für das mobile Lernen mit Tablets oder iPads bieten darüber hinaus auch die Möglichkeit, mit einfachen Mitteln selbst Animationen für den Unterricht zu erstellen (z. B. http://www.doink.com).

Animierte Struktur und Funktion der ATP-Synthase ist abrufbar unter:

http://goo.gl/dAPxDR

http://goo.gl/g3BTSm

9.5.3.2 Simulationen

Simulationen sind Modelle (▶ Kap. 7 und 10) eines realen Systems oder Phänomens. Sie sind interaktiv gestaltet und ermöglichen Schülerinnen und Schülern ein exploratives Lernen durch die Manipulation der gegebenen Systemparameter (◘ Abb. 9.5). Dadurch, dass die Lernenden ihren Lernweg mithilfe einer Simulation selbst bestimmen können, sollten Simulationen besonders geeignet sein, das Verständnis von kausalen Zusammenhängen zu fördern (de Jong und van Joolingen 1998). Simulationen ermöglichen die Darstellung natürlicher Systeme, die sehr lange oder sehr kurze Zeitspannen zu ihrer Entwicklung benötigen und aufgrund dessen für den Unterricht nicht praktikabel oder beobachtbar sind (z. B. Populationswachstum, Klima, Astrophysik). Sie ermöglichen ferner die Planung und Durchführung gefährlicher oder in der Schule nicht durchführbarer Experimente in virtuellen Laboren (z. B. zur Gentechnik).

Das Klonlabor, abrufbar unter

http://goo.gl/vCGW1X

Simulationen haben aufgrund ihrer Komplexität bei der Parameterauswahl und bei der Bedienung den Nachteil, dass die Schülerinnen und Schüler allein dafür Gedächtniskapazität aufbringen müssen, die dann nicht für das Verstehen der dargestellten Lerninhalte zur Verfügung steht. Dadurch können Simulationen zu einer kognitiven Überlastung

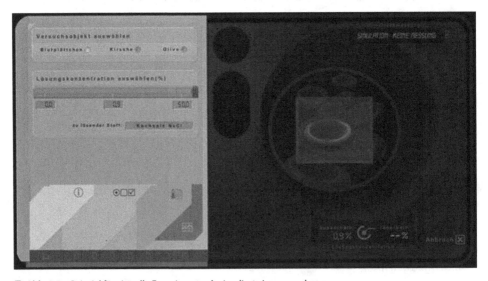

◘ **Abb. 9.5**   Beispiel für virtuelle Experimente als simulierte Lernumgebung

Beispiel für virtuelle Experimente als simulierte Lernumgebung

http://goo.gl/p5ORT

der Lernenden führen (Plass et al. 2010). Gezielte Hilfestellungen können die Gefahr der kognitiven Überlastung beim Lernen mit Simulationen mindern. Solche Hilfen können einfache Leitfäden für die Bedienung, inhaltliche Hinweise oder Fragestellungen für die durchzuführenden Untersuchungen sein (Leutner 1993).

9.6 Übungsaufgaben zum Kap. 9

 1. Die Förderung des Umgangs mit naturwissenschaftlicher Fachsprache wird explizit in den Bildungsstandards gefordert. Als ein Aspekt der Fachsprache wird der Wechsel zwischen unterschiedlichen Repräsentationen als sehr wichtig erachtet.
   a. Erläutern Sie, warum es notwendig ist, Repräsentationswechsel im naturwissen-schaftlichen Unterricht zu behandeln und welche Möglichkeiten der fächerüber-greifenden Zusammenarbeit sich anbieten (► Kap. 8).
   b. Beschreiben Sie je zwei mögliche Kategorien, in denen Sie die Repräsentationen Text, Symbol und Bild variieren können und geben Sie für diese sechs resultierenden Repräsentationen je ein Beispiel für das Thema *Redox-Reaktionen* oder *Grundlagen der Vererbung*.
   c. Konstruieren Sie eine Übungsaufgabe für Schülerinnen und Schüler, die eine Übersetzung von textlicher zu einer symbolischen Repräsentation beinhaltet und inhaltlich zu 1 b. Bezug nimmt.

2. Folgender Informationstext ist einem Chemiebuch für die Sekundarstufe II entnommen:
   Mehrprotonige Säuren und Basen können stufenweise titriert werden, wenn sich die pKS- und pKB-Werte der einzelnen Stufen um etwa 4 Einheiten unterscheiden. Für die Protolyse der Kohlensäure ist dies der Fall: pKS1 = 6,52 und pKS2 = 10,4. Titriert man eine Natriumcar-bonat-Lösung mit Salzsäure, so sind am ersten Äquivalenzpunkt die Carbonat-Ionen in Hydrogencarbonat-Ionen überführt worden. Wegen der Protolyse der Hydrogencarbonat-Ionen reagiert die Lösung dann alkalisch (pH 8). Der Äquivalenzpunkt lässt sich mit Phenolphthalein erkennen. Titriert man bis zur zweiten Stufe, so entsteht eine Lösung von Kohlenstoffdioxid. Die Konzentration einer gesättigten Lösung von Kohlenstoffdioxid in Wasser ist etwa 0,04 mol/l und hat einen pH-Wert von 3,9. Der zweite Äquivalenzpunkt kann daher mit Methylorange erfasst werden (Dehnert et al. 1988).

Formulieren Sie die Teilreaktion einer Titration von Natriumcarbonat-Lösung mit Salzsäure, skizzieren Sie eine Titrationskurve mit den Äquivalenzpunkten und erläutern Sie die vorgenommenen Repräsentationswechsel.

3. Planen Sie eine Unterrichtsstunde, in der Sie den Umgang mit Diagrammen und Tabellen im Biologieunterricht fördern möchten. Erläutern Sie die Schwierigkeiten, die Schülerinnen und Schüler beim Lesen und Konstruieren von Diagrammen haben. Formulieren Sie geeignete Hilfen, um Ihre Lernenden bei der Diagrammarbeit zu unterstützen.

4. Sprache im naturwissenschaftlichen Unterricht lässt sich in *Wissenschaftssprache*, *Unterrichtssprache* und *Alltagssprache* einteilen, die sich im Grad der Exaktheit bzw. Anschaulichkeit unterscheiden. Erläutern Sie diese Unterschiede detailliert und verwenden Sie jeweils ein aussagekräftiges Beispiel.

5. Die Auswahl und konsistente Verwendung von anschlussfähigen Fachbegriffen ist ein Merkmal der fachspezifischen Unterrichtsqualität.
   a. Entwickeln Sie ein ausführliches Begriffsglossar zum Thema *Blutkreislauf* oder *Atombindung* (mindestens 15 Begriffe). Achten Sie dabei auf mögliche Synonyme und erläutern Sie Ihren Umgang damit. Klären Sie, welche der Begriffe Sie in der Sekundarstufe I im Unterricht verwenden und diskutieren Sie ihre Anschlussfähigkeit mit Blick auf die Sekundarstufe II.
   b. Erstellen Sie ein fachlich fundiertes Begriffsnetz (*Concept Map*), das die Zusammenhänge Ihrer Begriffe aus 6 a. darstellt. Beachten Sie, dass jeder Begriff mehrfach verbunden sein sollte!

6. Mayer und Fiorella (2014) beschreiben unterschiedliche Prinzipien der Text-Bild-Kombination (▶ Abschn. 9.5.1), die bei gemeinsamer Verwendung von Texten und Bildern zum Tragen kommen und insbesondere für die Bewertung und Gestaltung von Lehr-Lernmaterial von Bedeutung sind.
   a. Identifizieren Sie in einem Schulbuch Ihrer Wahl Beispiele für die gelungene Umsetzung bzw. die Missachtung des Kontiguitätsprinzips und der Vermeidung von Redundanz.
   b. Achten Sie bei einer Animation Ihrer Wahl (z. B. bei „Lehrer online" oder YouTube) auf die Einhaltung des Modalitätsprinzips.

7. Erläutern Sie den Unterschied zwischen Animationen und Simulationen an einem selbst gewählten biologischen oder chemischen Unterrichtsgegenstand.

8. Das Experiment *Gasentwicklung von Brausetabletten* (Stäudel 2004, S. 92f.) stellt einen Vorschlag dar, wie Sie im Kontext der Erkenntnisgewinnung kommunikative Kompetenzen, insbesondere das Diskutieren von Versuchsergebnissen und Argumentieren, schulen können.Erarbeiten Sie an diesem konkreten Beispiel:
   a. *Fachliche Konzepte*: Lesen Sie die Beschreibung des Experiments sorgfältig durch und machen Sie sich mit den beschriebenen Versuchsergebnissen vertraut. Unternehmen Sie eine thematische Einordnung des Experiments, indem Sie fachliche Konzepte zur Erklärung des beobachteten Phänomens heranziehen.
   b. *Fachsprache und kommunikative Kompetenzen*: Formulieren Sie eine Deutung unter Berücksichtigung der chemischen Symbolsprache (fachlich korrekte und schülergerechte Reaktionsgleichungen in unterschiedlichen Varianten). Welche Begriffe der Fach-, Alltags- und Unterrichtssprache haben Sie zu Ihrer Deutung herangezogen? Erstellen Sie eine Tabelle.
   c. *Alternative Repräsentationen*: Können Sie weitere Repräsentationen zur Erläuterung des Phänomens heranziehen? Für welche Zielgruppen/Jahrgangsstufen eignen sich die von Ihnen gewählten Darstellungen?

Ergänzungsmaterial Online:

https://goo.gl/4PXlkj

Literatur

Ainsworth SE (2006) DeFT: a conceptual framework for considering learning with multiple representations. Learn Instr 16(3):183–198

Anderson JR (1996) Kognitive Psychologie, 2. Aufl. Spektrum Akademischer Verlag, Heidelberg

Beck, C. & Nerdel, C. (2015). Integration multipler externer Repräsentationen: Kompetenzmodellierung und der Einfluss von Aufgabenmerkmalen auf die Schwierigkeit. In Gebhard U, Hammann, M, Knälmann B: Abstractband Bildung durch Biologieunterricht. Universität Hamburg. S 117–118 http://www.biodidaktik.de/upload/downloads/1443164473.pdf, Zugegriffen: 19.12.2016

Berck K-H (2005) Biologiedidaktik – Grundlagen und Methoden, 3. Aufl. Quelle und Meyer Verlag, Wiesbaden

Binger D, Berck K-H (1993) Begriffsverwendung in Filmen für den Biologieunterricht. Analyse ausgewählter Beispiele. *MNU* 46:489–491

de Jong T, van Joolingen WR (1998) Scientific discovery learning with computer simulation of conceptual domains. Rev Educ Res 68(2):179–202

Dehnert K, Jäckel M, Oehr H et al (1988) Allgemeine Chemie, 9. Aufl. Schroedel, Hannover

Graf D (1989) Begriffslernen im Biologieunterricht der Sekundarstufe I. Dissertation. Gießen: Universitätsbibliothek

Hoffmann J (1986) Die Welt der Begriffe. VEB Deutscher Verlag der Wissenschaften, Berlin

Jungbauer W (Hrsg) (2010) Netzwerk Naturwissenschaftliches Arbeiten 5, Bayern. Westermann, Zwickau

Kalyuga S, Sweller J (2014) The redundancy principle in multimedia learning. In: Mayer RE (Hrsg) The Cambridge handbook of multimedia learning, 2. Aufl. Cambridge University Press, Cambridge, S 247–262

KMK (1989 i.d.F. 2004) Einheitliche Prüfungsanforderungen in der Abiturprüfung Biologie. http://www.kmk.org/fileadmin/Dateien/veroeffentlichungen_beschluesse/1989/1989_12_01-EPA-Biologie.pdf Zugegriffen: 19.12.2016

KMK (2005a) Bildungsstandards im Fach Biologie für den Mittleren Schulabschluss. Luchterhand (Wolters Kluwer Deutschland GmbH), München, Neuwied. https://www.kmk.org/themen/qualitaetssicherung-in-schulen/bildungsstandards.html#c2604 Zugegriffen: 19.12.2016

KMK (2005b) Bildungsstandards im Fach Chemie für den Mittleren Schulabschluss. Luchterhand (Wolters Kluwer Deutschland GmbH), München, Neuwied. https://www.kmk.org/themen/qualitaetssicherung-in-schulen/bildungsstandards.html#c2604 Zugegriffen: 19.12.2016

Kozma R, Russell J (1997) Multimedia and unterstanding: expert and novice responses to different representations of chemical phenomena. J Res Sci Teach 34(9):949–968

Kozma R, Russell J (2005) Students becoming chemists: developing representational competence. In Gilber JK (Hrsg) Visualizations in science education. Springer, Dordrecht, S 121–146

Lachmayer S (2008) Entwicklung und Überprüfung eines Strukturmodells der Diagrammkompetenz für den Biologieunterricht. Elektronische Dissertation. Universitätsbibliothek, Kiel. http://eldiss.uni-kiel.de/macau/receive/dissertation_diss_00003041 Zugegriffen: 19.12.2016

Lachmayer S, Nerdel C, Prechtl H (2007) Modellierung kognitiver Fähigkeiten beim Umgang mit Diagrammen im naturwissenschaftlichen Unterricht. Zeitschrift für Didaktik der Naturwissenschaften 13:145–160

Lemke JL (1998) Teaching all the languages of science: words, symbols, images and actions. Paper presented at the International Conference on Ideas for a Scientific Culture Barcelona, Spain. http://academic.brooklyn.cuny.edu/education/jlemke/papers/barcelon.htm Zugegriffen: 19.12.2016

Leutner D (1993) Guided discovery learning with computer-based simulation games: effects of adaptive and non-adaptive instructional support. Learn Instr 3:113–132

Lewalter D (1997) Lernen mit Bildern und Animationen. Waxmann, Münster

Lowe, RK, Schnotz, W (2014). Animation Principles in Multimedia Learning. In: Mayer RE (Hrsg) The Cambridge handbook of multimedia learning, 2. Aufl. Cambridge University Press, Cambridge S. 513–546

Mayer RE (2001) Multimedia learning. University Press, Cambridge

Mayer RE, Fiorella L (2014) Principles for reducing extraneous processing in multimedia learning: coherence, signaling, redundancy, spatial contiguity, and temporal contiguity principles. In: Mayer RE (Hrsg) The Cambridge handbook of multimedia learning, 2. Aufl. Cambridge University Press, Cambridge, S 279–315

Mayer RE, Pilegard C (2014) Principles for managing essential processing in multimedia learning: segmenting, pre-training, and modality principles. In: Mayer RE (Hrsg) The Cambridge handbook of multimedia learning, 2. Aufl. Cambridge University Press, Cambridge, S 316–344

Naumann J, Artelt C, Schneider W et al (2010) Lesekompetenz von PISA 2000 bis PISA 2009. In: Klieme E, Artelt C, Hartig J, Jude N, Köller O, Prenzel M, Scheider W, Stanat P (Hrsg) PISA 2009 – Bilanz nach einem Jahrzehnt. Waxmann, Münster, S 23–71

Nitz S (2012) Fachsprache im Biologieunterricht: Eine Untersuchung zu Bedingungsfaktoren und Auswirkungen. Elektronische Dissertation. Universitätsbibliothek, Kiel. http://eldiss.uni-kiel.de/macau/receive/dissertation_diss_00008550 Zugegriffen: 19.12.2016

Pfeifer P (2002) Konkrete Fachdidaktik Chemie. 3. Aufl. Oldenbourg Schulbuchverlag, Munchen, Kap. 4

Plass JL, Moreno R, Brünken R (Hrsg) (2010) Cognitive load theory. Cambridge University Press, Cambridge

Rincke K (2010) Alltagssprache, Fachsprache und ihre besonderen Bedeutungen für das Lernen. Zeitschrift für Didaktik der Naturwissenschaften 16:235–260

Schnotz W (1994) Wissenserwerb mit logischen Bildern. In: Weidenmann B (Hrsg) Wissenserwerb mit Bildern. Instruktionale Bilder in Printmedien, Film, Video und Computerprogrammen. Verlag Hans-Huber, Bern, S 95–147

Schnotz W (2001) Wissenserwerb mit Multimedia. Unterrichtswissenschaft 29:292–318

Schnotz W (2002) Wissenserwerb mit Texten, Bildern und Diagrammen. In: Issing LJ, Klimsa P (Hrsg) Information und Lernen mit Multimedia und Internet. Lehrbuch für Studium und Praxis. Beltz PVU, Weinheim, S 65–81

Schnotz W, Bannert M (2003) Construction and interference in learning from multiple representation. Learn Instr 13(2):141–156

Stäudel L (2004) Gasentwicklung von Brausetabletten. In: Duit R, Gropengießer H, Stäudel L (Hrsg) Naturwissenschaftliches Arbeiten, Unterricht und Material 5–10. Friedrich Verlag, Seelze, S 90–96

Stäudel L (2008) Mit Informationen umgehen – Übersetzung zwischen verschiedenen Darstellungsformen. Unterricht Chemie 106/107:40–51

von Kotzebue, L. & Nerdel, C. (2015). Modellierung und Analyse des Professionswissens zur Diagrammkompetenz bei angehenden Biologielehrkräften. Zeitschrift für Erziehungswissenschaften. 18(4):687–712.

Medien im naturwissen-schaftlichen Unterricht

© Springer-Verlag GmbH Deutschland 2017
C. Nerdel, *Grundlagen der Naturwissenschaftsdidaktik*,
DOI 10.1007/978-3-662-53158-7_10

10.1   Zum Begriff Medium und Multimedia

> **Medien**
>
> Medien sind Mittel zur Darstellung oder Verbreitung von Informationen. Im Unterricht sind sie Kommunikationsmittel in Lehr-Lern-Prozessen, die vermittelnde Aufgaben übernehmen. Sie unterstützen den Unterricht und sollen Lerneffekte verbessern. Ihr Einsatz muss didaktisch begründet und gerechtfertigt sein (Riedl 2011).

Medien sind nicht Selbstzweck, sondern stets sinnvoll mit Ziel-, Inhalts- und Methodenentscheidungen abzustimmen (▶ Kap. 2–3 und 6–8). In der Mediendidaktik werden auch Personen wie Lehrkräfte und Mitschüler als *personale Medien* in den Medienbegriff einbezogen und gegen *apersonale Medien*, d. h. technische oder nicht-technische Unterrichtsmittel, abgegrenzt. Die apersonalen Medien werden häufig nach der Sinnesmodalität, mit der sie rezipiert werden, unterschieden. Man spricht von *auditiven* oder *visuellen* Medien, *AV-Medien*, wenn Hör- und Sehsinn gleichzeitig angesprochen werden. *Multisensorische* Erfahrungen können durch die Originalbegegnung mit Naturobjekten ermöglicht werden. Bei den sogenannten *Digitalen* oder *Neuen Medien* wird häufig der Fokus auf den technischen Aspekt (Computer, Tablet, Laufwerke, Speichermedien etc.) gelegt.

Unter *Multi-Media* versteht man Informationsangebote, bei denen die Information durch eine Vielfalt von Medien vermittelt wird. Innerhalb dieser Vielfalt von Medien unterscheidet man drei Aspekte (Schnotz 2009).

10.1.1 Definierende Kategorien von Multi-Media

Darstellung/Codierung   Repräsentationen sind der Darstellungsaspekt von Medien; Informationen werden über unterschiedliche Zeichensysteme wie Texte, andere Symbole und/oder Bilder codiert (▶ Kap. 9).

Rezeption/Sinnesmodalität   Die Rezeption von Medien erfolgt mit unterschiedlichen Sinnesmodalitäten (insbesondere Auge-visuell, Ohr-auditiv, Nase-olfaktorisch, Tastsinn-haptisch).

Technische Umsetzung/Medium i.e.S.   Bei der Vermittlung können unterschiedliche technische und nicht-technische Systeme als Informationsträger zum Einsatz kommen, z. B. Computer, digitale Massenspeicher, AV-Geräte, Bücher, Tafel, OHP etc.

Andere Quellen empfehlen, den Begriff *multimedial* auf Angebote anzuwenden, bei denen die Information auf unterschiedliche Speicher- und Präsentationstechnologien verteilt ist und integriert präsentiert wird (Weidenmann 2002) (◘ Tab. 10.1).

10.1.2 Primärerfahrungen im naturwissenschaftlichen Unterricht

Reale wissenschaftliche Geräte, unbelebte Materie wie Gesteine, Salze und Gase sowie lebende Organismen ermöglichen im naturwissenschaftlichen Unterricht eine originale Begegnung mit realen Objekten und Naturobjekten, die sogenannte *Primärerfahrung*. Mit Abbildungen und

◻ Tab. 10.1 Raster zur differenzierten Beschreibung medialer Angebote (nach Weidenmann 2002)

	Mono- ...	Multi- ...
Codierung	Monocodal	Multicodal
	Nur Text	Text mit Bildern
	Nur Bilder	Grafik mit Beschriftung
	Nur Zahlen	
Sinnesmodalität	Monomodal	Multimodal
	Nur visuell (Text, Bilder)	Audiovisuell (Video oder computergestützte Animation mit Ton)
	Nur auditiv (Vortrag, Musik)	
Medium	Monomedial	Multimedial
	Buch	Tablet und Anschauungsmodell
	Tablet oder Computer	Computer und Buch

◻ Tab. 10.2 Vom Konkreten zum Abstrakten: Klassifizierung von Originalen und Medien nach ihrer Stellung zwischen Original und Abbild nach Kattmann (2013)

	Geräte	Anschauungsobjekte	Funktion
Original	Beobachtungs- und Experimentiergeräte	Lebewesen	Erlebnismittel
		Präparate	Erfahrungsmittel
	Messgeräte	Abgüsse	Erkenntnismittel
Abstraktion nimmt zu		Nachbildungen	
	Computer	Modelle	
	Demonstrationsgeräte, (IPad Dokumentenkamera, Beamer)	Schemata, Diagramme	Informationsmittel
		Texte	
		Symbole	
Abbild	Tafel, (interaktives) Whiteboard		

anderen aufbereiteten Darstellungsformen, die eine gefilterte Erfahrung vermitteln, machen Schülerinnen und Schüler dagegen *Sekundärerfahrungen*. Dabei ist der Übergang von den Primärerfahrungen zu den Sekundärerfahrungen fließend. Geräte und Anschauungsobjekte lassen sich vom konkreten Original (z. B. Experimentiergeräte und Lebewesen) zum abstrakten Abbild ordnen (Kattmann 2013) (◻ Tab. 10.2).

10.1.2.1 Lebende Organismen

Lebende Organismen stehen für Lebensnähe und Anschauung. Sie sind komplex, beanspruchen mehrere Sinneskanäle und sollen insbesondere motivierenden Charakter haben (Randler 2013). Tiere fordern darüber hinaus auch emotionale Reaktionen wie Zuwendung oder Abneigung heraus. Die Befundlage zur Lernleistung mit lebenden Organismen im naturwissenschaftlichen Unterricht ist jedoch uneinheitlich.

Organismen bieten viele Möglichkeiten der selbsttätigen Auseinandersetzung und schaffen Bezüge zur Lebenswelt der Schülerinnen und Schüler (z. B. durch eigene Haustiere, Engagement im Naturschutz etc.). Viele Lebewesen können relativ einfach in ihrem (natürlichen) Habitat besucht werden, z. B. auf dem Schulhof oder einer nahen Wiese, im Wald oder am See. Als Exkursion bietet sich auch ein Zoobesuch an. Kurzzeitig können lebende Organismen auch ins Klassenzimmer geholt werden, dabei sind stets die Vorschriften zum Natur-, Arten- und Tierschutz sowie die rechtlichen Bestimmungen der Schule und die Sicherheit der Schülerinnen und Schüler zu beachten.

Eine schulisch initiierte Naturbegegnung kann in städtischen Gebieten ausgleichend wirken. Die Verknüpfung von Kognition und Emotion eignet sich darüber hinaus, Schülerinnen und Schüler zu verantwortungsvollem Handeln und zur Achtung von Lebewesen zu erziehen. Dieses Verantwortungsgefühl kann zusätzlich durch Pflegeaufgaben gestärkt werden. Regelmäßiges Gießen von Pflanzen, Säubern von Aquarien und Käfigen sowie die regelmäßige Versorgung mit Nahrung kann in Klassen und Kursen im wöchentlichen Wechsel organisiert werden.

- **Pflanzen**

Die Arbeitsweisen *Bestimmen und Herbarisieren* sind charakteristisch für die botanische Arbeit. Dabei lernen die Schülerinnen und Schüler Namen, Vorkommen und Lebensweise und erfahren so die Grundlagen von Biodiversität. In der Sekundarstufe I und II können mit Pflanzen einfache bis komplexe Experimente und Beobachtungen (insbesondere Langzeitbeobachtungen) geplant werden, die einen wesentlichen Beitrag zur Erkenntnisgewinnung leisten (▶ Kap. 7). Hierzu gehören:

- vegetative Vermehrung, z. B. mit Stecklingen von Begonie oder Lavendel
- Untersuchung von physiologischen Leistungen, z. B. Fotosyntheseversuche mit Blättern von Perlagonien oder Wasserpest
- Keimungsversuche sowie geschlechtliche bzw. ungeschlechtliche Fortpflanzung mit Kresse, Bohnen oder Erbsen

Pflanzen können am natürlichen Standort während der Vegetationszeit von Schülerinnen und Schülern gesammelt und untersucht werden, dabei muss auf geschützte Arten geachtet werden.

- **Tiere**

Exemplarische Tierhaltungen im Klassenzimmer (Randler 2013)	
Käfig	Kleinsäuger (Meerschweinchen, Goldhamster, Mäuse) ermöglichen vielfältige Beobachtungen: Habitus, Verhalten, Brutpflege etc. Dabei sollte der Käfig nicht direkt im Blickfeld der Klasse positioniert sein, weil der Anblick zu sehr ablenkt
Aquarium	Zur Beobachtung mit Lupe und Mikroskopieren eignen sich Fische, Wasserschnecken, Muscheln, aber auch Pflanzen (Algen) oder Protozoen: Nahrungserwerb, Nahrungsaufnahme, Ablaichen, Formen des Luftholens …
Insektarium	Verschiedene Insektenarten können kurzzeitig gehalten werden, um z. B. die Entwicklungsstadien von der Raupe bis zur Verpuppung zu verfolgen. Auch ist die Artenschutzverordnung zu beachten, Mehlkäfer und Heuschrecken sind problemlos. Gerade beim Umgang mit Insekten können Angst- und Ekelgefühle vermindert werden

- **Präparate und Sammlungen**

Präparate sind für die Beobachtung toter Objekte oder Teile davon geeignet (Meyfahrt 2013). Dies gilt insbesondere für morphologische und anatomische Studien. *Frischpräparate* werden für jeden Arbeitsgang neu hergestellt. *Dauerpräparate* werden in Lehrsammlungen in der Schule vorgehalten. Präparate können bei bestimmten Tieren, die einer Beobachtung schwer zugänglich sind, für den Unterricht besser geeignet sein als die lebenden Objekte, z. B. ein Schädel von Katze oder Hund als Vorlage für anatomische Studien zum Säugetiergebiss.

Präparate in Arbeits- und Lehrsammlungen (Auswahl)	
Botanische Arbeitssammlung	Früchte, Samen, Stammquerschnitte, Borke, Rinde, Fraßstücke, gepresste Blätter, Blüten, getrocknete Flechten/Moose, Bodenproben
Zoologische Arbeitssammlung	Schädel von Säugern/Vögeln, Hörner/Geweihe, Fellstücke, Federn, Gewölle, Vogelnester, Insekten (Larven, adulte Tiere), Fraßspuren häufiger Schädlinge (Borkenkäfer, Holzwurm), Muscheln und Schnecken
Zoologische Lehrsammlung	Stopfpräparate zum Erfassen von Form- und Gestaltmerkmalen
	Flüssigkeits- oder Einschlusspräparate: Lurche, Reptilien, Würmer, Stachelhäuter
	Ganze Skelette als Vertreter der Wirbeltierklassen, sonst auch Skelettteile: Schädel, um Beziehungen zwischen Gebisstyp und Ernährungsweise zu verdeutlichen, Gelenke, Fuß- und Schnabeltypen

In einer *Arbeitssammlung* finden sich preiswerte und leicht zu beschaffende Gegenstände in größerer Stückzahl, ein Großteil an Objekten kann auch von Lehrkräften oder den Schülerinnen und Schülern selbst beschafft werden. Die Präparate einer *Lehrsammlung* dienen dagegen der gemeinsamen Arbeit, ein oder wenige Objekte stehen für die ganze Klasse zur Verfügung.

10.2 Modelle

10.2.1 Modelldefinition und Eigenschaften

Modelle haben als vereinfachte Repräsentanten von realen Objekten oder Systemen (bzw. der komplexen Wirklichkeit) unterschiedliche Aufgaben im naturwissenschaftlichen Unterricht. Sie können als Medium zur Veranschaulichung dienen oder bei der Modellierung für den Erkenntnisprozess eingesetzt werden (▶ Kap. 7).

Modelle entsprechen in wesentlichen Eigenschaften dem Original, unterscheiden sich aber von ihm in den folgenden Aspekten (Halbach 1974):

Abstraktion   In Modellen werden Informationen des realen Objekts (didaktisch) reduziert oder rekonstruiert, wesentliche Eigenschaften hervorgehoben bzw. nebensächliche weggelassen.

Andere Dimensionen   Modelle werden gegenüber dem realen Objekt häufig vergrößert oder verkleinert.

Anderes Material   Modelle bestehen häufig aus Kunststoff, Holz, Metall, Glas etc.

Modelle sind Medien, mit denen man naturwissenschaftliche Phänomene veranschaulichen oder Naturwissenschaften erkunden kann. So gewinnt man neue Erkenntnisse über naturwissenschaftliche Phänomene und erschließt sich somit unbekannte Aspekte der (un-)belebten Welt. Im Erkenntnisprozess haben Modelle drei wesentliche Funktionen:

1. Eine *denkökonomische Funktion*, indem sie eine strukturelle Reduktion von Originalen vornehmen und so das Verständnis erleichtern können.
2. Modelle *fokussieren die Aufmerksamkeit* von Schülerinnen und Schülern durch den Vergleich wesentlicher Aspekte von Naturobjekt und Modell.
3. Zuletzt haben sie eine *Anschauungsfunktion*, indem sie eine Darstellung von Strukturen und Zusammenhängen liefern.

10.2.2 Klassifikation von Modellen

Modelle können nach unterschiedlichen Kriterien systematisiert werden. ◘ Tabelle 10.3 zeigt einen Überblick. Dabei können auch verschiedene Kriterien in Kombination bei einem einzigen Modell vorliegen.

◘ **Tab. 10.3** Einteilung der Modelltypen nach unterschiedlichen Kriterien (verändert nach Upmeier zu Belzen 2013)

Kriterium zur Systematisierung	Modelltyp	
Herstellung	*Virtuelle Modelle*: Hierzu gehören vor allem mathematische Modelle, z. B. zur Prognose von Klimaentwicklung bzw. Populationsdynamik oder die Funktionsweise molekularer Maschinen. Diese Modelle repräsentieren häufig auch im experimentellen Kontext erkundete Sachverhalte (▶ Kap. 7)	*Materielle Modelle* (vgl. Anschauungsmodelle) können in unterschiedlichen Dimensionen hergestellt sein: – zweidimensional (bildlich) – dreidimensional (physisch)
Aspekt der Abbildung (Anschauungsmodelle)	*Strukturmodelle* veranschaulichen morphologische bzw. anatomische Merkmale, z. B. Torso, DNA-Modell	*Funktionsmodelle* zeigen Prozesse und Zusammenhänge und sind dadurch gekennzeichnet, dass sie sich optisch vom Original unterscheiden, z. B. Mörser und Pistill für die Funktion der Backenzähne
Konstruktionsprozess (Konstruktmodelle[1])	*Analogmodelle*: das Original zu einem anderen Gegenstand der Realität in Beziehung gesetzt, letzteres dient als Modell	*Homologmodelle*: Diese bilden häufig in den entsprechenden Proportionen das Originalobjekt ab
Art der Anwendung/Funktion im Erkenntnisprozess	*Lehr-Lernmodelle* werden im Unterricht zur Veranschaulichung als Medium oder im Rahmen der naturwissenschaftlichen Arbeitsweise zur Erkenntnisgewinnung eingesetzt	*Forschungsmodelle* dienen der Erkenntnisgewinnung im Forschungsprozess (können nachfolgend auch Lehr-Lernmodelle werden, z. B. DNA-Modelle)

1   Konstruktmodelle bilden kein Original ab, der Prozess der Modellierung beginnt mit einem Denkmodell. Sie beruhen auf Rekonstruktionen/Konstruktionen.

Beispielaufgabe 10.1

Modelle im naturwissenschaftlichen Unterricht

1. Klassifizieren Sie die gegebenen Modelle in ◨ Abb. 10.1 nach den vorgestellten Modelltypen in ◨ Tab. 10.3.

Lösungsvorschlag 1

Einordnung des Schalen- und Orbitalmodells in mögliche Modelltypen	
Zweidimensionale Anschauungsmodelle, Strukturmodelle	Das Schalenmodell des Heliumatoms und das Orbitalmodell des Kohlenstoffatoms in ◨ Abb. 10.1 stellen beide zweidimensionale Anschauungsmodelle dreidimensionaler Strukturen dar
	Mit dem Schalenmodell werden die diskreten Energieniveaus gezeigt, auf denen sich nach Nils Bohr Elektronen in Kreisbahnen um den Atomkern bewegen können. Für das Heliumatom wird nur die erste Schale für die zwei Außenelektronen abgebildet
	Das Orbitalmodell des Kohlenstoffatoms zeigt dagegen eingerahmt von der zweiten Schale kugelförmige Räume, in denen Elektronen die größte Aufenthaltswahrscheinlichkeit haben, die Orbitale. Durch die gleiche Farbgebung ist das Heliumatom mit der ersten Schale auch im Kohlenstoffatom erkennbar und soll vermutlich die sukzessive Besetzung von Atomorbitalen verdeutlichen
Homologmodelle	Schalen- und Orbitalmodell bilden vergrößert die entsprechenden Proportionen des Originalobjekts ab, die durch Experimente und mathematische Modellierung (vgl. Wellenfunktionen, Schrödinger-Gleichung) ermittelt wurden
Lehr-Lernmodelle	Schalen- und Orbitalmodelle als vormalige Forschungsmodelle werden heute in didaktisch reduzierter Form im Unterricht als Lehr-Lernmodelle verwendet. Die Reduktion besteht zumeist im Weglassen der mathematischen Grundlagen und Beziehungen. Die Lehr-Lernmodelle fokussieren die räumliche Struktur der Aufenthaltswahrscheinlichkeiten von Elektronen, die sukzessive Besetzung von Orbitalen und ihre Konsequenzen für die Bindungen zwischen Atomen

2. Vergleichen Sie das Ihnen aus dem Studium bekannte Orbitalmodell mit der vereinfachten Darstellung im Schulbuch (◨ Abb. 10.1) und üben Sie eine fachlich orientierte Modellkritik.

Lösungsvorschlag 2

Das in ◨ Abb. 10.1 dargestellte Orbitalmodell vom Kohlenstoff zeigt sehr vereinfacht den Aufbau von Atomkern und Atomhülle des Kohlenstoffatoms. Das 1s-Orbital wird exakt so wie das Heliumatom als kleine Kugel um den Atomkern dargestellt. Die Kugelform dieses Orbitals entspricht der wissenschaftlichen Vorstellung. Die Orbitale der zweiten

Schale werden als vier identische Kugeln, die das 1s-Orbital umgeben, dargestellt. Diese Darstellung weicht von der wissenschaftlichen Vorstellung ab: Im Orbitalmodell des Kohlenstoffs stellt man sich zwar vier Orbitale vor, diese sind aber strukturell unterschiedlich und bestehen aus einem kugelförmigen 2s-Orbital (besetzt mit zwei Elektronen) sowie drei hantelförmigen 2p-Orbitalen entlang der Raumachsen ($2p_x$ und $2p_y$ sind jeweils einfach besetzt). Die Besetzung der Orbitale mit Elektronen wird in der Abbildung nicht dargestellt. Mit diesem Ausgangszustand lassen sich keine Bindungen des Kohlenstoffs erklären. Auf die verdickte Hantelform von Hybridorbitalen bei Einfach- oder Mehrfachbindungen des Kohlenstoffs wird in der Darstellung ebenfalls nicht eingegangen.

3. Wägen Sie die Eignung des didaktisch reduzierten Orbitalmodells aus ◘ Abb. 10.1 für den Einsatz im Chemieunterricht der Sekundarstufe I ab und zeigen Sie die didaktischen Grenzen des Modells auf.

Lösungsvorschlag 3
Die Vor- und Nachteile werden unter didaktischen Gesichtspunkten näher beleuchtet. Das Thema Molekülstruktur und Stoffeigenschaften, unter dem auch die unterschiedlichen Atommodelle behandelt werden, ist Gegenstand des Chemieunterrichts in der Sekundarstufe I. Die Modelle werden für die Erklärung von physikalischen und chemischen Eigenschaften wie Siedetemperaturen, Polarität, Löslichkeit, Reaktivität auf der Stoffebene genutzt.
Für diesen frühen Zeitpunkt in der Schullaufbahn ist die Einführung des Orbitalmodells als das wissenschaftlich aktuelle Modell und als Weiterentwicklung des Bohrschen Atommodells daher positiv hervorzuheben. Hieran kann die Wichtigkeit von Modellen zum Verständnis von Phänomenen auf der Teilchenebene betont sowie der vorläufige Charakter von wissenschaftlichen Modellen gut thematisiert werden.

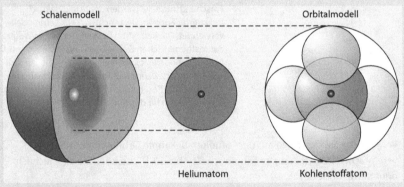

B1   Erweiterung des Schaienmodells zu einem Orbitalmodell am Beispiel eines Heliumatoms und Kohlenstoffatoms

◘ **Abb. 10.1**   Schalen- und Orbitalmodell am Beispiel von Helium- und Kohlenstoffatom (Brückl et al. 2008, S. 14)

Weniger gut gelungen sind die gewählte Darstellung und die Auswahl des Kohlenstoffs als Beispielelement der zweiten Hauptgruppe. Der Kohlenstoff nimmt mit Blick auf die organische Chemie eine Sonderstellung im Periodensystem ein. Er verfügt über vier Außenelektronen, die sich in energetisch unterschiedlichen Orbitalen befinden, die aber in diesem Grundzustand nicht zur Bindung kommen (s. Aufgabe 2, fachliche Klärung oben). Altersgemäß wird die Hybridisierung in der Sekundarstufe I nicht thematisiert, aber schon das Konzept der Vierbindigkeit des Kohlenstoffs angebahnt. Dabei wird aber durch die Abbildung die Gleichwertigkeit der Orbitale suggeriert, die nur in dem Spezialfall des einfachgebundenen Kohlenstoffs bei sp^3-Hybridisierung gegeben ist. Auch die angedeutete Kugelform ist möglicherweise für die Deutung der Stabilität von Einfachbindungen irreführend. Hier stellt sich die Frage, ob dieses Konzept mit Blick auf die organische Chemie in den folgenden Schuljahren für das Weiterlernen anschlussfähig oder z. B. für das Verständnis der Reaktivität von Einfach- und Doppelbindungen eher hinderlich ist.
Sinnvoller wäre aus didaktischer Sicht die Auswahl eines Stickstoff- oder Sauerstoffatoms als Beispielelement gewesen, bei denen das 2s-Orbital doppelt mit Elektronen besetzt ist und die Bindungen durch Überlappung der energiereicheren p-Orbitale zustande kommen.

10.3   Tafel und interaktive *Whiteboards*

Tafel und interaktive Whiteboards sind in besonderer Weise dazu geeignet, den Unterrichtsverlauf zu dokumentieren und den Schülerinnen und Schülern über das Tafelbild einen strukturierten Hefteintrag anzubieten. Der Tafeleinsatz hat im naturwissenschaftlichen Unterricht verschiedene Funktionen.

10.3.1 Ausgewählte Funktionen von Tafel und (interaktiven) *Whiteboards*

Strukturierung des Unterrichtsverlaufs   Durch die Nennung der Ziele und des Themas als Stundenüberschrift, das Zusammenfassen von Arbeitsergebnissen sowie das Festhalten der Zwischen- und Endergebnisse bei Arbeitsphasen an der Tafel wird der Unterricht für die Schüler nachvollziehbar gegliedert und erleichtert die Wiederholung der behandelten Themen.

Protokoll   Die Tafel kann für Notizen und als Gedächtnisstütze genutzt werden und einen kreativen Arbeitsprozess oder gedankliche Entwicklungsschritte in der Klasse quasi als großes „Notizblatt" begleiten. Die Methoden *Mindmapping* und *Clustering* zum Unterrichtseinstieg sind ein geeignetes Beispiel für diesen Tafeleinsatz (► Kap. 6).

Visualisierung   Die Tafel kann nicht nur für Mitschriften in Form von Texten genutzt werden, auch für Zeichnungen, und Skizzen, die spontan oder geplant im Unterricht entwickelt werden, ist die Tafel flexibel einsetzbar. Beispiele: Schema eines Blütenaufbaus, eine Versuchsanordnung oder ein Reaktionsmechanismus.

Bei jeder Form der Tafelarbeit können Schülerinnen und Schüler mitwirken; die Schülerbeiträge werden in den genannten Formen gesammelt und so der Vermittlungs- und Erkenntnisprozess aktiv unterstützt.

Die Gestaltung von übersichtlichen und gut strukturierten Tafelbildern bedarf schon im Studium einiger Übung an der Tafel selbst und ist nicht durch einen Entwurf auf Papier zu ersetzen. Zu erproben sind insbesondere eine schlüssige Farbwahl für Markierungen (z. B. Merksätze, Hervorhebungen), Schriftgröße und -stil sowie zeichnerische Elemente (Meyfahrt 2013).

10.3.2 Interaktive *Whiteboards*

Interaktive *Whiteboards* haben eine berührungsempfindliche Oberfläche und sind mit einem Computersystem verbunden. Sie ergänzen oder ersetzen zunehmend die klassische Tafel in den Schulen. 2011 waren 11 % der deutschen Klassenzimmer mit einem interaktiven *Whiteboard* ausgestattet. In anderen europäischen Ländern ist die Verbreitung bereits deutlich ausgeprägter: 70 % in Großbritannien, 50 % in Dänemark und 45 % in den Niederlanden (Kohls 2012).

Das interaktive *Whiteboard* kann viele Medien wie mp3-Player, Beamer, Tafel etc. zusammenführen und/oder ersetzen, damit stehen diese Medien nicht mehr isoliert. Das computergestützte System bietet den Vorteil, dass Arbeitsmaterialien wie Präsentationen, Arbeitsblätter, Filme etc. zuhause vorbereitet und im Unterricht durch die Arbeit an der interaktiven Tafel (unter Beteiligung der Schülerinnen und Schüler) vervollständigt werden können. Im Arbeitsprozess kann mit der Leinwand interagiert werden: Nutzung der Mausfunktion, Scrollen auf der Tafelseite/in einer Präsentation, Markieren und Schreiben. Insbesondere die Arbeit mit Visualisierungen wird gegenüber der klassischen Tafelarbeit deutlich erleichtert (Sieve 2014). Je nach Software können zusätzliche Programmfeatures genutzt werden, die spezifische Anpassungen an Unterrichtsfächer erlauben: spezielle Linien, Zeichnungselemente, Farbauswahl etc.

Als Ergebnissicherung können diese vervollständigten Materialien gespeichert und den Schülerinnen und Schülern zugänglich gemacht werden. Haben diese bereits während des Unterrichts die Möglichkeit mit Computern zu arbeiten, können sie sich über ein Netzwerk an der Gestaltung des Materials aktiv beteiligen. Das interaktive *Whiteboard* ermöglicht durch die Materialgestaltung und eine direkte Manipulation dieser Materialien im Unterricht eine konstruktivistisch orientierte Arbeitsweise mit einem erhöhten Anteil an Schülermitbeteiligung im Gegensatz zur klassischen Tafelarbeit. Insgesamt kann der Unterricht flexibler gestaltet und infolgedessen auch die vorhandene Unterrichtszeit effektiver genutzt werden.

Die weitere Verbreitung dieser Technik wird auf erste positive Befunde in diesen Bereichen zurückgeführt (Kohls 2012):

1. Anschlussfähigkeit: Lehrkräfte sind mit der klassischen Tafelarbeit vertraut und können diese Fähigkeiten im Umgang mit der elektronischen Variante auch weiterhin nutzen. Auch die Speicherung und Wiederverwendung von digitalisierten Inhalten ist durch die tägliche Unterrichtsvorbereitung etabliert und kann sofort und ohne Schulungsaufwand

genutzt werden. Zusätzliche Features spezieller Software können schrittweise erlernt und angewendet werden.

2. Positive Effekte für den Lehr-Lern-Prozess: Der Einsatz von interaktiven *Whiteboards* kann die Motivation bei Lehrenden und Lernenden z. B. durch authentische Quellen, dynamische Darstellungen und spielerische Elemente steigern und auch eine Verbesserung von Schülerleistungen bewirken. Voraussetzung hierfür ist jedoch die Schülermitbeteiligung; einige Studien weisen jedoch darauf hin, dass die interaktiven *Whiteboards* Lehrkräfte auch zum Frontalunterricht verleiten.

Der zweite Aspekt rückt den kompetenten Umgang der Lehrkräfte mit dieser innovativen Technik in den Blick. Interaktive *Whiteboards* können den Unterricht nur positiv beeinflussen, wenn die Lehrkräfte diese Technik beherrschen. Häufig sind sie gut über die *Basic-Features* des interaktiven *Whiteboards* und der zugehörigen Software informiert, haben aber Schwierigkeiten, das vollständige Potential der Hard- und Software auszuschöpfen. In diesem Fall werden Kollegen um Rat gefragt oder Schulungen angefordert, wobei sich die Hälfte der befragten Lehrkräfte mehr Schulungen in diesem Bereich wünscht (Türel und Johnson 2012). ◘ Tabelle 10.4 zeigt eine Gegenüberstellung von Vor- und Nachteilen beim Einsatz der klassischen Tafel und dem interaktivem *Whiteboard*.

◘ **Tab. 10.4** Gegenüberstellung ausgewählter Vor- und Nachteile von klassischer Tafel und interaktivem *Whiteboard*

	Tafel	**Interaktives *Whiteboard***
Vorteile	– Sehr große Verbreitung, bisher Standardausstattung in Schulräumen – Sehr robust – Intuitive Benutzung – Flächenteilung mit passender Linierung für Standardanwendungen – Optional: passende Werkzeuge	– Kombinierbarkeit mit Computer und weiteren Projektionsgeräten wie Beamer und Dokumentenkamera – Mitschriften können digitalisiert, gespeichert und der Lerngruppe zugänglich gemacht werden – Keine Stifte oder Kreide erforderlich, Beschriftung mit den Fingern oder der Computertastatur – Verschiedene Linierung, die dem Unterrichtsfach angepasst werden kann – Keine Reinigung nötig
Nachteile	– Kreidestaub – Reinigung (Wasseranschluss nötig) – Nicht mit weiteren Medien wie OHP und Beamer kombinierbar – Tafelanschrift erfolgt einmalig und muss von den Schülern übertragen werden → zeitaufwendig	– Komplexe Bedienung: Schulung und Einarbeitung in das Medium ist erforderlich, um das vollständige Potential auszuschöpfen – Computer (und Beamer) notwendig – Gegebenenfalls störungsanfällig und Wartungen – Intensivere Vor- und Nachbereitungszeit für Lehrkräfte, um konstruktivistisches Lernen zu ermöglichen – Lichtverhältnisse

10.4   Overheadfolien, Arbeitsblätter und Dokumentenkamera

10.4.1 Overheadfolien und ihre Projektion

Overheadfolien werden im Unterricht in Kombination mit dem Overheadprojektor eingesetzt. Die Folien werden von vielen Schulbuchverlagen als fertige Vorlagen kostengünstig angeboten oder können auf Blanko-Folien mit entsprechenden Folienstiften oder mit Computer und Drucker selbst gestaltet werden. Sie können nach Bedarf übereinandergelegt, selbst beschriftet oder mit ergänzenden Zeichnungen versehen werden. Darüber hinaus kann der Overheadprojektor auch als Lichtquelle und für die Projektion einfacher Experimente in Petrischalen verwendet werden, z. B. Versuche zur Hämolyse, Diffusion und Fotosynthese.

Die Overheadtechnik wird in jüngerer Zeit zunehmend durch den Einsatz von *Dokumentenkameras* abgelöst. Diese Geräte erlauben in Kombination mit einem Beamer die Projektion beliebiger Lernmedien. Insbesondere Bildmaterialien aus Schulbüchern oder Arbeitsheften, vorbereitete Drucksachen oder Arbeitsblätter können so mit der ganzen Klasse interaktiv und unter Beteiligung der Schüler bearbeitet werden. Auch das Vervollständigen von Lernmaterialien, z. B. die Beschriftung mikroskopischer Zeichnungen, Ergänzungen in Lückentexten oder Aufgabenantworten können auf herkömmlichem Papier vorgenommen und projiziert werden.

10.4.2 Arbeitsblätter

Arbeitsblätter sind selbstgestaltete oder aus Vorlagen modifizierte Medien der Lehrkraft. Das Angebot an Arbeitsblättern ist über das Internet, Schulbuchverlage und andere Quellen sehr umfangreich. Das Arbeitsblatt bietet viele Einsatzmöglichkeiten für Beobachtungs- und Versuchsanleitungen, Arbeitsaufträge, Textmaterialien für Gruppenarbeiten, Übungsaufgaben etc. (Meyfahrt 2013). Häufig kombinieren Arbeitsblätter textliche, bildliche und symbolische Repräsentationen (▶ Kap. 9) im Informationsteil mit Arbeitsaufträgen und unterschiedlichen Antwortformaten (Lückentexte, Zuordnungsaufgaben; ▶ Kap. 4). Arbeitsblätter können gegenüber der Tafelarbeit mit Hefteintrag Zeit sparen. In Abhängigkeit von den Arbeitsaufträgen mit ihren Antwortformaten kommen die Schülerinnen und Schüler jedoch seltener dazu, längere Antworten frei zu formulieren.

10.5   Klassische Schulbücher und E-Books

10.5.1 Klassische Schulbücher

Das Schulbuch ist ein Medium mit langer Tradition. Es gilt als Leitmedium, da es auf der Grundlage von Lehrplänen entwickelt und für jedes Fach und jede Jahrgangsstufe ein eigenes Exemplar bereitgestellt wird (z. B. Wiater 2013). Darüber hinaus durchlaufen Schulbücher ein kultusministerielles Genehmigungsverfahren. Schulbücher sollten damit speziell auf den Bedarf eines jeden naturwissenschaftlichen Unterrichtsfachs zugeschnitten und präzise auf das Leistungsniveau der Schülerinnen und Schüler abgestimmt sein. Das Schulbuch kann in unterschiedlichen Lehr-Lernszenarien eingesetzt werden und steht sowohl den Lehrkräften als auch den Schülerinnen und Schülern als Medium zur Verfügung (Gropengießer 2013). Dabei sollte es prinzipiell in jeder didaktischen Phase des naturwissenschaftlichen Unterrichts anwendbar sein. Für die Schülerinnen und Schüler ist das Schulbuch einerseits ein schulisches Arbeitsmittel, das im Unterricht eingesetzt wird, um bestimmte Sachverhalte zu erarbeiten. Andererseits steht es auch in selbstständigen Arbeitsphasen, z.B. bei der Bearbeitung von Hausaufgaben oder beim Lernen für Klausuren, zur Verfügung (weitere Funktionen von Schulbüchern finden sich in Gropengießer 2013).

Folgende Anforderungen sollten an naturwissenschaftliche Schulbücher gestellt werden:

- jahrgangsstufengemäße Sachtexte
- reichhaltiges Anschauungsmaterial
- zahlreiche Anregungen zum Einsatz fachgemäßer Arbeitsweisen (Beobachtungsaufgaben, Versuchsanleitungen)
- Zusammenfassung grundlegender Begriffe
- Angaben zur Anwendung des Gelernten
- Angaben zur Lernzielkontrolle

Ob das Schulbuch ein wirksames Lernmedium ist, wurde bisher noch nicht ausreichend empirisch überprüft (Gräsel 2010). Die Forschung orientiert sich stärker an lernwirksamen Gestaltungsmerkmalen von Texten und Bildern (Mayer 2014; ▶ Kap. 9) und wie sie den Kompetenzerwerb von Schülerinnen und Schülern unterstützen können. Darüber hinaus ist auch die Verwendung von Schulbüchern von Interesse. Es zeigte sich, dass Lehrkräfte Schulbücher eher selten im Unterricht verwenden und durch weitere Materialien ergänzen. Der wesentliche Einsatzbereich bezieht sich auf Wiederholungen und die Verwendung von Beispielen (Gräsel 2010).

10.5.2 E-Books für den unterrichtlichen Einsatz

Elektronische Bücher, sogenannte E-Books, können noch weitere Repräsentationen wie Videos, Animationen oder Simulationen (▶ Kap. 9) berücksichtigen und dem Lerner interaktives Lesen ermöglichen (Ulrich et al. 2014). Gerade im visuellen Bereich geht das Potential der E-Books weit über dasjenige der klassischen Schulbücher hinaus.

Auch die Vernetzungen von Begriffen mit einem Glossar oder anderen Links sind möglich. Auf diese Weise entstehen Hypertexte, bei denen die lineare Leserichtung eines klassischen Buchs häufig mit einem Sprung an eine andere Stelle durchbrochen werden kann. Von diesen nicht linearen Lernwegen wird angenommen, dass sie ein konstruktivistisches Lernen besonders unterstützen und sich komplexe Sachverhalte angemessener darstellen lassen als durch linearen Text (Spiro et al. 1991). Darüber hinaus soll diese Vernetzung den Gedächtnisinhalten und mentalen Modellen besser entsprechen als eine lineare Strukturierung von Inhalten (Tergan 2002).

Hypertexte stellen aber auch große Herausforderungen an die Schülerinnen und Schüler. Ein häufig beobachtetes Phänomen ist die Überflutung mit ungeordneten Informationen (*Information Overload*). Das gezielte Auffinden von Informationen kann problematisch sein und die Lernenden kognitiv überlasten (*Lost in Hyperspace*) (Brünken et al. 2003). Auch heute noch sind Schülerinnen und Schüler mit einer linearen Textstruktur vertrauter. E-Books sollten daher über ein klares Design und eine übersichtliche Navigation verfügen, sodass der direkte Weg zum Ausgangspunkt für die Lernenden erkenntlich ist (Ulrich et al. 2014).

Ein weiteres Plus von E-Books ist die Suchfunktion, wie sie beispielsweise aus der Textverarbeitung bekannt ist. Auf diese Weise können relevante Informationsquellen im E-Book schnell und umfassend identifiziert werden und erleichtern das Nachschlagen gegenüber einem herkömmlichen Register. E-Books sind gegenüber dem gedruckten Werk häufig günstiger, da keine Druckkosten anfallen. Sie haben aber den Nachteil, dass der Nutzer ein technisches Medium zum Lesen vorhalten muss (z. B. Smartphone, E-Book-Reader, Tablet oder PC).

Ein Praxisbeispiel für ein E-Book im Chemieunterricht bietet *eChemBook* (Ulrich et al. 2014; Ulrich und Schanze 2015) (◘ Abb. 10.2).

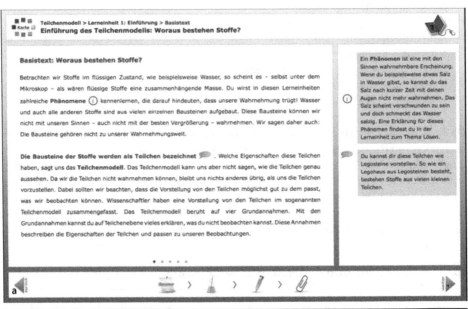

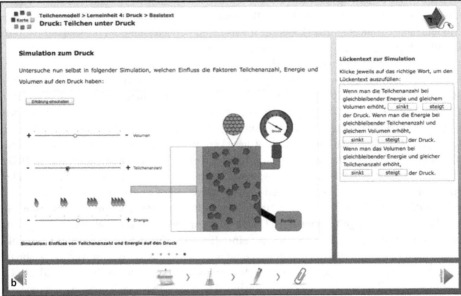

◘ **Abb. 10.2**   Screenshots aus *eChemBook* (Ulrich et al. 2014);

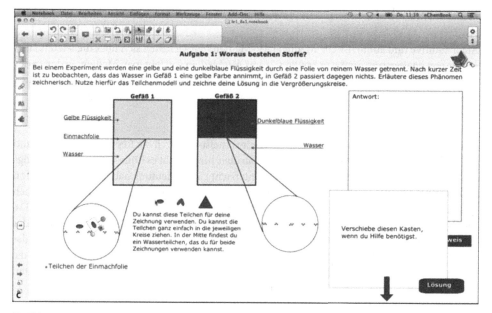

● **Abb. 10.2** Fortsetzung

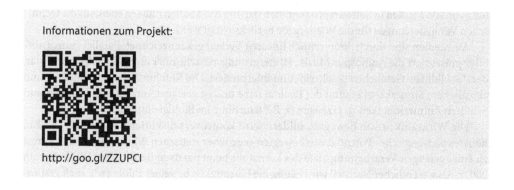

Informationen zum Projekt:

http://goo.gl/ZZUPCI

10.6 Digitale Medien

Wie die ▶ Abschn. 10.3 und 10.5 bereits gezeigt haben, haben sich die klassischen, analogen Medien
Schulbuch und Tafel bereits zu digitalen Medien in Form von E-Books und interaktiven *White-
boards/Smart-Boards* weiterentwickelt. Analoge und digitale Medien werden anhand ihrer Sig-
nalqualität unterschieden. Während das Analogsignal stufenlosen und unterbrechungsfreien
Verlauf aufweist, ist das Digitalsignal quantisiert und zumeist binär codiert. Besonders charakteristisch für die digitalen Medien (oder *Neue Medien* im unterrichtlichen Kontext) ist der Einsatz
von Computertechnik.

10.6.1 AV-Medien

Auch auditive und audiovisuelle Medien (AV-Medien) entwickelten sich über die letzten Jahrzehnte von analogen zu digitalen Medien. Unter AV-Medien versteht man Medien, in denen der auditive und visuelle Kanal in Kombination angesprochen werden. Darüber hinaus gibt es auch Medien, die nur den Hörsinn ansprechen, diese werden im Folgenden vorgestellt.

■ **Auditive Medien**

Auditive Medien sind im unterrichtlichen Kontext meistens durch die Repräsentation Text und durch den Modus Sprache gekennzeichnet. Darüber hinaus gibt es Töne, Klänge und „Klangbilder", die für den naturwissenschaftlichen Unterricht eine Bedeutung haben z. B. der Sinuston (440 Hz), Schallereignisse bei Phasenübergängen und chemischen Reaktionen wie Wasserkochen oder Knallgasreaktion, Walgesänge, Vogelstimmen. Technisch werden diese Medien über CDs, mp3-Dateien bzw. Podcasts oder durch die verschiedenen Varianten des Hörfunks (analog oder digital/Internet) verbreitet. Zusätzlich zum Medium muss ein kompatibles Abspielgerät (CD- oder mp3-Player, iPod, Radio als einzelnes Gerät oder Computer bzw. Tablet etc.) vorhanden sein, da die Nutzung von Tonmedien nur durch das funktionale Zusammenwirken von technischen Geräten und/oder dem dazugehörigen Trägermaterial für Informations-/Zeichensysteme möglich ist.

■ **AV-Medien**

AV-Medien stellen eine Kombination von Bild- und Tonspur z. B. auf Zelluloid (z. B. 16-mm Lichttonfilm), im Fernsehen, digitalen DVDs bzw. Bluerays oder auch bei interaktiver Einbettung von AV-Medien in Softwareprogrammen dar. Bei AV-Medien müssen ebenfalls die technischen Voraussetzungen für die Wiedergabe berücksichtigt werden.

AV-Medien sind durch ihren zeitlich linearen Verlauf gekennzeichnet. Parallel zum „Laufbild" präsentiert die Audiospur Musik, Hintergrundgeräusche oder einen Sprechkommentar, der das bildliche Geschehen beschreibt und interpretiert. Die Kombination von visuellem und akustischem Sinneskanal kommt der Realität nahe und ist geeignet, um bei Schülerinnen und Schülern Aufmerksamkeit zu erzeugen (z. B. Naturfilme im Biologieunterricht).

Die Wirksamkeit von bewegten Bildern wird kontrovers diskutiert (▶ Abschn. 9.5). Ein höheres pädagogisches Potential von bewegten gegenüber statischen Bildern steht im Kontrast zu einer geringen Verarbeitungstiefe des Lernstoffs beim passiven Betrachten (Weidenmann 2002). Als wesentlicher Nachteil wird häufig die Flüchtigkeit bewegter Bilder (wie auch gesprochener Sprache) angeführt. Entsprechend findet man empirische Studien, die die Wirksamkeit von Filmen bzw. Animationen mit gesprochenem Text stützen aber auch solche, die den gegenteiligen Effekt zeigen (Höffler und Leutner 2007; Bétrancourt und Tversky 2000). Neuere Forschungsergebnisse deuten auch darauf hin, dass weitere Kriterien bei der Kombination von Texten und Bildern zu berücksichtigen sind. Beispielsweise reagieren Lernende mit geringem Vorwissen oder einem mangelnden räumlichen Vorstellungsvermögen sensiver auf das Präsentationsformat (Höffler 2010, *Cognitive Load* und *Gestaltungsprinzipien*; ▶ Abschn. 10.6.2).

10.6.2 Computergestütztes Lernen

Computergestütztes Lernen ermöglicht die multicodale (Kombination der Repräsentationen Text, Bild, Symbol) und multimodale (z. B. gesprochener und geschriebener Text) Präsentation von Lerninhalten (▶ Abschn. 10.1). Dabei ist zu beachten, dass die bloße Addition der

Darstellungsformen noch nicht per se die Motivation oder den Lernerfolg verbessert (*Naive Annahmen* nach Weidenmann 2002; ▶ Kap. 9). Für den wirksamen Multimedia-Einsatz beim computergestützten Lernen sind sowohl die Auslastung des Arbeitsgedächtnisses zu berücksichtigen (*Cognitive Load Theory* nach Chandler und Sweller 1991) als auch die *Gestaltungsprinzipien* nach Mayer (2014), die beide miteinander in Wechselwirkung stehen.

10.6.2.1 Cognitive Load Theory

Unter Berücksichtigung der Architektur des Arbeitsgedächtnisses und seiner sehr begrenzten Verarbeitungskapazität formulierten Chandler und Sweller (1991) die *Cognitive Load Theory*. Im Arbeitsgedächtnis können ca. sieben Einheiten gleichzeitig gehalten und prozessiert werden. In der Theorie werden drei Varianten von kognitiver Belastung unterschieden (Chandler und Sweller 1991; Sweller et al. 1998) (◘ Abb. 10.3).

- **Inhaltsbedingte (intrinsische) kognitive Belastung**
Die inhaltsbedingte kognitive Belastung geht vom Lernmaterial selbst aus. Hierzu gehören die Komplexität und die Schwierigkeit des dargestellten Lerninhalts. Die Schwierigkeit wird einerseits durch die Beziehungen und Wechselwirkungen der im Lernmaterial präsentierten Fakten und Konzepte sowie andererseits durch das spezifische Vorwissen der Lernenden beeinflusst. Ob ein Lerner einen Lerninhalt als schwierig empfindet, hängt von der Verfügbarkeit von Schemata im Langzeitgedächtnis ab. Schemata stellen organisierte Gedächtniseinheiten mit den relevanten Vorkenntnissen dar, die als ein einziges Paket in das Arbeitsgedächtnis überführt werden und damit die Belastung des Arbeitsgedächtnisses extrem gering halten. Experten in einer Domäne

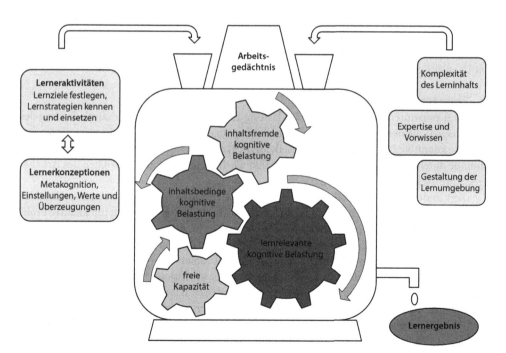

◘ **Abb. 10.3** Komponenten der kognitiven Belastung beim Lernen mit Multimedia nach Sweller et al. (1998), ergänzt nach Leutner et al. (2014)

zeichnen sich daher durch die Verfügbarkeit zahlreicher Schemata aus, deren einzelne Bestandteile nicht bewusst sondern automatisch prozessiert werden. So gelingt die Ausführung von kognitiven Prozeduren mit minimalem Aufwand des Arbeitsgedächtnisses. Anfänger werden daher durch komplexe Sachverhalte vor größere Herausforderungen gestellt, weil sie die überwiegend neuen Fakten und Konzepte gleichzeitig im Arbeitsgedächtnis behalten und bewusst verarbeiten müssen. Die intrinsische kognitive Belastung ist daher nicht durch die instruktionale Gestaltung der Lernumgebung zu beeinflussen, wohl aber durch die Wahl eines angemessenen Vorwissensniveaus (▶ Abschn. 5.2).

- **Inhaltsfremde (extrinsische) kognitive Belastung**

Die inhaltsfremde kognitive Belastung wird durch die Gestaltung des Lernmaterials oder der Lernumgebung verursacht und kann damit direkt von der Lehrkraft beeinflusst werden. Diese Belastung führt zu Aktivitäten im Arbeitsgedächtnis, die in Bezug auf das inhaltliche Lernen eines naturwissenschaftlichen Sachverhalts nicht effektiv sind und daher auch nicht zum Wissenserwerb, Verständnis oder Problemlösen führen. Eine hohe extrinsische Belastung kann z. B. durch nicht themenbezogene und damit nicht lernrelevante Illustrationen oder Animationen, Detailreichtum oder widersprüchlichen Informationsgehalt in zusammengehörigen Repräsentationen (*Text-Bild-Schere*) verursacht werden. Durch die Verarbeitung dieser irrelevanten Informationen wird die Kapazität des Arbeitsgedächtnisses unnötig erschöpft.

- **Lernrelevante kognitive Belastung**

Die lernrelevante kognitive Belastung umfasst die Prozesse des Arbeitsgedächtnisses, die zielführend für den Wissenserwerb, das Verständnis und das Problemlösen in den naturwissenschaftlichen Unterrichtsfächern sind. Der mentale Aufwand wird bei dieser Form für die Schemakonstruktion und Schemaautomation genutzt. Dabei werden neue Wissenselemente organisiert und in schon bestehende Vorwissensstrukturen integriert. Bestehende Schemata werden somit angereichert und erweitert und können in neuen Problemzusammenhängen erneut und noch effektiver abgerufen werden.

- **Freie Kapazitäten**

Die drei genannten Typen kognitiver Belastung addieren sich zu einer Gesamtbelastung des Arbeitsgedächtnisses. Entsprechend sollte das Lernmaterial so gestaltet sein, dass die lernrelevante kognitive Belastung den Hauptteil des mentalen Aufwands ausmacht und die inhaltsfremde durch die Lehrkraft stark eingeschränkt wird. Nicht genutzte Kapazitäten des Arbeitsgedächtnisses bleiben frei.

Seit Ende der 1990er-Jahre wird verstärkt auf den Einsatz von Computern als digitales Medium und Denkwerkzeug im naturwissenschaftlichen Unterricht gesetzt, um kreative Problemlösungen der Schülerinnen und Schüler zu unterstützen. Aufgrund seiner Benutzerinteraktivität war (und ist) die Erwartung an diese technische Innovation und ihre Weiterentwicklungen zum mobilen Lernen mit Smartphones, iPads und Tablet-PCs (▶ Abschn. 10.6.3) bis in die heutige Zeit hinein besonders hoch. Gerade das (zumeist kostenlose) Internet mit seinen unzähligen Informations- und Kommunikationsmöglichkeiten (z. B. Materialienpools für Lehrkräfte, Filmplattformen und soziale Netzwerke) bietet auch für den naturwissenschaftlichen Unterricht sehr gute Materialen und Software, aber mindestens ebenso viel Unbrauchbares. Hier kommt es darauf an, dass Sie als angehende Lehrkräfte die angebotenen Medien sachgerecht und auf der Basis empirisch fundierter Gestaltungsprinzipien für Ihren Unterricht reflektieren können.

10.6.2.2 Gestaltungsprinzipien für das Lernen mit Multimedia

Die folgenden Gestaltungsprinzipien werden seit den Anfängen des computergestützten Lernens in den 1980er-Jahren von R.E. Meyer und Kollegen und weiteren internationalen Arbeitsgruppen erforscht. Ausgewählte lernförderliche und -hinderliche Effekte werden hier beschrieben. Für eine intensivere Auseinandersetzung mit dem Thema empfiehlt sich die Lektüre von Meyer (2014). Dabei ist zu beachten, dass diese Effekte häufig auch durch die Wechselwirkungen mit den individuellen Voraussetzungen der Lernenden beeinflusst werden. Oftmals reagieren Personen mit geringem Vorwissen oder räumlichen Vorstellungsvermögen sensitiver auf die beschriebenen Effekte, die mediale Gestaltung hat dann einen kompensatorischen Effekt. Insofern können die nachfolgend beschriebenen Effekte auch als Mittel der differenzierten Gestaltung von Lernmaterial interpretiert werden.

■ **Multimedia-Effekt**

Für die Gestaltung von Lernumgebungen konnte ein moderater bis hoher Multimedia-Effekt nachgewiesen werden (Leutner et al. 2014). Texte in Kombination mit Bildern sind danach lernwirksamer als Texte allein. Zu beachten ist, dass die Informationen in den beiden Repräsentationen kohärent sind und sich aufeinander beziehen.

■ **Modalitäts-Effekt**

Wird Bildmaterial durch Text ergänzt, hat der Präsentationsmodus des Textes eine Auswirkung auf das Lernen: Gesprochener Text wird als lernwirksamer eingestuft als geschriebener. Diese Beobachtung wird über die primäre Aufnahme visueller und auditiver Information und ihre nachfolgende Verarbeitung erklärt (◘ Abb. 9.1; Integriertes Modell des Text-Bildverstehens nach Schnotz 2001). Während bei geschriebenem Text ausschließlich das Auge als visueller Kanal beansprucht wird, wird bei gesprochenem Text auch das Ohr als auditiver Kanal genutzt und somit der visuelle entlastet. Neben diesem positiven Effekt wurde aber auch festgestellt, dass die Flüchtigkeit und mangelnde Adaptivität des gesprochenen Worts zu eingeschränkter Verarbeitung und somit nochmaliges Lesen bzw. das Überspringen textlicher Information zu besserem Verständnis führen kann.

■ *Split-Attention*-**Effekt (auch Kontiguitätseffekt)**

Texte und Bilder sollten in räumlicher und bei Filmen/Animationen mit gesprochenem Text auch in zeitlicher Nähe zueinander dargeboten werden. Werden die zueinander gehörenden Repräsentationen unabhängig voneinander bzw. mit zeitlicher Verzögerung dargestellt, muss der Lerner seine Aufmerksamkeit auf mehrere Darstellungen gleichzeitig richten *(Split Attention)*, die relevanten Informationen einer Repräsentation im Arbeitsgedächtnis behalten und kann sie erst nach erfolgreicher Suche zusammenführen. Dass zusammengehörige Texte und Bilder nicht integriert in einer Schemazeichnung oder nicht einmal zusammen auf einer Seite dargestellt werden können, kann man häufig in klassischen Schulbüchern beobachten. Die Gestaltung der Buchseiten ist häufig Platzgründen geschuldet, um Leerstellen zu vermeiden.

■ **Kohärenzeffekt**

Bei der Gestaltung von multimedialem Lernmaterial sollte auf textlichen und bildlichen Detailreichtum, der nicht sachdienlich ist und auch nicht zur Förderung der Lernmotivation beiträgt, verzichtet werden. Die überschüssigen Details binden kognitive Kapazitäten, die nicht für das verständnisvolle Lernen zur Verfügung stehen.

Studien aus der fachdidaktischen und psychologischen Forschung, die hätten zeigen können, dass der Einsatz einer innovativen Technik per se einen positiven Lerneffekt hat oder gar die Lehrkraft ersetzen kann, hat es während der Entwicklung vom PC zum iPad nicht gegeben. Die Entwicklung der *Digitalen Medien* ist daher ein geeignetes Beispiel um zu zeigen, dass guter Unterricht und Lernwirksamkeit von deutlich mehr – und auch anderen – Faktoren bestimmt wird als dem Medieneinsatz allein. Medien sind aus der naturwissenschaftsdidaktischen Perspektive sorgfältig auf die Bildungsziele, zu vermittelnden Kompetenzen (▶ Kap. 2), naturwissenschaftliche Lerninhalte (▶ Kap. 3) und die Lerngruppe abzustimmen, sinnvoll in eine geeignete Unterrichtsmethode einzubinden und mit sonstigen Arbeitsweisen zusammenzuführen (▶ Kap. 6 und 7). Erforderlich ist darüber hinaus eine sorgfältige fachliche sowie naturwissenschafts- und mediendidaktische Bewertung von fremdgestalteten Medien. Die Kenntnis und Anwendung grundlegender Gestaltungsprinzipien für Medien, die sich bei der Verwendung von Texten, Bildern und Symbolen zumeist auch unabhängig vom technischen Aspekt des Mediums umsetzen lassen, erscheint daher aus kognitionspsychologischer Sicht wesentlich wichtiger als das Medium selbst.

10.6.3 Mobiles Lernen mit iPads und Tablets

Mit der zunehmenden Verfügbarkeit der WLAN-Technologie und kabelloser Netze verbessert sich auch die Nutzung von mobilen Geräten (Smartphones, PDA, Handheld, iPad und Tablets) in Schulen. Seit einigen Jahren übersteigt die Anzahl der neu angeschafften Tablets diejenige von herkömmlichen PCs (Haßler et al. 2016), was die Geräte auch für den Schulbetrieb sehr attraktiv macht (*BYOD – bring your own device* oder *BYOT – bring your own technology*). Charakteristisch für diese Geräte ist ein *Touch-Screen*, der gleichermaßen als Bildschirm und Eingabegerät fungiert. Tastaturbedienung auf der Oberfläche und sonstige Eingaben werden per Finger oder speziellem Stylus vorgenommen. Das mobile Lernen mit Tablets bietet durch das leichte Gewicht, die intuitive Bedienung sowie Adaptivität und Interaktivität der Benutzeroberfläche und Programme sowohl schnelle Verfügbarkeit als auch besondere didaktische Möglichkeiten für den naturwissenschaftlichen Unterricht, die über die klassischen Medien, den herkömmlichen Computereinsatz und die reine AV-Darstellung (▶ Abschn. 10.6) hinausgehen. Das Tablet kann problemlos in jeder Unterrichtsphase und für einzelne Aufgaben hinzugenommen bzw. nach der Problemlösung wieder bei Seite gelegt werden. Sie verknüpfen auch innerschulisches und außerschulisches Lernen, da für Exkursionen benötigte Materialien bzw. vor Ort erstellte Fotos, Filme oder gelöste Arbeitsblätter einfach zwischen den Lernorten transferiert werden können (Scheiter 2015).

10.6.3.1 Tablets im naturwissenschaftlichen Unterricht – didaktische Potentiale und Einsatzmöglichkeiten

Von dem Einsatz von Tablet-Computern erwartet man eine starke Schülerorientierung und selbstgesteuerte Nutzung, die das konstruktivistische und situierte Lernen (▶ Abschn. 3.7) begünstigt. Darüber hinaus kann eine Zunahme von kollaborativen Lernformen beobachtet werden (Scheiter 2015). Das Tablet soll aber auch eine bessere Passung zum individuellen Leistungsniveau und eine entsprechende unterrichtliche Differenzierung erlauben (zusammenfassend vgl. Welling und Stolpmann 2012). Tablets bieten damit insgesamt für folgende Unterrichtsvorbereitungen und Lernsituationen im naturwissenschaftlichen Unterricht einfache, flexible und ortsunabhängige Möglichkeiten (Girwidz 2015):

- **Recherche**

Das Tablet ermöglicht den Zugriff auf diverse Plattformen mit Unterrichtsmaterialien, Wikis, Lexika etc.; Informationen zu konkreten Problemstellungen sind durch Recherche schnell verfügbar.

- **Aufgaben und automatisierte Feedbacksysteme**

Mit dem Tablett können leicht Aufgaben unterschiedlicher Formate erstellt werden, z. B. Zu- und Umordnungsaufgaben per *Drag & Drop*. Dabei ist die automatische Randomisierung von Antworten bei *Multiple-Choice*-Aufgaben möglich und somit sichergestellt, dass das Konzept erfasst und nicht die Position der richtigen Aufgabenlösung behalten wurde (▶ Kap. 4).

- **Interaktive Arbeitsblätter und Präsentation von Bild- und Tonmaterialien**

Arbeitsblätter können in Einzel- oder Teamarbeit bearbeitet werden. Die Präsentation von Schülerlösungen kann über interaktive *Whiteboards* erfolgen. Auf diese Weise ist eine gemeinsame Editierung und Speicherung von finalen Lösungen möglich. Videos, Animationen und Simulationen können als Lernmaterialien den Lernprozess unterstützen oder auch als eigene Produktion der Schülerinnen und Schüler in den naturwissenschaftlichen Unterricht eingebracht werden (▶ Kap. 9).

- **Hypertexte**

Hypertexte in Form von *E-Books* (▶ Abschn. 10.5) können über das Tablet abgerufen und dargestellt werden.

- **Lernprogramme und tutorielle Systeme**

Lernprogramme können unterschiedlich komplex sein. Entweder sind sie frei im Netz verfügbar oder wurden von der Lehrkraft mit geeigneten Apps selbst gestaltet. Es gibt Trainingsprogramme, z. B. *Drill-and-Practice*-Programme wie Vokabeltrainer oder tutorielle Systeme mit Lernaufgaben und Guides, die durch das Programm führen. Darüber hinaus können adaptive Zusatzinformationen für Schülerinnen und Schüler bereitgestellt werden, die in den Programmen bei Schwierigkeiten oder falschen Antworten abgerufen werden können.

- **Experimentieren und Modellieren**

IPads und Tablets eigenen sich als Messgerät, Taschenrechner, Zeichen- und Schreibblock und können mit ihren vielfältigen integrierten Funktionen und Apps auch den experimentellen Erkenntnisprozess unterstützen. Statt eines herkömmlichen Versuchsprotokolls ist es den Schülerinnen und Schülern möglich, auch Videoprotokolle zu erstellen und zu vertonen. Videos und weitere adaptive Hilfen können darüber hinaus zu den Versuchsaufbauten oder der Durchführung auf dem Tablet als Tutorial bereitgestellt werden und insbesondere schwächere Schülerinnen und Schüler unterstützen. Im Internet verfügbare oder selbstgestaltete Simulationen dienen der Modellbildung im naturwissenschaftlichen Unterricht.

Wie bei jeder technischen Innovation wird auch von Tablets angenommen, dass sie Lernmotivation, Wissenserwerb und entdeckendes bzw. forschendes Lernen unterstützen können. Die Ergebnisse eines systematischen Reviews bezüglich des Lernerfolgs zeigen jedoch kein eindeutiges Bild. So scheint die lernförderliche Wirkung auch vom Typ des Geräts und den damit verbundenen Möglichkeiten und der Art der Zusammenarbeit in der Klasse (Einzelarbeit/Teamarbeit) beeinflusst zu werden (Haßler et al. 2016). Darüber hinaus hängt der Einsatz von technischen Geräten auch von der Lehrkraft ab. Sie sollte sich mit den grundlegenden Funktionen und den Möglichkeiten der implementierten Software auskennen, da sonst nicht alle innovativen Optionen des Mediums genutzt werden.

10.7   Übungsaufgaben zum Kap. 10

❓ 1. Erläutern Sie, was unter einem multimodalen Medium zu verstehen ist und nennen Sie mindestens zwei Beispiele für den naturwissenschaftlichen Unterricht.

2. Sie gestalten mit Ihren Kolleginnen und Kollegen aus der Sekundarstufe II eine fächerübergreifende Projektwoche zum Thema „Nachwachsende Rohstoffe". Wählen Sie geeignete Medien aus, um Ihre Projektergebnisse in der Sekundarstufe I und der Öffentlichkeit (z. B. beim „Tag der Offenen Tür" Ihrer Schule) bekannt zu machen. Begründen Sie Ihre Wahl und diskutieren Sie die Eignung Ihres Mediums unter Berücksichtigung der drei definierenden Kategorien von *Multi-Media* und mit Blick auf die jeweilige Zielgruppe.

3. Modelle werden im naturwissenschaftlichen Unterricht unter anderem zur Veranschaulichung eingesetzt. Im Folgenden finden Sie kennzeichnende Kriterien für Modelle. Kreuzen Sie die zutreffenden Aussagen an.

   a. Modelle werden in materielle Modelle (Anschauungsmodelle) und virtuelle Modelle eingeteilt.

   b. Virtuelle Modelle lassen sich in Funktions- und Strukturmodelle gliedern.

   c. Strukturmodelle verdeutlichen Prozesse und Zusammenhänge; das Kennzeichen ist die optische Unterscheidung vom Original (z. B. Mörser mit Pistill zur Verdeutlichung der Funktion der Backenzähne).

   d. Im naturwissenschaftlichen Arbeiten bzw. Experimentieren repräsentieren virtuelle Modelle die Vorstellungen der experimentell erkundeten Sachverhalte (z. B. mathematisches Modell zur Prognose von Klimaentwicklungen).

   e. Materielle Modelle entsprechen in wesentlichen Eigenschaften dem Original.

   f. Virtuelle Modelle unterscheiden sich vom Original in folgenden Aspekten: anderes Material, andere Dimension, Abstraktion.

4. Unterscheiden Sie verschiedene Modelltypen für den naturwissenschaftlichen Unterricht und erläutern Sie deren didaktische Funktion.

5. Recherchieren Sie häufig auftretende Schülervorstellungen bei der Arbeit mit Modellen am Beispiel des Gittermodells für Salze vom Natriumchloridtyp und grenzen Sie diese Konzepte zur wissenschaftlichen Modellvorstellung ab.

6. Vergleichen Sie ein dreidimensionales Modell der pflanzlichen Zelle mit unterschiedlichen Originalen im mikroskopischen Bild (z. B. Zwiebelhäutchen, Wasserpest, Blattquerschnitte).

   a. Nennen Sie wesentliche Merkmale des Modells und erläutern Sie, inwiefern diese mit Ihren mikroskopischen Beobachtungen übereinstimmen und wo nicht.

   b. Ordnen Sie das Modell der Pflanzenzelle in geeignete Modelltypen ein.

   c. Erläutern Sie am Beispiel der Wirbelsäule, wie Sie in einer Biologiestunde ein Modell zur Erkenntnisgewinnung einsetzen können und entwickeln Sie dazu ein geeignetes Arbeitsblatt.

7. Nennen Sie drei Beispiele für Medien, die Sie bei einer Unterrichtsstunde zum Thema „Bestandteile der Nahrung" in der Mittel- oder Oberstufe einsetzen können. Erläutern Sie, welche Repräsentationen mithilfe des Mediums dargestellt werden können. Diskutieren Sie Vor- und Nachteile von einem dieser Medien.

8. Analysieren Sie ein eigenes oder fremdgestaltetes Medium (z. B. Schulbuch, Arbeitsblatt, Präsentation, Hypertext etc.) mit Blick auf den Multimedia-Effekt, *Split-Attention-Effekt* und Kohärenz-Effekt. Schätzen Sie die kognitive Belastung des Mediums für Anfänger und fortgeschrittene Schülerinnen und Schüler ab und begründen Sie

Ihre Einschätzung. Optimieren Sie gegebenenfalls das Medium mit Blick auf zwei der genannten Effekte und unter Berücksichtigung individueller Unterschiede.

9. Erläutern Sie, wie Sie mithilfe digitaler Medien das Verständnis von naturwissenschaftlichen Fachtexten verbessern können.

10. Entwickeln Sie mithilfe eines Tablets oder iPads ein Experiment und eine Simulation zum Thema Diffusion und Osmose. Stellen Sie geeignete Aufgaben (gegebenenfalls mit gestuften [Video-]Hilfen), um den Schülerinnen und Schülern das Verständnis von Stoff- und Teilchenebene sowie den Wechsel zwischen diesen beiden Ebenen zu erleichtern.

Ergänzungsmaterial Online:

https://goo.gl/aVvbu3

Literatur

Bétrancourt M, Tversky B (2000) Effect of computer animation on users' performance: a review. Trav Humain 63:311–329

Brückl E, Große H, Zehentmeier P (2008) Elemente Chemie 10. Ausgabe Bayern, SG, MuG, WSG, 1. Aufl. Ernst Klett Verlag, Stuttgart

Brünken R, Plass JL, Leutner D (2003) Direct measurement of cognitive load in multimedia learning. Educ Psychol 38(1):53–61

Chandler P, Sweller J (1991) Cognitive load theory and the format of instruction. Cognition Instruct 8:293–332

Girwidz R (2015) Neue Medien und Multimedia. In: Kircher E, Girwidz R, Häußler P (Hrsg) Physikdidaktik 3. Aufl. Springer, Berlin, S 402–427

Gräsel C (2010) Lehren und Lernen mit Schulbüchern – Beispiele aus der Unterrichtsforschung. In Fuchs E, Kahlert J, Sandfuchs U (Hrsg) Schulbuch konkret. Kontexte, Produktion, Unterricht. Klinkhardt, Bad Heilbrunn, S 137–148

Gropengießer H (2013) Schulbücher. In: Gropengießer H, Harms U, Kattmann U (Hrsg) Fachdidaktik Biologie, 9. Aufl. Aulis-Verlag, Hallbergmoos

Haßler B, Major L, Hennessy S (2016) Tablet use in schools: a critical review of the evidence for learning outcomes. J Comput Assist Lear 32(2):139–156

Halbach U (1974) Modelle in der Biologie. Naturwissenschaftliche Rundschau 27:3–15

Höffler TN (2010) Spatial ability: its influence on learning with visualizations – a meta-analytic review. Educ Psychol Rev 22:245–269

Höffler TN, Leutner D (2007) Instructional animation versus static pictures: a meta-analysis. Learn Instr 17:722–738

Kattmann U (2013) Vielfalt und Funktion von Unterrichtsmedien. In: Gropengießer H, Harms U, Kattmann U (Hrsg) Fachdidaktik Biologie, 9. Aufl. Aulis-Verlag, Hallbergmoos, S 344–349

Kohls C (2012) Erprobte Einsatzszenarien für interaktive Whiteboards. In: Csanyi G, Reichl F, Steiner A (Hrsg) Digitale Medien – Werkzeuge für exzellente Forschung und Lehre. Waxmann, Münster u.a., S 187–197

Leutner D, Opfermann M, Schmeck A (2014) Lernen mit Medien. In: Seidel T, Krapp A (Hrsg) Pädagogische Psychologie, 6. Aufl. Beltz Psychologie Verlags Union, Weinheim

Mayer RE (Hrsg) (2014) The Cambridge handbook of multimedia learning, 2. Aufl. Cambridge University Press, Cambridge

Meyfahrt S (2013) Präparate, Bilder und Arbeitsblätter. In: Gropengießer H, Harms U, Kattmann U (Hrsg) Fachdidak-
    tik Biologie, 9. Aufl. Aulis-Verlag, Hallbergmoos, S 350–359
Randler C (2013) Unterrichten mit Lebewesen. In: Gropengießer H, Harm U, Kattmann U (Hrsg) Fachdidaktik Bio-
    logie, 9. Aufl. Aulis Verlag, Halbergmoos, S 299–311
Riedl A (2011) Didaktik der beruflichen Bildung. 2. Aufl. Steiner, Stuttgart
Scheiter K (2015) Besser lernen mit dem Tablet? Praktische und didaktische Potenziale sowie Anwendungsbedin-
    gungen von Tablets im Unterricht. In: Buchen H, Horster L, Rolff H-G (Hrsg) Schulleitung und Schulentwick-
    lung, 3. Aufl. Raabe-Verlag, Stuttgart, S 1–14
Schnotz W (2001) Wissenserwerb mit Multimedia. Unterrichtswissenschaft 29:292–318
Schnotz W (2009) Pädagogische Psychologie kompakt. PVU-Beltz, Weinheim
Sieve B (2014) Interaktive Whiteboards – Beispiele für den lernförderlichen Einsatz im Chemieunterricht. Praxis der
    Naturwissenschaft – Chemie in der Schule 63(4):5–9
Spiro RJ, Feltovich PJ, Jacobson MJ et al (1991) Cognitiv flexibility, constructivism an hypertext: random access inst-
    ruction for advanced knowledge acquisition in ill-structured domains. Educ Tech 31:24–31
Sweller J, van Merriënboer JJG, Paas FGWC (1998) Cognitive architecture and instructional design. Educ Psychol
    Rev 10:251–296
Tergan S-O (2002) Hypertext und Hypermedia: Konzeption, Lernmöglichkeiten, Lernprobleme und Perspektiven.
    In: Issing LJ, Klimsa P (Hrsg) Informationen und Lernen mit Multimedia und Internet, 3. Aufl. Beltz, Weinheim S
    99–112
Türel YK, Johnson TE (2012) Teachers' belief and use of interactive whiteboards for teaching and learning. Educ
    Tech Soc 15(1):381–394
Ulrich N, Schanze S (2015) Das eChemBook – Einblicke in ein digitales Chemiebuch. Unterricht Chemie 145:44–47
Ulrich N, Richter J, Scheiter K et al (2014) Das digitale Schulbuch als Lernbegleiter. In: Maxton-Küchenmeister J,
    Meßinger-Koppelt J (Hrsg) Digitale Medien im Naturwissenschaftlichen Unterricht. Joachim Herz Stiftung Ver-
    lag, Hamburg, S 75–82
Upmeier zu Belzen R (2013) Unterricht mit Modellen. In: Gropengießer H, Harms U, Kattmann U (Hrsg) Fachdidaktik
    Biologie, 9. Aufl. Aulis-Verlag, Hallbergmoos
Weidenmann B (2002) Multicodierung und Multimodalität im Lernprozess. In: Issing LJ, Klimsa P (Hrsg) Informatio-
    nen und Lernen mit Multimedia und Internet. Lehrbuch für Studium und Praxis. PVU-Beltz, Weinheim
Welling S, Stolpmann BE (2012) Mobile Computing in der Schule – Zentrale Herausforderungen am Beispiel eines
    Schulversuchs zur Einführung von Tablet PCs. In: Schulz-Zander R, Eickelmann B, Moser H, Niesyto H, Grell P
    (Hrsg) Jahrbuch Medienpädagogik 9. VS, Wiesbaden, S 197–221
Wiater W (2013) Schulbuch und digitale Medien. In: Matthes E, Schütze S, Wiater W (Hrsg) Digitale Bildungsmedien
    im Unterricht. Klinkhardt, Bad Heilbrunn, S 17–25

Planung von naturwissenschaftlichem Unterricht

© Springer-Verlag GmbH Deutschland 2017
C. Nerdel, *Grundlagen der Naturwissenschaftsdidaktik*,
DOI 10.1007/978-3-662-53158-7_11

11.1   Unterricht aus der Sicht der Naturwissenschaftsdidaktik

Unterricht wird in der pädagogischen Literatur auf der Basis von allgemeindidaktischen Modellen als eine Kombination von Instruktion und Konstruktion, dessen Lehr-Lernprozesse gewissen Bedingungsfaktoren planmäßig, systematisch und ökonomisch unterliegen, definiert (Hallitzky und Seibert 2009). Die Autoren betonen weiterhin seine Bindung an die Unterrichtsinhalte und die speziellen Voraussetzungen von den jeweiligen Lerngruppen und Lehrkräften (s. Exkurs Bedingungsanalyse). Mit der empirischen Wende in den Bildungswissenschaften wurden die Gelingensbedingungen von Unterricht auf unterschiedlichen Ebenen systematisch analysiert (▶ Kap. 1; Angebots-Nutzungsmodell: Helmke 2015; für den Biologieunterricht: Neuhaus 2007). Diese Forschung gibt angehenden Lehrkräften hilfreiche Hinweise auf lernförderliche Gestaltungsmerkmale von gutem naturwissenschaftlichen Unterricht.

Merkmale eines guten naturwissenschaftlichen Unterrichts

In Anlehnung an Meyer (2004), Neuhaus (2007), Weitzel und Schaal (2012).

- **Klare Strukturierung**

Stimmigkeit von Ziel-, Inhalts- und Methodenentscheidungen, informierende Unterrichtseinstiege, variantenreiche Fragetechniken, Festsetzen von Regeln und Freiheiten im naturwissenschaftlichen Unterricht. Ein *Roter Faden* sollte den Unterricht durchziehen. Dabei hilft eine fachlich korrekte, didaktische und methodische Konstruktion des Unterrichts.

- **Inhaltliche Klarheit**

Verständlichkeit der Aufgabenstellung, Klarheit und Verbindlichkeit des Lernstoffs, Vernetzung von naturwissenschaftlichen Inhalten über Basiskonzepte (▶ Kap. 3); situations- und adressatengerechter Gebrauch von Fachsprache (▶ Kap. 9).

- **Transparente Leistungserwartung**

An den Bildungsstandards orientiertes Lernangebot, transparente Zielsetzung; eindeutige Trennung von Lern- und Leistungssituation (▶ Kap. 2–4).

- **Methodenvielfalt**

Vielfalt an Unterrichtskonzeptionen, Handlungsmustern und Inszenierungstechniken; Berücksichtigung von naturwissenschaftlichen Arbeitsweisen (▶ Kap. 6 und 7).

- **Sinnstiftende Kommunikation**

Gesprächskultur, die das Vorwissen von Schülerinnen und Schülern berücksichtigt; Schülerfeedback für Lehrkräfte zur wahrgenommenen Unterrichtsqualität.

- **Individuelles Fördern**

Innere Differenzierung nach personalen Voraussetzungen (z. B. der Leistungsfähigkeit, Förderbedarf oder Interesse der Schülerinnen und Schüler) oder didaktischen Möglichkeiten (unterschiedliche Lernziele oder -inhalte, Methodenvariation zur Förderung von Methodenkompetenzen).

■ **Intelligentes Üben**

Übungsaufgaben passen zum Lernstand der Schülerinnen und Schüler, fordern heraus, aber überfordern nicht; vernetzen Lerninhalte und Kontexte; fördern den Einsatz von Lernstrategien und die Reflexion von eigenem Lernen (▶ Kap. 2).

Die vorangegangenen Kapitel haben Ihnen schon theoretisch und an praktischen Beispielen einen Einblick gegeben, welche „Mitspieler" im Unterrichtsgeschehen zu beachten sind. Bei der Unterrichtsplanung sind nun Bildungsziele des naturwissenschaftlichen Unterrichts und Kompetenzen anhand von konkreten Inhalten unter Berücksichtigung von geeigneten Unterrichtsmethoden, Arbeitsweisen und Medien zu vermitteln. Doch damit nicht genug: Die Auswahl der Inhalte und ihre Schwerpunktsetzung bei Inhalten und Methoden erfordern eine theoretisch oder empirisch fundierte didaktische Begründung. Diese kann sich aus der Relevanz eines Inhalts für Ihr Unterrichtsfach sowie aus der Relevanz für die Schülerinnen und Schüler oder für den gesellschaftlichen Kontext ergeben. Die Abstimmung der genannten Komponenten des naturwissenschaftlichen Unterrichts und ausgewählte Inhalte hierfür gut argumentieren zu können, sind zwei wesentliche Lernziele dieses Kapitels.

Die Gestaltung von naturwissenschaftlichem Unterricht bedarf mit Blick auf die Kompetenzorientierung einer umfangreichen Planung. Traditionell und auf der Basis didaktischer Modelle wurde die Unterrichtsplanung in der pädagogischen und fachdidaktischen Literatur von den Inhalten des Lehrplans her gedacht, um der Inputsteuerung im Bildungswesen gerecht zu werden. Kompetenzen sind dagegen der *Outcome* von längerfristigen Bildungs- und Lernprozessen. Sie sind damit nicht mit einer einzelnen Unterrichtsstunde abschließend zu erwerben und als Ergebnis zu sichern, sondern sollten kontinuierlich an unterschiedlichen Themenbereichen des Lehrplans gefördert und geübt werden. Es erscheint daher sinnvoll, das Ende der Sekundarstufe I bzw. II im Blick zu behalten und die Kompetenzförderung im naturwissenschaftlichen Lehrerkollegium für die einzelnen Schuljahre bzw. -halbjahre unter Berücksichtigung der Themenbereiche des Lehrplans festzulegen, um Kontinuität zu gewährleisten und an die schon vorhandenen Vorkenntnisse immer wieder anzuknüpfen. Dabei ist zu beachten, dass nicht jeder Themenbereich gleich gut geeignet ist, um experimentelle Kompetenzen oder Bewertungskompetenz zu fördern.

Die meisten Bundesländer haben ihre Lehrpläne im Sinne eines Kerncurriculums bereits weiterentwickelt. Andere berücksichtigen gleichfalls die Kompetenzen der Bildungsstandards, beziehen sie aber nicht auf konkrete Themengebiete des Lehrplans, sodass die Umsetzung der Kompetenzförderung und die Verknüpfung von Kompetenzanforderung und fachlichen Inhalten den Fachschaften an den Schulen obliegen. Die Planung von naturwissenschaftlichem Unterricht vollzieht sich dann unter Berücksichtigung der Bildungsstandards und des Lehrplans in mehreren Schritten von einer Jahres- bzw. Halbjahresplanung (Stoffverteilung, sehr grobe Strukturierung von Themengebieten unter Berücksichtigung von Zeitvorgaben aus dem Lehrplan; diese wird idealerweise mit allen Lehrkräften eines Unterrichtsfachs in der Fachschaft abgestimmt) über Unterrichtseinheiten (mittelgroße, thematisch sinnvolle Einheiten in einem großen Themengebiet des Lehrplans von wenigen Stunden) zu einer einzelnen Unterrichts(-doppel)stunde.

Im Einzelnen sind bei der Planung von Unterrichtseinheiten und -stunden folgende Aspekte zu berücksichtigen (Weitzel und Schaal 2012; Meisert 2012) (◘ Tab. 11.1):

◻ **Tab. 11.1** Wichtige Planungsaspekte für Unterrichtseinheiten und Unterrichtsstunden

Planung einer Unterrichtseinheit	Planung einer Unterrichtsstunde
Beitrag zur Kompetenzförderung klären, Auswahl von Standards aus den Kompetenzbereichen, gegebenenfalls Festlegung übergeordneter Zielsetzungen der Einheit (▶ Kap. 2 und 3)	Bestimmung von zu fördernden Kompetenzen und Lernzielen (▶ Kap. 2 und 3)
Auswahl eines Themengebiets; die fachliche Klärung der Inhalte liefert die fachliche Struktur des Themengebiets (▶ Kap. 3 und 5)	Didaktische (Re)Konstruktion mit fachlicher Klärung und Relevanzanalyse (insbesondere Schülerrelevanz; ▶ Kap. 5)
Durchführung einer Relevanzanalyse (fachliche Relevanz, Schülerrelevanz, gesellschaftliche Relevanz; ▶ Kap. 5)	Methodische Überlegungen inklusive Arbeitsweisen und Medien (▶ Kap. 6–10)
Gestaltung einer (oder mehrerer möglichen) Themenabfolge(n)	Ausformulierung eines tabellarischen Planungsrasters, das die Feinstruktur der zeitlichen Planung mit den geplanten Unterrichtsphasen, -aktionen, Methoden und -medien mit Blick auf zu fördernde Kompetenzen und angestrebte Lernziele transparent macht

Bedingungsanalyse

Im Rahmen des Schulpraktikums werden Sie Ihre Unterrichtsplanung vor dem Hintergrund konkreter Rahmenbedingungen der Schule, des Umfeldes der Schule und der Schülerinnen und Schüler sowie der Voraussetzungen Ihrer Lerngruppe vornehmen. Bei dieser *Bedingungsanalyse* nehmen Sie für die folgenden Faktoren eine erste Einschätzung vor (Meyer 2009):

Informationen über Schülerinnen und Schüler
Geschlechterverteilung, Wiederholer, Verhaltensauffälligkeiten, Ethnien, sprachliches Vermögen etc.

Vorhergehender Unterricht und Leistungsstand
Thematischer Bezug des vorherigen Unterrichts und Bezug zu dem zu planenden

Thema, Arbeitsverhalten und Leistungsprofil der Schülerinnen und Schüler, eventuell Hochbegabung, Unterstützung für Lernschwächere.

Methodische Kompetenzen
Übung in den Arbeitsweisen, z. B. Experimentieren und Modellieren; Beherrschung von offenen Unterrichtsformen und selbstreguliertem Lernen.

Sozialverhalten
Regeln und Rituale, Klassensprecher, andere Funktionen (z. B. Ersthelfer).

Zur Verfügung stehende Ausstattung, Unterrichtsmaterialien und -medien
Abzüge in Naturwissenschaftsräumen, Chemikalien, Modelle, technische Geräte, z. B. Beamer und Dokumentenkamera,

Schulbücher, Filme oder digitale Medien.

Lehrkompetenz
Reflektieren Sie, ob Sie für die durchzuführende Stunde über das erforderliche Fachwissen in einer angemessenen Breite und Tiefe verfügen. Beherrschen Sie auch die erforderlichen Unterrichtsmethoden und Arbeitstechniken, haben Sie z. B. die geplanten Experimente oder eine Präparation selbst erprobt und können Sie die Schülerinnen und Schüler dabei unterstützen? Beachten Sie diesen Aspekt in Ihrer Vorbereitung sehr genau und bessern Sie gegebenenfalls an dieser Stelle noch einmal gewissenhaft nach, um flexibel auf Schülerfragen und nicht geplante Ereignisse, z. B. organisatorische/technische Schwierigkeiten mit Geräten, reagieren zu können.

11

11.2 Didaktische Analyse eines Themenbereichs und Planung einer Unterrichtseinheit

Bei der Planung von Unterricht gehen Sie zunächst von den staatlichen Vorgaben aus, da an Sie und Ihren Unterricht konkrete Erwartungen in Bezug auf die Kompetenzförderung bei Schülerinnen und Schülern sowie die Behandlung verbindlicher Lehrplanthemen gestellt werden. Bildungsstandards definieren übergeordnete naturwissenschaftliche Bildungsziele auf der Handlungsebene. Lehrpläne geben verbindliche Themengebiete an, machen zeitliche Rahmenvorgaben und legen die Verteilung von Inhalten auf die verschiedenen Jahrgangsstufen fest. Darüber hinaus gibt es keine weiteren Vorgaben für die Realisierung der Kompetenzförderung im naturwissenschaftlichen Unterricht. In der inhaltlichen Schwerpunktsetzung und der unterrichtlichen Gestaltung mithilfe von Arbeitsweisen, Methoden und Medien sind Lehrkräfte frei. Mit Blick auf die Zielerreichung ist daher die plausible didaktische und methodische Begründung Ihres unterrichtlichen Vorgehens umso wichtiger. Dazu gehört auch die Betrachtung von möglichen Alternativen im Planungsprozess.

11.2.1 Kompetenzförderung gemäß der Bildungsstandards

Bei jedem Themengebiet stellt sich die Frage nach seinem spezifischen Beitrag zur Kompetenzförderung in den vier unterschiedlichen Kompetenzbereichen (KMK 2005a, b). Wie in ▶ Abschn. 11.1 bereits ausgeführt wurde, sollte dieser Beitrag schon im Rahmen einer didaktischen Jahresplanung und Stoffverteilung für ein Halbjahr erfasst und eine Anschlussfähigkeit zu anderen Themengebieten des Schul(-halb)jahres hergestellt werden (◻ Abb. 11.1). Dabei kann es sinnvoll sein, nur wenige Standards über die Unterrichtseinheit zu fokussieren und diese Kompetenzen sehr intensiv und an unterschiedlichen thematischen Aspekten zu fördern. Ferner stellt sich die Frage, welche inhaltlichen Aspekte des Themengebiets sich über die Basiskonzepte vertikal vernetzen lassen oder ob die Inhalte aus dem Blickwinkel mehrerer Basiskonzepte betrachtet werden können (Schmiemann et al. 2012).

Beispielaufgabe 11.1

Kompetenzförderung am Beispiel des Themas *Gasaustausch und Atemgastransport*
Identifizieren Sie ausgewählte Kompetenzen nach Bildungsstandards (oder EPA), die sich durch die Behandlung des Themenbereichs *Gasaustausch und Atemgastransport* mit einer Unterrichtseinheit besonders fördern lassen. Erläutern Sie dabei auch, welche Aspekte des Themas über Basiskonzepte vertikal vernetzt werden können.

Lösungsvorschlag
Die Kompetenzförderung anhand des Themas *Gasaustausch und Atemgastransport* wird in enger Abstimmung mit der fachlichen Klärung und der Relevanzanalyse, die unter anderem die Schlüsselaspekte des Themengebiets festlegt und schülerbezogene Aspekte berücksichtigt, abgestimmt (▶ Abschn. 11.2.2). Bei diesem Themenbereich bietet es sich an, den Schwerpunkt auf naturwissenschaftliches Arbeiten und Kommunizieren zu legen, z. B. anhand des Untersuchens, Experimentierens und Modellierens.

Kompetenzbereich Fachwissen

Als Schlüsselaspekte des Themenbereichs werden 1) Kreislaufsystem als Drehscheibe des Gasaustauschs, 2) Blut/Hämoglobin als Transportvehikel der Atemgase und 3) Diffusion als übergeordnetes naturwissenschaftliches Prinzip benannt ◫ Tab. 11.2). Diese lassen sich durch den Wechsel der Systemebenen Organ – Zelle über das Basiskonzept System vernetzen. Darüber hinaus werden grundlegende Strukturen des Herz-Kreislauf-Systems besprochen, um den Zweck, die Voraussetzungen und den Ablauf des Gaswechsels zu klären. Diese funktionellen Aspekte lassen sich über das Basiskonzept Struktur und Funktion miteinander in Beziehung setzen.

Beispielhafte Standards sind: Schülerinnen und Schüler …

- F 1.5 wechseln zwischen den Systemebenen (Basiskonzept System) und
- F 2.4 beschreiben und erklären Struktur und Funktion von Organen und Organsystemen, z. B. bei der Stoff- und Energieumwandlung, Steuerung und Regelung, Informationsverarbeitung, Vererbung und Reproduktion (Basiskonzept Struktur und Funktion).

Kompetenzbereich Erkenntnisgewinnung, Kommunikation und Bewertung

Die genannten Schlüsselaspekte bieten sich an, den Schülerinnen und Schülern einen Zugang zur Thematik über die naturwissenschaftlichen Arbeitsweisen zu bieten. Sie können dabei Vermutungen über den Einfluss interner und externer Faktoren auf die Atmung auf Basis ihrer alltäglichen Erfahrungen anstellen und einfache Untersuchungen oder Experimente zur Überprüfung dieser Hypothesen planen, durchführen und auswerten. Wo sich keine Arbeitsweisen einsetzen lassen, z. B. zur Klärung der Bedingungen des Gaswechsels auf Zellebene, kann auf recherchiertes Datenmaterial zurückgegriffen werden, das interpretiert und diskutiert wird. Zur Klärung der anatomischen Strukturen bietet sich der Einsatz von Modellen oder eine Präparation an. Der Aspekt der Gesunderhaltung des Atmungsapparats und des Herz-Kreislauf-Systems bietet sich zur Förderung der Kommunikations- und Bewertungskompetenz an. Insbesondere sind die folgenden handlungsbezogenen Kompetenzen gut zu fördern:

Schülerinnen und Schüler …

- E 5 führen Untersuchungen mit geeigneten qualifizierenden oder quantifizierenden Verfahren durch,
- E 6 planen einfache Experimente, führen die Experimente durch und/oder werten sie aus,
- E 8 erörtern Tragweite und Grenzen von Untersuchungsanlage, -schritten und -ergebnissen,
- E 9 wenden Modelle zur Veranschaulichung von Struktur und Funktion an,
- K 3 veranschaulichen Daten messbarer Größen zu Systemen, Struktur und Funktion sowie Entwicklung angemessen mit sprachlichen, mathematischen oder bildlichen Gestaltungsmitteln,
- K 6 stellen Ergebnisse und Methoden biologischer Untersuchung dar und argumentieren damit,
- K 7 referieren zu gesellschafts- oder alltagsrelevanten biologischen Themen und
- B 2 beurteilen verschiedene Maßnahmen und Verhaltensweisen zur Erhaltung der eigenen Gesundheit und zur sozialen Verantwortung.

Abb. 11.1 **(a)** Strukturierung des Bayerischen LehrplanPLUS in der 10. Jahrgangsstufe Biologie und **(b)** in der 10. Jahrgangsstufe Chemie; **(c)** Detailansicht des ersten Lernbereichs 10. Jahrgangsstufe Biologie; die handlungsbezogenen Kompetenzen werden in jeder Jahrgangsstufe den Inhalten in einem eigenen Lernbereich vorangestellt

Abb. 11.1
Fortsetzung

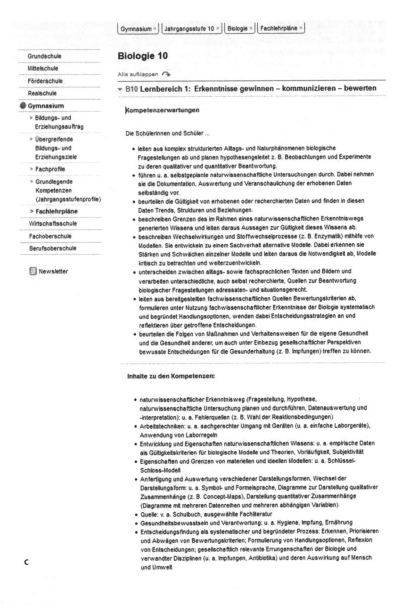

Gymnasium × | Jahrgangsstufe 10 × | Biologie × | Fachlehrpläne ×

Grundschule

Mittelschule

Förderschule

Realschule

● Gymnasium

> Bildungs- und
  Erziehungsauftrag

> Übergreifende
  Bildungs- und
  Erziehungsziele

> Fachprofile

> Grundlegende
  Kompetenzen
  (Jahrgangsstufenprofile)

> Fachlehrpläne

Wirtschaftsschule

Fachoberschule

Berufsoberschule

Newsletter

Biologie 10

Alle aufklappen ↷

▼ B10 **Lernbereich 1: Erkenntnisse gewinnen – kommunizieren – bewerten**

Kompetenzerwartungen

Die Schülerinnen und Schüler ...

- leiten aus komplex strukturierten Alltags- und Naturphänomenen biologische Fragestellungen ab und planen hypothesengeleitet z. B. Beobachtungen und Experimente zu deren qualitativer und quantitativer Beantwortung.
- führen u. a. selbstgeplante naturwissenschaftliche Untersuchungen durch. Dabei nehmen sie die Dokumentation, Auswertung und Veranschaulichung der erhobenen Daten selbständig vor.
- beurteilen die Gültigkeit von erhobenen oder recherchierten Daten und finden in diesen Daten Trends, Strukturen und Beziehungen.
- beschreiben Grenzen des im Rahmen eines naturwissenschaftlichen Erkenntniswegs generierten Wissens und leiten daraus Aussagen zur Gültigkeit dieses Wissens ab.
- beschreiben Wechselwirkungen und Stoffwechselprozesse (z. B. Enzymatik) mithilfe von Modellen. Sie entwickeln zu einem Sachverhalt alternative Modelle. Dabei erkennen sie Stärken und Schwächen einzelner Modelle und leiten daraus die Notwendigkeit ab, Modelle kritisch zu betrachten und weiterzuentwickeln.
- unterscheiden zwischen alltags- sowie fachsprachlichen Texten und Bildern und verarbeiten unterschiedliche, auch selbst recherchierte, Quellen zur Beantwortung biologischer Fragestellungen adressaten- und situationsgerecht.
- leiten aus bereitgestellten fachwissenschaftlichen Quellen Bewertungskriterien ab, formulieren unter Nutzung fachwissenschaftlicher Erkenntnisse der Biologie systematisch und begründet Handlungsoptionen, wenden dabei Entscheidungsstrategien an und reflektieren über getroffene Entscheidungen.
- beurteilen die Folgen von Maßnahmen und Verhaltensweisen für die eigene Gesundheit und die Gesundheit anderer, um auch unter Einbezug gesellschaftlicher Perspektiven bewusste Entscheidungen für die Gesunderhaltung (z. B. Impfungen) treffen zu können.

Inhalte zu den Kompetenzen:

- naturwissenschaftlicher Erkenntnisweg (Fragestellung, Hypothese, naturwissenschaftliche Untersuchung planen und durchführen, Datenauswertung und -interpretation): u. a. Fehlerquellen (z. B. Wahl der Reaktionsbedingungen)
- Arbeitstechniken: u. a. sachgerechter Umgang mit Geräten (u. a. einfache Laborgeräte), Anwendung von Laborregeln
- Entwicklung und Eigenschaften naturwissenschaftlichen Wissens: u. a. empirische Daten als Gültigkeitskriterien für biologische Modelle und Theorien, Vorläufigkeit, Subjektivität
- Eigenschaften und Grenzen von materiellen und ideellen Modellen: u. a. Schlüssel-Schloss-Modell
- Anfertigung und Auswertung verschiedener Darstellungsformen, Wechsel der Darstellungsform: u. a. Symbol- und Formelsprache, Diagramme zur Darstellung qualitativer Zusammenhänge (z. B. Concept-Maps), Darstellung quantitativer Zusammenhänge (Diagramme mit mehreren Datenreihen und mehreren abhängigen Variablen)
- Quelle: v. a. Schulbuch, ausgewählte Fachliteratur
- Gesundheitsbewusstsein und Verantwortung: u. a. Hygiene, Impfung, Ernährung
- Entscheidungsfindung als systematischer und begründeter Prozess: Erkennen, Priorisieren und Abwägen von Bewertungskriterien; Formulierung von Handlungsoptionen, Reflexion von Entscheidungen; gesellschaftlich relevante Errungenschaften der Biologie und verwandter Disziplinen (u. a. Impfungen, Antibiotika) und deren Auswirkung auf Mensch und Umwelt

c

11.2.2 Inhaltliche und didaktische Strukturierung eines Themengebiets

Durch den Lehrplan erhalten Lehrkräfte schulartspezifisch für jede Jahrgangsstufe eine Vorgabe von Themengebieten mit entsprechender zeitlicher Rahmenvorgabe, wie in ● Abb. 11.1a und b dargestellt. Diese Themengebiete werden darüber hinaus mit mehr oder weniger detaillierten Inhaltsvorgaben ausgeschärft (● Abb. 11.2). Diese inhaltlichen Aspekte sollen allerdings nur als Richtlinien dienen und geben der Lehrkraft somit die Freiheiten, individuelle inhaltliche Schwerpunkte zu setzen und den Unterricht nach eigener Vorstellung zu gestalten.

▼ B10 **3.3 Gasaustausch und Atemgastransport im Blutkreislauf** 📄

Kompetenzerwartungen

🖼 **+ Übergreifende Ziele** Ⓐ

Die Schülerinnen und Schüler ...

Ⓐ Alltagskompetenzen

- erklären den Gasaustausch durch Diffusion mithilfe des Struktur-Funktions-Konzepts.
- erläutern die Funktion des Herz-Kreislauf-Systems als Transportsystem zwischen der Umgebung und allen Zellen des menschlichen Körpers bei der Stoffaufnahme und -abgabe.
- erklären die Bedeutung einer aktiven Gesundheitsvorsorge zur Vermeidung von Schädigungen und Erkrankungen der Lunge und des Herz-Kreislauf-Systems und erläutern medizinische Möglichkeiten zu deren Behandlung.

Inhalte zu den Kompetenzen:

- Gasaustausch in der Lunge und in anderen Geweben durch Diffusion: Oberflächenvergrößerung, Konzentrationsunterschied, Diffusionsstrecke
- Sauerstoff- und Kohlenstoffdioxidtransport im Blut, Hämoglobin als Transportprotein
- Herz-Kreislauf-System: Lungen- und Körperkreislauf, Herz (Herzkammern, Herzklappen, Herzzyklus), Blutdruck
- Gesundheitsvorsorge (Bewegung, Ernährung, Gefährdung durch Rauchen), Schädigungen und Erkrankungen (z. B. Arteriosklerose, Herzinfarkt); Bedeutung von Erste-Hilfe-Maßnahmen, Blutspende, Organspende

a

▼ C 10 **Lernbereich 3: Donator-Akzeptor-Konzept und Reversibilität chemischer Reaktionen bei Elektronenübergängen: Redoxreaktionen in wässriger Lösung (ca. 25 Std.)** 📄

Von den für diesen Lernbereich angegebenen Stunden werden 8 für den Profilbereich veranschlagt.

Kompetenzerwartungen

🖼 **+ Übergreifende Ziele** Ⓐ

Die Schülerinnen und Schüler ...

Ⓐ Alltagskompetenzen

- ermitteln Oxidationszahlen in anorganischen und organischen Teilchen, um Redoxreaktionen zu identifizieren.
- verwenden die Regeln zum Aufstellen von Redoxteilgleichungen in wässrigen Lösungen, um Redoxgleichungen zu formulieren.
- grenzen Redoxreaktionen von Säure-Base-Reaktionen ab, indem sie z. B. die Reaktion von unedlen Metallen und von Carbonaten mit sauren Lösungen vergleichen.
- vergleichen die Oxidierbarkeit primärer, sekundärer und tertiärer Alkohole, um die Bildung von Aldehyden, Ketonen und Carbonsäuren zu erklären.
- führen geeignete Nachweisreaktionen durch, um Aldehyde von Ketonen zu unterscheiden.
- beschreiben Schädigungen des Körpers, die durch den Konsum alkoholhaltiger Getränke entstehen, sowie Gefährdungen unter Alkoholeinfluss und Ursachen für Abhängigkeit.
- erörtern die Bedeutung von Redoxreaktionen im Alltag und in der Technik.

Inhalte zu den Kompetenzen:

- Oxidationszahlen als Hilfsmittel zum Erkennen von Redoxreaktionen, Regeln zur Ermittlung von Oxidationszahlen
- Regeln zum Aufstellen von Redoxgleichungen
- Wasserstoffentwicklung bei Redoxreaktionen zwischen unedlen Metallen und sauren Lösungen
- Profil: Redoxreaktion von Metallen mit sauren und basischen Lösungen
- Oxidation von Alkohol-Molekülen mit verschiedenen Oxidationsmitteln
- Profil: Ethanol und Methanol als Industriechemikalien
- Nachweis von Aldehyden: Fehling-Probe, Silberspiegel-Probe
- Profil: Untersuchung von Lebensmitteln
- Ethanol: Herstellung, Gefährdung (z. B. Toxizität, Straßenverkehr, Verhaltensänderung, Missbrauch)
- Profil: Herstellung von Ethanol durch Gärung
- Redoxreaktionen in Alltag und Technik: Funktionsweise verschiedener Brennstoffzelltypen, Solarwasserstofftechnologie, ggf. weitere Beispiele (Antioxidationsmittel in Lebensmitteln, Essigherstellung, Chlorfreisetzung bei unsachgemäßer Anwendung von Reinigungsmitteln, Metall-Luft-Batterie)
- weitere Vorschläge für den Profilbereich: Redoxtitration, Methoden der Wasserstoffentwicklung

b

□ **Abb. 11.2** Detaillierte Inhaltsübersicht des Bayerischen LehrplanPLUS (**a**) 10. Jahrgangsstufe Biologie, Gasaustausch und Atemgastransport; (**b**) 10. Jahrgangsstufe Chemie, Donator-Akzeptor-Konzept: Elektronenübergänge

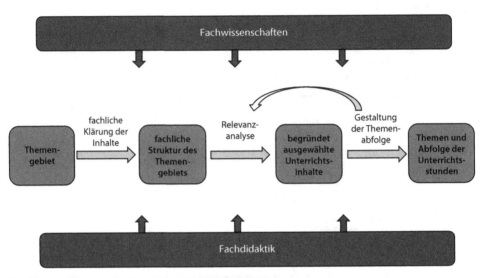

◻ Abb. 11.3   Planung einer Unterrichtseinheit (Meisert 2012)

Die Planung einer Unterrichtseinheit dient der Bestimmung relevanter Inhalte und der Planung einer sinnvollen Abfolge für den Unterricht. Diese vollzieht sich in drei zentralen Schritten (◻ Abb. 11.3).

11.2.2.1   Fachliche Klärung (auch *Sachanalyse*)

Zu Beginn der Planung einer Unterrichtseinheit steht eine fachliche Klärung der zur Kompetenzförderung genutzten naturwissenschaftlichen Arbeitsweisen sowie eines Themengebiets, an dem diese Kompetenzförderung exemplarisch umgesetzt werden soll. Hierbei wird der Fokus darauf gerichtet, welche epistemologischen Grundideen und Inhalte das Thema umfasst, welche Zusammenhänge zwischen diesen Inhalten und übergeordneten Basiskonzepten bestehen und ob es fächerübergreifende Aspekte und Alltagsbezüge zu berücksichtigen gibt. Bei der fachlichen Klärung können die Leitfragen der Didaktischen Rekonstruktion (▶ Kap. 5; Kattmann 2007) herangezogen werden:

— Welche wissenschaftlichen und epistemologischen Positionen sind erkennbar?
— Welche fachwissenschaftlichen Aussagen liegen zu einem Bereich vor, wo zeigen sich deren Grenzen?
— Welche Funktion und Bedeutung haben die wissenschaftlichen Vorstellungen und in welchem Kontext stehen sie?
— Wo sind Grenzüberschreitungen sichtbar, bei denen bereichsspezifische Erkenntnisse auf andere Gebiete übertragen werden?
— Welche Bereiche sind von einer Anwendung der Erkenntnisse betroffen?
— Welche lebensweltlichen Vorstellungen finden sich in historischen und aktuellen wissenschaftlichen Quellen?

— Welche ethischen und gesellschaftlichen Implikationen sind mit den wissenschaftlichen Vorstellungen verbunden?

⊙ **Verwenden Sie für die fachliche Klärung Fachbücher und gegebenenfalls auch wissenschaftliche Artikel aus seriösen Quellen. Schulbücher und Internetquellen greifen häufig zu kurz und reichen allein nicht aus!**

Beispielaufgabe 11.2
Fachliche Klärung bei der Planung einer Unterrichtseinheit
Analysieren Sie die fachliche Struktur des Themengebiets *Gasaustausch und Atemgastransport* (Biologie) oder *Donator-Akzeptor-Konzept: Elektronenübergänge* (Chemie), beide zehnte Jahrgangsstufe. Erstellen Sie zu diesem Zweck eine kompakte *Mindmap*, die überblicksartig die Struktur des Themengebiets verdeutlicht, und erläutern Sie diese kurz und fachlich präzise.

Lösungsvorschlag
Die fachliche Klärung kann in einer *Mindmap* veranschaulicht werden. Zu beachten ist, dass bei der fachlichen Klärung zunächst keine didaktische Reduktion der Inhalte erfolgen sollte.

Biologie: Bei der fachlichen Reflexion des Themengebiets *Gasaustausch und Atemgastransport* sind die anatomischen und physikalischen Voraussetzungen für die Funktion des Atemgastransports und des Gasaustauschs auf der Organ-, Gewebe- und Zelllebene zu betrachten. Des Weiteren sind im fachlichen Gesamtzusammenhang die Entstehung der anatomischen Strukturen und die spezifischen Anpassungen an das Medium relevant (▶ Sadava et al. 2011). In diesem Sinne ist auch die Verwendung des Sauerstoffs als Ausgangsstoff für die Zellatmung und die Entstehung von Kohlenstoffdioxid im Zitronensäurezyklus fachlich zu beleuchten. ⬛ Abbildung 11.4 zeigt eine ausführliche *Mindmap* der biologischen Strukturen und Prozesse, die beim Thema Gasaustausch und Atemgastransport von Bedeutung sind.

Chemie: Die *Mindmap* zur fachlichen Klärung des Themengebiets *Donator-Akzeptor-Konzept: Elektronenübergänge* umfasst sechs Hauptzweige, die die Grundbegriffe und Anwendungsbereiche dieser wichtigen Reaktionen miteinander vernetzen und Bezüge zu den Basiskonzepten herstellen. Zu den basalen Fachbegriffen gehören *Oxidation* und *Reduktion*, die als Elektronen-Abgabe bzw. -Aufnahme definiert werde. Aus der Sicht dieser beiden Prozesse werden *Reduktionsmittel* und *Oxidationsmittel* definiert und mit Beispielen erläutert. Die gezeigten Beispiele eigenen sich für die Reflexion der Stellung von Metallen und Nichtmetallen im Periodensystem und zur Rückführung auf das Basiskonzept Stoff-Teilchen-Beziehungen. Der Begriff der *Oxidationszahl* ist für das Verständnis von Redoxreaktionen und ihrer Stöchiometrie von Bedeutung, dies wird mit den beispielhaft vernetzenden Pfeilen verdeutlicht. Oxidationszahlen sind fiktive Ladungen, die sich nach Elektronegativität eines

11

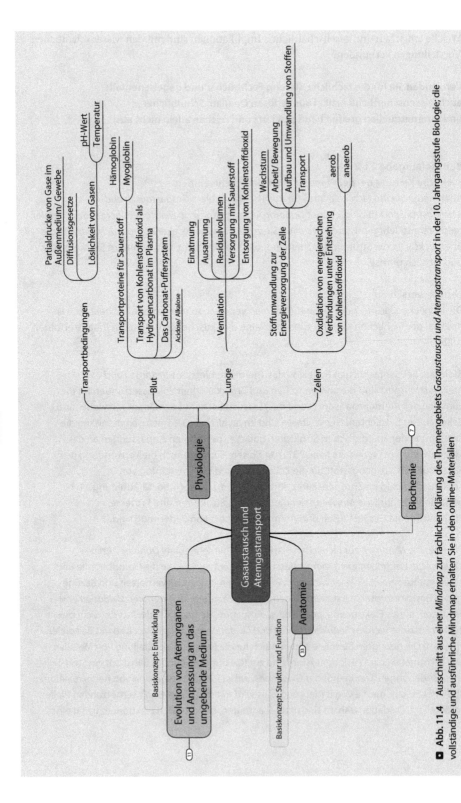

□ **Abb. 11.4**   Ausschnitt aus einer *Mindmap* zur fachlichen Klärung des Themengebiets *Gasaustausch und Atemgastransport* in der 10. Jahrgangsstufe Biologie; die vollständige und ausführliche Mindmap erhalten Sie in den online-Materialien

Atoms oder der Element- bzw. Ionenladung ergeben. Für ihre Zuweisung gibt es einige nützliche Grundregeln (Beispiele: Elemente haben die Oxidationszahl 0; bei Ionen ist die Oxidationszahl gleich der Ladung; Wasserstoff hat zumeist die Oxidationszahl +1 [Ausnahme: Metallhydride] und Sauerstoff die Oxidationszahl −2 [Ausnahme: Peroxide]; z. B. Mortimer und Müller 2015, S. 233). Auf deren Basis lassen sich die Oxidationszahlen aller Atome in Verbindungen berechnen, wobei zu beachten ist,

dass die Gesamtladung der Verbindung erhalten bleibt. Bei der Formulierung von Redoxreaktionen erlauben Oxidationszahlen auf den ersten Blick eine Zuordnung zur Oxidation (OZ wird erhöht) bzw. Reduktion (OZ wird erniedrigt). *Redoxreaktionen* sind sowohl in der anorganischen als auch organischen Chemie bedeutsam. Sie sind definiert als Elektronenübergang, sodass Oxidation und Reduktion stets in Kombination stattfinden und sich damit auf das *Donator-Akzeptor-Konzept* zurückführen lassen. Anorganische Redoxreaktionen werden zumeist im wässrigen Milieu betrachtet. *Stöchiometrisch richtige Redoxgleichungen* werden nach einem bestimmten Schema aufgestellt (Angabe aller beteiligten Reaktanden und Bestimmung ihrer Oxidationszahlen; Aufstellung einer separaten Oxidations- und Reduktionsgleichung; Bestimmung des kleinsten gemeinsamen Vielfachen für die ausgetauschten Elektronen; Addition der Teilgleichungen und Ausgleich von Ionenladungen im sauren oder basischen Milieu/stöchiometrische Richtigstellung der Gesamtgleichung; in Anlehnung an Mortimer und Müller 2015). Im Rahmen der fachlichen Klärungen sollten solche spezifischen Reaktionen auch in symbolischer Schreibweise dargestellt und die Repräsentationswechsel von der Lehrkraft geübt werden (▶ Kap. 9).

Ein prominentes Bespiel der organischen Chemie stellt die Oxidierbarkeit von primären und sekundären Alkoholen zu Aldehyden/Carbonsäuren bzw. Ketonen dar, die man sich auch heutzutage bei der Herstellung von Speiseessig noch zunutze macht. Der alkoholischen Gärung ausgehend von der Glukose liegt gleichfalls eine Redoxreaktion zugrunde. An diesem konkreten Beispiel sieht man, dass sich für die Redoxreaktion zahlreiche Anwendungsmöglichkeiten für die chemische Analytik und den Alltag ergeben. Weitere aktuelle alltagsnahe Themen sind mobile Energiekonzepte (z. B. Batterien, Akkus, Brennstoffzellen), Antioxidantien in Lebensmitteln, Pflegemitteln und Reinigungsprodukten.

Als Ergänzung zu einer *Mindmap* (◨ Abb. 11.5) empfiehlt sich ein Begriffsglossar für die relevanten Fachbegriffe. Das Glossar erleichtert die konsistente Verwendung von eingeführten Begriffen, hält ihre Anzahl in Grenzen (▶ Kap. 9) und erleichtert auch den Überblick für die Vernetzung der Begriffe über verschiedene Jahrgangsstufen. Darüber hinaus lässt damit auch leicht klären, welche deutschen Termini für Fachbegriffe später z. B. zu den lateinischen Namen erweitert werden müssen.

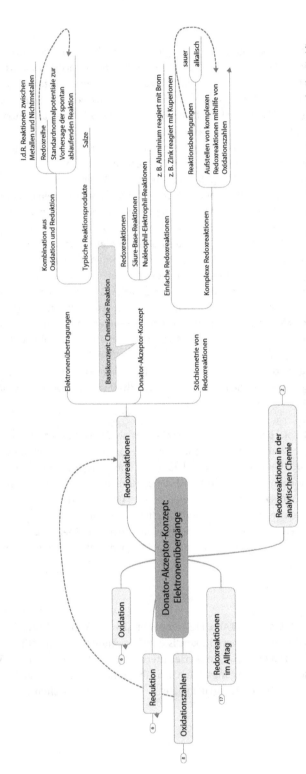

■ **Abb. 11.5** Ausschnitt aus einer *Mindmap* zur fachlichen Klärung des Themengebiets *Donator-Akzeptor-Konzept: Elektronenübergänge* in der 10. Jahrgangsstufe Chemie (die vollständige Kurzversion, die sich weitestgehend auf Lehrplanvorgaben eingeschränkt, erhalten Sie in den online-Materialien)

11.2.2.2   Relevanzanalyse

In der Relevanzanalyse werden nun geeignete Inhalte aus der gesamten fachlichen Breite des Themenbereichs für den Unterricht identifiziert. Dabei sind verschiedene Kriterien zu beachten. So sollten Inhalte, die allgemeine oder fachspezifische Kompetenzen fördern, in jedem Fall ausgewählt und in den Vordergrund gestellt werden. Aspekte, die ein Grundverständnis des Faches oder der Lebenswelt vermitteln, sollten herausgearbeitet und mit Basiskonzepten verknüpft werden. Auf diese Weise entstehen bei jeder Unterrichtsplanung neue Anwendungskontexte für zentrale Prinzipien der Biologie und Chemie. Wichtig ist auch die Berücksichtigung von vorunterrichtlichen Vorstellungen und Schülerinteressen, um die notwendigen und fördernden Lernschritte zielgruppengerecht und differenziert planen zu können.

- **Fachliche Relevanz**

Bei der Beurteilung der fachlichen Relevanz eines Lerninhalts stellt sich die Frage nach seiner Bedeutung für ein grundlegendes Verständnis von Naturwissenschaften allgemein oder speziell der Biologie, Chemie oder Physik (exemplarischer Wert). Möglicherweise ist der Fokus der gewählten Aspekte auch etwas eingeschränkter und vermittelt ein Grundverständnis für das Thema; für dieses stellen sie dann Schlüsselaspekte dar. Mit Blick auf die Wissenschaftspropädeutik ist zu hinterfragen, ob die ausgewählten thematischen Gesichtspunkte ein grundlegendes Verständnis für weiterführende Sachverhalte ermöglichen.

- **Schülerrelevanz**

Bei der Reflexion der Schülerrelevanz wird überprüft, ob Anknüpfungspunkte zwischen der Lebenswelt der Schülerinnen und Schüler und dem Unterrichtsgegenstand bestehen. Finden sie den Lerngegenstand interessant und ist er für sie in ihrer aktuellen Lebenssituation bedeutsam? Dies ist z. B. häufig im Bereich der Humanbiologie für die Mittelstufe der Fall. Möglicherweise leistet dieser Inhalt aber auch erst später einen Beitrag zu naturwissenschaftlichen Fragestellungen, Problemlösungen oder der alltäglichen Lebensbewältigung.

- **Gesellschaftliche Relevanz**

Die gesellschaftliche Relevanz stellt die Bedeutung von naturwissenschaftlichen Inhalten für die eigenständige Teilnahme an gesellschaftlichen Prozessen in den Mittelpunkt, d. h. inwieweit leistet ein biologisches, chemisches oder physikalisches Thema eine Grundlage zum Verständnis oder einen anderen Beitrag zum politischen oder wissenschaftlichen Diskurs in der Öffentlichkeit oder in der Arbeitswelt. Ferner stellt sich die Frage, ob durch die Behandlung des Lerngegenstandes Wertschätzung und Handlungskompetenz in Bezug auf Schützenswertes wie die Umwelt, Gesundheit und Individualität erworben werden (Meisert 2012).

Beispielaufgabe 11.3
Relevanzanalyse am Beispiel des Themas *Gasaustausch und Atemgastransport*
Führen Sie eine didaktische Analyse des Themas *Gasaustausch und Atemgastransport* durch und beurteilen Sie die Bedeutsamkeit dieses Themengebiets in Bezug auf das Unterrichtsfach Biologie und die Naturwissenschaften, die Schülerinnen und Schüler sowie die Gesellschaft.

◼ Tab. 11.2 Beispielhafte Schlüsselaspekte einer Unterrichtseinheit zum Thema Atemgastransport und Gasaustausch

Kreislaufsystem als Drehscheibe des Gasaustauschs	Das Kreislaufsystem des Menschen hat exemplarischen Wert für den Gasaustausch der Säugetiere. Die Behandlung des Themas ermöglicht perspektivisch die vergleichende Betrachtung von Kreislaufsystemen der Wirbeltiere (Basiskonzept *Entwicklung*, z. B. Themenbereich Evolution) und motiviert den Nutzen des Ferntransports von Stoffen. Die Kreislaufdynamik und die Pumpfunktion des Herzens stellen Anknüpfungspunkte für das fächerübergreifende Arbeiten mit der Physik dar
Die Lunge als Atmungsorgan – Maximierung von Stoffaustauschfläche	An der Lunge lassen sich exemplarisch einerseits wesentliche Aspekte der Atmung landlebender Tiere, andererseits ein bedeutsames naturwissenschaftsübergreifendes Konzept verdeutlichen, das *Prinzip der Oberflächenvergrößerung*: Um die Oberfläche für den Gasaustausch zu maximieren, besteht die Lunge nach zahlreichen Verästelungen aus Alveolen. Diese sind von einem Kapillarnetz überzogen. Die dünnwandigen Alveolen mit Kapillarnetz machen den Gasaustausch via Diffusion (s.u.) erst möglich (Basiskonzept: *Struktur und Funktion*)
Blut/Hämoglobin als Transportvehikel der Atemgase	Der Gasaustausch ist ein Beispiel für die vielfältigen Transportfunktionen des Blutes. Der Aufbau, die Bindung von Sauerstoff an Hämoglobin und die reversible Abgabe haben wiederum exemplarischen Wert für das Verständnis des Aufbaus von Proteinen und der Aufgaben von Transportproteinen im menschlichen Organismus (Basiskonzept *Struktur und Funktion*)
Diffusion als übergeordnetes naturwissenschaftliches Prinzip	Am Beispiel der Sauerstoffaufnahme in der Lunge und der Abgabe des Sauerstoffs im Gewebe kann die übergreifende Bedeutung der Diffusion herausgearbeitet werden. Dieser Prozess ist als Kurzstreckentransport von zentraler Bedeutung für den gesamten Stoffwechsel und für die Verteilung von Stoffen in belebten und unbelebten Systemen

Die Verknüpfung dieser *Schlüsselaspekte* vermittelt Schülerinnen und Schülern einen Eindruck von dem Zusammenwirken von Strukturen auf unterschiedlichen Systemebenen (Organ – Gewebe – Zelle) und liefert damit ein Grundverständnis für das Fach Biologie und die Naturwissenschaften allgemein in einem lebensweltlichen Zusammenhang.

Lösungsvorschlag

Fachliche Relevanz: Ausgehend von der fachlichen Klärung werden die drei folgenden Konzepte für das Verständnis des Atemgastransports und des Gasaustauschs sowie für das Weiterlernen in diesem Bereich als zentral erachtet (◼ Tab. 11.2).

Schülerrelevanz. Mit dem Thema *Gasaustausch und Atemgastransport* lässt sich besonders gut an die Vorerfahrungen der Schülerinnen und Schüler anknüpfen. Mit Blick auf den Schlüsselaspekt Kreislaufsystem kennen die Lernenden ihren eignen Herzschlag, eine Pulsmessung und eine bewusste Wahrnehmung der Atmung. Das Thema eignet sich darüber hinaus, alltagsnahe Kontexte aus ihrer Lebenswelt zur Erarbeitung der fachlichen Konzepte zu nutzen.

- Kontext Sport: Erhöhte Atemfrequenz bei sportlicher Belastung; Höhentraining; Besonderheiten des Gaswechsels beim Tauchen
- Kontext Gesundheit: Hyperventilation bei Aufregung/Stress, Asthma, Rauchvergiftungen bei Bränden, Schnarchen und Schlafapnoe, Auswirkungen des Rauchens

Gesellschaftliche Relevanz. Der kompetente Umgang mit dem Themenbereich *Gasaustausch und Atemgastransport* hat im Zusammenhang mit Gesundheit und Umwelt auch gesellschaftliche Bedeutung. Bedeutsam sind hier Konzepte zur Gesunderhaltung von Atmungsorganen (z. B. durch den Verzicht aufs Rauchen, Stabilisierung der Herz-Kreislauf-Funktion durch Sport), Eingrenzung der Luftverschmutzung in städtischen Ballungsräumen, Mobilitätskonzepte mit begrenztem Schadstoffausstoß, Erhaltung von Luftkurorten in See- und Bergregionen. Schülerinnen und Schüler werden durch die Behandlung des Themas in die Lage versetzt, an der öffentlichen Diskussion über diese und vergleichbare Themen teilzuhaben. Darüber hinaus eröffnen sich auch berufliche Perspektiven mit Blick auf den Gesundheitsbereich.

11.2.3 Gestaltung der Themenabfolge

Unter Berücksichtigung der Kompetenzförderung, der fachlichen Klärung und der Relevanzanalyse werden eine oder mehrere sinnvolle Themenabfolgen gestaltet, die den Schülerinnen und Schülern ihre individuellen Lernwege eröffnen. Die traditionelle Unterrichtsplanung orientiert sich dabei stark an der fachlichen Struktur eines Themengebiets. Kontextorientierte Unterrichtsansätze gehen zur Erarbeitung fachlicher Konzepte von einem Alltagsphänomen aus, das für die Schülerinnen und Schüler aufgrund ihrer Erfahrungen sinnstiftend ist. Stehen die naturwissenschaftlichen Erkenntnismethoden im Mittelpunkt, richtet sich die Unterrichteinheit am *Forschenden Lernen* oder *Offenen Experimentieren* aus (▶ Kap. 8).

Unabhängig von dem präferierten Ansatz bei der Gestaltung der Themenabfolge sind folgende Aspekte zu berücksichtigen (Meisert 2012; Weitzel und Schaal 2012):

a. *Vom Einfachen zum Komplexen*: Die inhaltliche Auseinandersetzung mit den Schlüsselaspekten des Themenbereichs sollte langsam und im Verlauf den Abstraktions- bzw. Komplexitätsgrad erhöhen. Beispielsweise eignet sich ein Einstieg über ein bekanntes Phänomen. Dieser Ausgangspunkt wird mit der organismischen Ebene sowie deren Aufbau und ihrer Funktion verknüpft. Sind diese Aspekte bekannt und durchdrungen, kann die zelluläre Ebene mit ihren Strukturen und Prozessen betrachtet werden.

b. *Themen in der Unterrichtseinheit vernetzen*: Für die Vernetzung der Themen einer Unterrichtseinheit kommen mehrere Ansätze infrage, die bei der Klärung der Kompetenzorientierung und der fachlichen Relevanz zum Tragen kamen.
   - Vertikale Vernetzung und kumulatives Lernen: Inwieweit werden bei den Themen der Unterrichtseinheit bereits behandelte Konzepte aus der Biologie wieder aufgegriffen, in einen neuen thematischen Zusammenhang gestellt oder auf einer anderen Systemebene vertieft?
   - Horizontale Vernetzung: Welche Konzepte, Prinzipien und Gesetze kommen aus den anderen Naturwissenschaften zur Anwendung, stellt eine andere Disziplin den Kontext für die Erarbeitung der biologischen Konzepte?

c. *Schülervorstellungen und -interessen*: Der Einstieg in eine Unterrichtseinheit sollte die Anbindung an die vorunterrichtlichen Vorstellungen und Interessen der Schülerinnen und Schüler ermöglichen (▶ Kap. 5). Davon ausgehend sollte die thematische Struktur der Unterrichtseinheit den Lernenden einen individuellen Kompetenzzuwachs ermöglichen. Idealerweise werden Schülerinnen und Schüler an dem Planungs- und Erarbeitungsprozess für das Themengebiet beteiligt.

Beispielaufgabe 11.4
Themenabfolgen gestalten
Entwerfen Sie zwei sinnvolle Themenabfolgen entweder für eine Unterrichtseinheit zum Thema *Donator-Akzeptor-Konzept: Elektronenübergänge* in der Chemie oder *Gasaustausch und Atemgastransport* in der Biologie. Verfolgen Sie bei den Entwürfen unterschiedliche Strukturierungsansätze für den Lernweg (z. B. Sachstruktur, Schüler-/Alltagserfahrungen, Problemorientierung, Erkenntnisgewinnung/Wissenschaftspropädeutik).

Lösungsvorschlag
Im Folgenden werden je zwei Themenabfolgen dargestellt, die die beiden genannten Themenbereiche organisieren. Dabei wird zwischen der Orientierung an der *Sachstruktur* und der *Orientierung an den Erfahrungen der Schülerinnen und Schüler* beim Thema *Elektronenübergänge* unterschieden (◘ Tab. 11.3).
Für das Thema *Gasaustausch und Atemgastransport* werden zwei Themenabfolgen gezeigt, die sich an der *Sachstruktur* und *Erkenntnisgewinnung* orientieren (◘ Tab. 11.4).

◘ **Tab. 11.3** Mögliche Themenabfolgen der Unterrichtseinheit *Donator-Akzeptor-Konzept: Elektronenübergänge*

Elektronenübergänge (Sachstruktur)	Energy to go (Alltagsnahe Kontexte/Erfahrungen der Schülerinnen und Schüler)
(Verbrennungen)	Mobile Energiequellen
Allgemeiner Oxidations- und Reduktionsbegriff	Spannungsreihe/galvanische Elemente
Oxidations- und Reduktionsmittel	Redox-Reaktionen (Donator-Akzeptor-Konzept) (*Phänomenebene*)
Oxidationszahlen	Allgemeiner Oxidations- und Reduktionsbegriff
Redox-Reaktionen (Donator-Akzeptor-Konzept)	Oxidations- und Reduktionsmittel
Spannungsreihe/galvanische Elemente	Oxidationszahlen
Batterien oder Korrosion	Redox-Reaktionen (Donator-Akzeptor-Konzept) (*Teilchenebene*)

Bekannt aus früherem Unterricht ist in der Regel die Verbrennung als Reaktion mit Sauerstoff, die zu einem ersten Oxidationsbegriff führt. Zwischen den thematischen Aspekten der Unterrichtseinheit bestehen zahlreiche Rück- und Querbezüge; so ist für das Verständnis des Donator-Akzeptor-Konzepts die Vertrautheit mit dem allgemeinen Oxidations- und Reduktionsbegriff unerlässlich. Bei der Sachstruktur wird die Spannungsreihe der Metalle auf die technische Umsetzung in Batterien angewendet. Alternativ kann mit diesem Wissen auch das Phänomen der Korrosion (z. B. Rosten von Eisen) behandelt werden. Geht man dagegen von den Alltagserfahrungen der Schülerinnen und Schüler mit mobilen Energiequellen in haushaltsüblichen Geräten und mobilen Telefonen aus, kann man die Spannungsreihe auch durch Untersuchung an geeigneten Objekten ableiten und erst im Anschluss davon ausgehend Donator-Akzeptor-Konzept und Redoxbegriff behandeln.

Je nach Vertiefung der Chemie in der Mittelstufe umfasst die Unterrichtseinheit 10–15 Stunden. Die Einheit kann auch noch um die Betrachtung organisch-chemischer Reaktionen als Beispiel aus Alltag und Technik erweitert werden (Oxidation von Alkoholen; alkoholische und Essigsäuregärung; Verwendungsmöglichkeiten in Alltag und Technik sowie Gefährdungspotentiale durch Alkohol).

◻ **Tab. 11.4** Mögliche Themenabfolgen der Unterrichtseinheit *Gasaustausch und Atemgastransport*

Stofftransport vom Organ zur zellulären Struktur und zurück (Sachstruktur)	Experimentieren und Modellieren zum Atemgastransport (Erkenntnisgewinnung)
Blut: Bestandteile und Transportfunktion – Bestandteile des Blutes – Rote Blutkörperchen/Hämoglobin als beispielhaftes Transportprotein Blutgefäßsystem und Kreislauf: Stofftransport zu den Geweben – Arterien, Venen und Kapillaren	Einfluss von Sport auf Atmungsorgane und Herz-Kreislauf-System
Zentraler Antrieb Herz: Bau und Funktion im Kreislauf	Die Atmung experimentell und mit Modellen untersuchen – Atmung beobachten und messen – Experimente mit dem Spirometer in Abhängigkeit von körperlicher Belastung – Fokus CO_2: Nachweis der Atemgase; optional: Löslichkeit von Brausetabletten in Wasser Ausgehend von beobachteten Phänomenen relevante Strukturen und ihre Funktion erkunden – Modellarbeit zu Aufbau und Funktion der Lunge (z. B. Dondersche Glocke)
Lunge: Bau und Funktion – Luftröhre, Lungenflügel, Bronchien – Alveolen mit Kapillaren – Ventilation: Brust- und Zwerchfellatmung	Gaswechsel in der Lunge und im Gewebe – Modelle des Hämoglobins nutzen (3-D-Simulationen) – Sauerstoffbindungskurven recherchieren, Diagramme interpretieren
Gaswechsel in der Lunge und im Gewebe – Diffusion – Partialdrucke von Gasen mit den Einflussfaktoren Druck und Temperatur – Modelle der Sauerstoffbeladung von Hämoglobin (Hb) und Myoglobin – Kohlenstoffdioxidtransport in gelöster und gebundener Form (Blutplasma und Hb)	(Experimentelle) Untersuchungen zum Herz-Kreislauf-System – Pulsfrequenz/Veränderung durch körperliche Belastung experimentell ermitteln – EKG/Blutdruck messen – Präparation eines Schweineherzens – Bestandteile des Blutes mikroskopisch untersuchen
Gesundheitsvorsorge und Schädigungen des Atmungsapparats sowie des Herz-Kreislauf-Systems	Modelle des Kreislaufs und der Herztätigkeit datengestützt entwickeln

Diese Unterrichtseinheit umfasst ca. 12–15 Stunden in Abhängigkeit davon, wie explizit das methodische Vorgehen beim Experimentieren und Modellieren eingeführt und als Arbeitsweise reflektiert wird.

11.3 Planung von Unterrichtsstunden

Ausgehend von einer Unterrichtseinheit (▶ Abschn. 11.2.3), in der die Inhalte eines Themenkomplexes unter didaktischer Zielsetzung sorgfältig ausgewählt wurden, sollen bei der Planung einer Unterrichtsstunde nun konkrete Inhalte unter Berücksichtigung von Kompetenzförderung und Lernzielen didaktisch aufbereitet werden.

11.3.1 Beitrag geplanter Stunden zur Kompetenzförderung und Formulierung von Lernzielen

Lernziele (Exkurs Lernzielhierarchie; ▶ Abschn. 3.2) definieren ganz konkrete Fähigkeiten und Fertigkeiten mit Bezug zu einem Lerninhalt der Unterrichtsstunde, die die Schülerinnen und Schüler nach der Unterrichtsstunde beherrschen sollen. Sie garantieren damit auch eine klare und transparente Leistungserwartung und können so zu einer höheren Unterrichtsqualität beitragen (▶ Abschn. 1.3).

Beispielaufgabe 11.5
Kompetenzförderung und Lernziele auf ein Unterrichtsthema abstimmen
Legen Sie für Ihre Themenabfolge (◘ Tab. 11.3 und 11.4) ein Stundenthema mit einem Schwerpunkt fest. Formulieren Sie in Abstimmung mit diesem Thema für die Unterrichtsstunde 2–3 Lernziele pro Kategorie der Lernzieltaxonomie (▶ Abschn. 3.2). Ordnen Sie die formulierten Lernziele den nach Bildungsstandards zu fördernden Kompetenzen der Unterrichtseinheit (▶ Abschn. 11.2.1 für das biologische Beispiel) zu.

Lösungsvorschlag
Folgende Lernziele können zu einer Unterrichtsstunde zum Thema *Galvanische Elemente* in der Unterrichtseinheit *Donator-Akzeptor-Konzept: Elektronenübergänge* formuliert werden:

Lernzieldimension	Schülerinnen und Schüler …
Kognitiv	nennen die Bestandteile eines galvanischen Elements,
	erklären die Funktion einer galvanischen Zelle und
	beschreiben die Elektronenvorgänge an einem ausgewählten Beispiel
Psychomotorisch	können eine galvanische Zelle bestehend aus zwei Halbzellen aufbauen und
	können eine galvanische Zelle im Versuchsprotokoll zeichnen
Affektiv	verstehen die Bedeutung elektrochemischer Prozesse für Alltag und Technik und ihnen ist die Bedeutung einer fachgerechten Entsorgung von Batterien bewusst

Ausgewählte Kompetenzen: Schülerinnen und Schüler …

F 3.3 kennzeichnen in ausgewählten Donator-Akzeptor-Reaktionen die Übertragung von Teilchen und bestimmen die Reaktionsart (Basiskonzept Chemische Reaktion),

F 4.2. führen energetische Erscheinungen bei chemischen Reaktionen auf die Umwandlung eines Teils der in Stoffen gespeicherten Energie in andere Energieformen zurück (Basiskonzept Energetische Betrachtungen bei Stoffumwandlungen),

E 3 führen qualitative und einfache quantitative experimentelle und andere Untersuchungen durch und protokollieren diese und

K 4 beschreiben, veranschaulichen oder erklären chemische Sachverhalte unter Verwendung der Fachsprache und/oder mithilfe von Modellen und Darstellungen

Die nachfolgende Tabelle zeigt exemplarische Lernziele für eine ausgewählte Station im Lernzirkel *Die Atmung experimentell und mit Modellen untersuchen* in der Unterrichtseinheit *Gasaustausch und Atemgastransport*

Lernzieldimension	Schülerinnen und Schüler ...
Kognitiv	formulieren geeignete Fragestellungen und Hypothesen zur Größe des Atemzugvolumens und seiner möglichen Einflussfaktoren,
	planen aussagekräftige Experimente, um den Zusammenhang von Atemzugvolumen und sportlicher Belastung zu ermitteln und
	analysieren Ursache-Wirkungs-Beziehungen auf der Basis der experimentellen Befunde
Psychomotorisch	bauen geeignete Modelle zur Visualisierung des Gaswechsels in den Alveolen der Lunge und
	führen eine qualitative Untersuchung zur Bestimmung des Kohlenstoffdioxidgehalts in der Ein- und Ausatemluft durch
Affektiv	respektieren die Belastungsgrenze des menschlichen Organismus bei sich selbst und Mitschülern,
	sind sich der Bedeutung gesunder Atmungsorgane und Maßnahmen zu ihrer Gesunderhaltung bewusst und
	schätzen Sport als gesundheitsfördernde Maßnahme

Ausgewählte Kompetenzen: Schülerinnen und Schüler ...

E 6 planen einfache Experimente, führen die Experimente durch und/oder werten sie aus,

E 8 erörtern Tragweite und Grenzen von Untersuchungsanlage, -schritten und -ergebnissen und

K 6 stellen Ergebnisse und Methoden biologischer Untersuchung dar und argumentieren damit

11.3.2 Auswahl von Unterrichtsinhalten und Schwerpunktsetzung

Für die weiteren Betrachtungen wird das Thema *Die Atmung experimentell und mit Modellen untersuchen* aus der Themenabfolge *Experimentieren und Modellieren zum Atemgastransport (Erkenntnisgewinnung)* festgelegt. Ausgehend von der geplanten Kompetenzförderung in Abstimmung mit dem Stundenthema erfolgen hierzu eine Didaktische Konstruktion (Meisert 2012) und gegebenenfalls eine weitere Differenzierung und/oder weitere Anpassung der Lernziele. Abschließend soll die Umsetzung der Kompetenzförderung anhand konkreter Inhalte unter methodischen Überlegungen geplant und aufgezeigt werden (◘ Abb. 11.6).

11.3.3 Didaktische Konstruktion

Bei der didaktischen Konstruktion von Unterrichtsstunden stehen die begründete Auswahl von relevanten Inhaltsaspekten sowie ihre sinnvolle Reihung im Stundenverlauf im Mittelpunkt. Das Vorgehen erfolgt dabei im Prinzip zunächst analog zur Didaktischen Strukturierung und Planung einer Themenabfolge bei Unterrichtseinheiten (▶ Abschn. 11.2.2).

11.3.3.1 Bedingungsanalyse

Bevor Sie in die konkrete inhaltliche Planung einsteigen, empfiehlt es sich, noch einmal die Rahmenbedingungen Ihrer Lerngruppe (z. B. Klassenstärke, Lernausgangslage) und Ihres Lernorts (z. B. Fach- oder Klassenraum, technische Ausstattung, Material und Medien) zu reflektieren

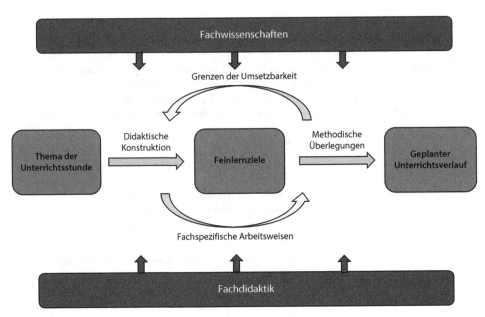

□ Abb. 11.6   Planung einer Unterrichtsstunde (nach Meisert 2012)

und diese mit Blick auf die Realisierbarkeit Ihres geplanten Unterrichts im weiteren Verlauf zu berücksichtigen (▶ Exkurs Bedingungsanalyse).

11.3.3.2   Fachliche Klärung (Sachanalyse)

Bei der Unterrichtsvorbereitung sind zunächst wiederum die *fachlichwissenschaftlichen Grundlagen* des gewählten thematischen Ausschnitts der Unterrichtseinheit (hier: *Die Atmung experimentell und mit Modellen untersuchen*) im Detail und fachlich vertieft zu erarbeiten. Dies gilt insbesondere für den erwarteten Ertrag der eingesetzten naturwissenschaftlichen Arbeitsweisen (▶ Kap. 7). Erst dieses vertiefte Fachwissen ermöglicht Ihnen eine kompetente Beurteilung wichtiger und weniger wichtiger Aspekte aus biowissenschaftlicher Perspektive und die versierte Anleitung naturwissenschaftlichen Arbeitens mit Blick auf das Experimentieren und die Modellbildung. Die fachliche Schwerpunktsetzung der Stunde sollte daher unter Berücksichtigung eines Schlüsselaspekts, z. B. die Maximierung von Stoffaustauschfläche in der Lunge (struktureller Aspekt), erfolgen. Klären Sie, welche Lerninhalte zu einem grundlegenden Verständnis des Themas der Unterrichtsstunde notwendig sind.

11.3.3.3   Relevanzanalyse (fachliche Relevanz, Schülerrelevanz, gesellschaftliche Relevanz)

Bei der *fachlichen Relevanz* sind Überlegungen anzustellen, wie Beziehungen zwischen schon bekannten Sachverhalten (z. B. Darmzotten aus *Ernährung und Verdauung*) und den neuen Inhalten hergestellt werden können, um einen kumulativen Wissenserwerb gegebenenfalls über die zugehörigen Basiskonzepte zu ermöglichen. Welche Themenaspekte der Unterrichtsstunde bereiten auf nachfolgende Inhalte in der Biologie (der Unterrichtseinheit, der kommenden Themen in den nächsten Monaten/Schul[-halb]jahren) oder in anderen naturwissenschaftlichen Fächern vor? Unter Rückgriff auf Ihr Glossar zur Unterrichtseinheit muss darüber hinaus entschieden werden, welche Fachbegriffe anschlussfähig sind und daher eingeführt werden müssen bzw. wegen zu geringer Bedeutung weggelassen werden sollen. Beachten Sie dabei, welche Präkonzepte mit den gewählten Begriffen bereits verknüpft sind, um diese im Unterricht gegebenenfalls aufzugreifen und fachlich weiterzuentwickeln (▶ Kap. 5 und 9).

Bei der Planung von Unterrichtsstunden sollte die *Schülerrelevanz* im Sinne der Schülerorientierung in den Vordergrund treten. Die Inhalte sind so zu wählen und ihre Abfolge so zu gestalten, dass sie die Schülerinteressen, -vorstellungen und -vorkenntnisse berücksichtigen. Gerade im Bereich der Humanbiologie lassen sich viele Anknüpfungspunkte zur Erfahrungswelt der Schülerinnen und Schüler finden. Konkret für diese Unterrichtsstunde ist jedem Lernenden das Heben und Senken des Brustkorbs und/oder der Bauchdecke bei der Atmung als Phänomen vertraut. Auch eine beschleunigte Atmung bei körperlicher Tätigkeit oder Belastung (z. B. Treppensteigen, Laufen, Fahrradfahren) sollte den Jugendlichen wohlbekannt sein. Mit Blick auf die Gesunderhaltung der Atmungsorgane können die Auswirkungen von Breitensport oder auch die Schädigung von Atmungsorganen unter gesellschaftlicher Perspektive beleuchtet werden (z. B. Kostensenkung im Gesundheitssystem durch Prävention oder Auswirkungen des Tabakrauchens).

Zur Ermittlung von Schülervorstellungen sind einige Untersuchungen zum Thema Blutkreislauf durchgeführt worden (z. B. Pach und Riemeier 2007). Dabei wird von jüngeren Schülerinnen und Schülern manchmal das Herz oder die Haut als Ort der Sauerstoffaufnahme beim Menschen verstanden, nicht die Lunge. Um dieser Vorstellung entgegenzuwirken, ist es daher wichtig, die Lunge als Komponente des Kreislaufs zu begreifen (Pach und Riemeier 2007). Das Kapillarnetz, das die Gewebe umspannt und so z. B. die Aufnahme ins Blut bzw. die Abgabe an die Zellen von Sauerstoff und Kohlenstoffdioxid ermöglicht, wird von Lernenden noch seltener verstanden. Die Ideen der Schülerinnen und Schüler zum Übergang von Arterien und Venen sind eher diffus, der Übergang wir ihrer Meinung nach durch die Zellen selbst gewährleistet:

> » In einem Gewebe sind ganz viele Zellen drin, die liegen dicht an dicht. Dann fließt eine Ader, da ran und dann geht eine Vene weg. Und das Blut fließt an den Zellen vorbei. […] Das Blut fließt in die Zellen rein. Und die geben das auch weiter. Die Zellen nehmen sich das, was sie brauchen und dann geht das Blut einfach raus.
> (Pach und Riemeier 2007)

Dieses Fehlkonzept sollte bei der Modellierung von Alveolen gegebenenfalls explizit aufgegriffen und zum fachlichen Konzept der Kapillaren entwickelt werden.

11.3.3.4 Unterrichtsinhalte anordnen

Abschließend sind die Unterrichtsinhalte sinnvoll zu sequenzieren und mögliche alternative Anordnungen zu überlegen. Klären Sie, ob es mehrere Teilaspekte gibt, sodass die Erarbeitung schrittweise erfolgen kann. In unserem Beispiel ist das der Fall: Atembewegung beobachten und ein Modell der Atemmechanik erstellen, ein Alveolenmodell entwickeln und den Gaswechsel in der Lunge erklären, Experimente mit dem Spirometer zum Lungenvolumen, Nachweis von Atemgasen in der Ein- und Ausatemluft. Je nach methodischer Umsetzung empfehlen sich für alle diese Themenaspekte ein bis zwei Doppelstunden. Da ihre Erarbeitung im Sinne der Erkenntnisgewinnung mithilfe von Experimenten und Modellbildung durchgeführt werden soll, bietet sich jeweils ein Vorgehen nach dem forschend-entwickelnden Unterrichtsverfahren an: Aufwerfen eines Einstiegsproblems, Hypothesen zu einer Fragestellung formulieren, Planung einer (experimentellen) Lösung, Umsetzung der Lösung/Durchführung des Experiments, Auswertung und Interpretation, Festigung und gegebenenfalls Vertiefung (▶ Kap. 8).

11.3.4 Methodische Überlegungen

Die Unterrichtsmethodik sollte in all ihren Facetten so gewählt werden, dass sie das fachliche Lernen, den Kompetenzerwerb sowie das Erreichen der Lernziele durch die Schülerinnen und Schüler wirksam unterstützen kann. Bei den methodischen Überlegungen zu einer Unterrichtsstunde wird der Unterrichtsverlauf bestimmt, konkrete Handlungsmuster mit dazu passenden Sozialformen ausgewählt sowie die fachspezifischen Arbeitsweisen in die Handlungsmuster eingebunden. Auch die Gestaltung der Übergänge zwischen den verschiedenen Unterrichtsphasen sollte bedacht werden. Sind die genannten methodischen Aspekte bestimmt, wird die Unterrichtsplanung durch die Auswahl und Gestaltung der Materialien und Medien abgerundet (▶ Kap. 9 und 10).

Der Unterricht gliedert sich in drei zentrale Phasen (▶ Kap. 6).

Motivationsphase (▶ Beispielaufgabe 6.5): Zu Beginn der Stunde wird (auch gemeinsam mit den Schülerinnen und Schülern) eine Stundenfrage generiert, die im Zusammenhang mit der zu behandelnden Thematik steht. Dazu kann z. B. durch die Demonstration eines Phänomens oder die Generierung von Unsicherheit (▶ Abschn. 5.2.3, Exkurs Conceptual Change kognitiver Konflikt) ein konkretes Problem aufgeworfen werden, um die Fragwürdigkeit des Phänomens fassbar zu machen. In dieser Phase sollte nach Möglichkeit ein Bezug zur Lebenswirklichkeit der Schülerinnen und Schüler hergestellt werden.

Beispielaufgabe 11.6

Der Unterrichtseinstieg zur Unterrichtsstunde Die Atmung experimentell und mit Modellen untersuchen

Entwickeln Sie einen motivierenden Unterrichtseinstieg, der die Schülerinnen und Schüler dazu auffordert, die menschliche Atmung mithilfe von naturwissenschaftlichen Arbeitsweisen zu untersuchen.

Lösungsvorschlag

Für das Thema *Die Atmung experimentell und mit Modellen untersuchen* ist ein problemorientierter Einstieg geeignet, der ein bekanntes Phänomen in den Mittelpunkt stellt, um bei den Lernenden eine fragende Haltung zu evozieren. Zu diesem Zweck können Sie für den Auftakt der Stunde eine kleine Geschichte zum Schnorcheln vorlesen (lassen).

Endlich Ferien!

Kristina und Max haben sich lange auf ihre Sommerferien an der kroatischen Adria gefreut, übermorgen soll es nun mit der Jugendgruppe zum Schnorcheln losgehen! Voller Erwartungen packen sie ihr Equipment bestehend aus Schnorchel, Tauchmaske und Flossen in ihre Reisetaschen. Max denkt darüber nach, in diesem Jahr einmal einen der angebotenen Tauchkurse zu machen, um tiefer in die spektakuläre Unterwasserwelt eintauchen zu können – der Schnorchel ist ihm einfach zu kurz, sodass er immer nah an der Oberfläche bleiben muss. Kristina und Max messen genau nach, und richtig: Beide Schnorchel sind mit ca. 2 cm Durchmesser und 35 cm Länge nahezu baugleich. Sie stellen sich die Frage, ob es im Sportgeschäft auch längere Modelle gibt. Eine kurze Internetrecherche stimmt die beiden aber wenig optimistisch: Offenbar sind alle erhältlichen Schnorchel maximal 35 cm lang. Gibt es eine Begrenzung für die Länge eines Schnorchels? Falls ja, welchen Sinn hat diese?

Entwickeln Sie mit Ihren Schülerinnen und Schülern im Anschluss an diese Geschichte geeignete Hypothesen, die Frage von Kristina und Max konkretisieren und naturwissenschaftlichen Untersuchungen zuführen, z. B.: Es gibt eine Begrenzung der Schnorchellänge,

- weil ein längerer Schnorchel dem Druck in größeren Tiefen nicht standhält,
- weil sich „verbrauchte" Luft in dem Schnorchel sammelt,
- weil im Schnorchel unter der Wasseroberfläche weniger Sauerstoff als oberhalb davon zur Verfügung steht.

Oder: Es gibt keine Begrenzung der Schnorchellänge,

- diese ist eher produktionsbedingt und steht in keinem Zusammenhang mit der menschlichen Atmung.

Ausgehend von diesen Hypothesen können die genannten Konzepte zur Atmung (Bau und Funktion der Lunge, Atemgase und Gaswechsel) fokussiert und experimentell sowie an Modellen untersucht werden.

Als Übergang zur Erarbeitungsphase planen Sie mit Ihren Schülerinnen und Schülern in Grundzügen die thematischen Aspekte, die im Anschluss mittels eines Expertenpuzzles in den Expertengruppen ausgearbeitet werden.

Erarbeitungsphase: Mit dieser Phase werden inhaltliches Lernen und Kompetenzerwerb und damit das Erreichen der formulierten Lernziele angestrebt. Die Erarbeitung erfolgt mithilfe konkreter Methoden und Medien in zuvor festgelegten Handlungsschritten.

Beispielaufgabe 11.7
Auswahl eines Handlungsmusters für die Erarbeitungsphase zum Thema *Die Atmung experimentell und mit Modellen untersuchen* mithilfe eines Expertenpuzzles (vgl. Beispielaufgabe 6.3)
Wählen Sie für die Erarbeitung des Themas *Die Atmung experimentell und mit Modellen untersuchen* ein Handlungsmuster, das geeignet ist, inhaltliches Lernen und Kompetenzförderung zur Zielerreichung zu unterstützen.
Lösungsvorschlag
(von Thomas Ostermeier)
Um das selbstständige Experimentieren und Modellieren zur Erarbeitung des Themas *Atmung* zu unterstützen, wurde für eine arbeitsteilige Gruppenarbeit ein Expertenpuzzle mit fünf Expertengruppen gewählt, sodass bei einer Klassenstärke von 20 bis 30 Personen jeweils vier bis sechs Schülerinnen und Schüler einen Themenaspekt bearbeiten. Bei größeren Klassen können die Expertengruppen dadurch verkleinert werden, sodass jedes Expertenthema zweimal vergeben wird.

Expertengruppe 1: Bau der Atmungsorgane (Modellarbeit)
Die Schülerinnen und Schüler erarbeiten sich mithilfe eines Modells vom Brustkorb und eines Modells vom Kehlkopf einen Überblick über den Weg der Atemluft im Körper. Sie benennen wichtige Stationen der Atemluft mit Fachbegriffen und bringen diese mit

den entsprechenden Aufgaben in Verbindung. Eine skizzenartige Überblickszeichnung unterstützt die Schülerinnen und Schüler, gegebenenfalls kann auch das Schulbuch herangezogen werden. Die Ergebnisse der Expertenphase werden in tabellarischer Form auf einem Arbeitsblatt für die Mitnahme in die Vermittlungsphase festgehalten. Benötigte Materialien/Medien: Modell Brustkorb, Modell Kehlkopf, Infotext, Arbeitsblatt.

Expertengruppe 2: Untersuchung der Atemgase (Untersuchung)
Diese Expertengruppe plant und führt ein Experiment zum Nachweis des Kohlenstoffdioxids in der Ein- und Ausatemluft durch. Durch Hindurchleiten der Ein- und Ausatemluft durch Calciumhydroxid-Lösung wird erkennbar, dass diese sich in ihrem Kohlenstoffdioxidgehalt unterscheiden. Während sich die Lösung, durch die die Ausatemluft geleitet wird, intensiv milchig trübt, unterbleibt diese Trübung in der zweiten Gaswaschflasche fast völlig. Durch Heranziehen ihrer chemischen Kenntnisse können die Schülerinnen und Schüler eine Reaktionsgleichung aufstellen, die die Trübung in der Gaswaschflasche erklärt. Sie interpretieren das Ergebnis dahingehend, dass sich Ein- und Ausatemluft hinsichtlich ihrer stofflichen Zusammensetzung stark unterscheiden. Die Dokumentation der Untersuchung und ihre Ergebnisse werden in kurzer Form auf einem Arbeitsblatt für die Vermittlungsphase festgehalten. Benötigte Materialien/Medien: zwei Gaswaschflaschen, Calciumhydroxid-Lösung, T-förmige Glasröhrchen o.ä. mit Schlauchstücken, gegebenenfalls Mundstücke, Desinfektionsspray, Schutzbrille, Infotext, Hilfekarten, Arbeitsblatt.

Expertengruppe 3: Gaswechsel in der Lunge (Modellierung)
Die Schülerinnen und Schüler stellen Hypothesen zur Übertragung des Sauerstoffs aus der Lunge ins Blut auf und entwickeln zu diesem Zweck ein dreidimensionales Modell eines Lungenbläschens mit angrenzenden Blutgefäßen. Zusätzlich erhalten die Lernenden einen Infotext, den sie für die Modellbildung heranziehen können. Nach überblickartiger Annäherung benennen die Schülerinnen und Schüler die beteiligten Strukturen (hierbei ist der Begriff des Kapillarnetzes zentral; ▶ Abschn. 11.3.3) und erschließen sich die Art und Weise des Übertritts der Atemgase in die Blutbahn hinein sowie heraus. Gleichzeitig erkennen sie die wichtigen Faktoren, von denen Diffusion abhängt und unterscheiden zwei verschiedene Gastransportmechanismen im Blut. Die Ergebnisfixierung erfolgt auf einem Arbeitsblatt für die Vermittlungsphase. Benötigte Materialien/Medien zur Modellkonstruktion: 250 ml fassender Rundkolben, rote bzw. blaue Pfeifenreiniger oder Knetgummi, Infotext, Hilfekarten, Arbeitsblatt.

Expertengruppe 4: Brust- und Bauchatmung (Modellierung)
Diese Expertengruppe untersucht die Funktion der Brust- und Bauchatmung am Modell und stellt die Ergebnisse tabellarisch gegenüber. Anhand der durch Wasser aneinanderhaftenden Objektträger erschließen sich die Schülerinnen und Schüler die Verbindungsform von Rippen- und Lungenfell. Die Ergebnisse werden in der Tabelle des Arbeitsblattes festgehalten. Benötigte Materialien/Medien: Modell Brustatmung, Modell Bauchatmung, zwei Objektträger, Wasser, Infotext, Hilfekarte, Arbeitsblatt.

Expertengruppe 5: Lungenvolumen (Experimentieren)
In dieser Expertengruppe treten die Schülerinnen und Schüler sehr häufig in Wettbewerb um das größte Lungenvolumen – ein einfacher Anlass, Hypothesen zu ihren individuellen Unterschieden als Ursache für das unterschiedliche Lungenvolumen zu bilden und diese systematisch zu untersuchen. Sehr schnell erkennen sie dabei die größeren Messwerte

bei Ausdauersportlern bzw. Blasinstrumentenspielern. Diese Expertengruppe führt die geplanten Experimente durch und dokumentiert sowohl den Ablauf als auch die Beobachtungsergebnisse als Protokoll auf dem Arbeitsblatt.
Benötigte Materialien/Medien: Spirometer mit wechselbaren Mundstücken, Infotext, Hilfekarten, Arbeitsblatt.

Sicherungsphase: In dieser Phase des Unterrichts wird (zumeist schriftlich) festgehalten, was bei der Erarbeitung in der vorangegangenen Phase an Ergebnissen produziert worden ist und wie diese zum Weiterlernen in den nächsten Unterrichtsphasen oder Stunden genutzt werden können. Typische Beispiele für die Ergebnissicherung von Erarbeitungsphasen durch Lehrkraft und/oder Schülerinnen und Schüler können sein:

- Überblicksartige Zusammenfassungen und Merksätze (Tafelanschrieb)
- Korrigierte Protokolle zu Experimenten oder sonstige Arbeitsblätter
- Schülerplakate, die im Klassenzimmer aufgehängt werden
- Präsentationen der Schülerinnen und Schüler

Darüber hinaus sollen neu erworbenes Wissen und Kompetenzen an weiteren Beispielen angewendet und geübt werden. Geeignete Übungsaufgaben sollten daher nach Möglichkeit in jeder Stunde oder wenigstens einige Male thematisch gebündelt innerhalb einer Unterrichtseinheit eingeplant werden. Ist die Zeit sehr knapp, können anderenfalls auch Hausaufgabe gegeben werden. Diese müssen dann aber ausführlich am Beginn der nächsten Stunde besprochen werden, um den Schülerinnen und Schülern ein Feedback zu geben.

11.3.4.1 Naturwissenschaftliche Arbeitsweisen (▶ Kap. 7)

Bei den konkreten methodischen Überlegungen für die Unterrichtsstunde muss die Frage geklärt werden, ob naturwissenschaftliche Arbeitsweisen in die Unterrichtsstunde eingebunden werden sollen. In unserem Beispiel nehmen Experimentieren (▶ Abschn. 7.5) und Modellieren (▶ Abschn. 7.6) eine zentrale Stellung ein.

▪ Experimente

Diese sind in den Naturwissenschaften eine Frage an die Natur und stellen eine wichtige naturwissenschaftliche Arbeitsweise für die Biologie, Chemie und Physik dar. Experimentieren vollzieht sich in folgenden Schritten (▶ Abschn. 7.5.2, ◘ Abb. 7.2):

- Fragestellung und Vermutungen (auf der Basis einer Theorie) generieren
- Experiment planen und durchführen
- Daten protokollieren, auswerten und interpretieren

In Anlehnung an diesen Zyklus der Erkenntnisgewinnung orientiert sich wie beschrieben das forschend-entwickelnde Unterrichtsverfahren (▶ Abschn. 11.3.3).

Entscheiden Sie sich für Experimente in Ihrem Unterricht, beachten Sie, dass Schülerinnen und Schüler bei den verschiedenen Phasen Schwierigkeiten haben können:

- Fragestellung & Hypothesen: Vermutungen werden nicht korrekt auf einer Datengrundlage gebildet.

— Planung von nicht beweiskräftigen Experimenten: keine systematische Variation der Variablen, z. B. werden mehrere Variablen gleichzeitig variiert; Variablen, die nichts mit der Hypothesenprüfung zu tun haben, werden variiert; erwünschte Ergebnisse werden produziert und werden nicht verstehensorientiert erarbeitet.

— Protokollierung und Auswertung: Es werden bevorzugt Ergebnisse gesucht, die die Hypothese bestätigen, anstatt sie zu widerlegen (*Confirmation Bias*); Lernende ignorieren nicht erwartungsgemäße oder hypothesenwiderlegende Ergebnisse.

■ **Modelle**

Diese werden zum Beschreiben und Erklären von Phänomenen als Originalersatz oder zum Überprüfen von Hypothesen eingesetzt. Sie sind Medien, mit denen man naturwissenschaftliche Phänomene veranschaulichen und damit besser lernen kann. Mit ihrer Hilfe kann man auch Naturwissenschaften erkunden, neue Erkenntnisse über die Natur erfahren und sich somit unbekannte Aspekte der (un)belebten Welt erschließen (z. B. Upmeier zu Belzen 2013).

Modelle werden in dem hier geplanten Unterricht nur unter der Herstellungs- oder Anwendungsperspektive eingesetzt (Fleige et al. 2012). Entweder werden bekannte Informationen zu Größe, Relationen und Funktionen des Ausgangsphänomens (z. B. Atmungsorgane, Expertengruppe 1) reproduktiv bezogen oder etwas Neues mithilfe eines Modells und durch seine Anwendung über das Phänomen erfahrbar gemacht. Diese Herangehensweise erlaubt weiterführende Fragestellungen, Prognosen oder Vermutungen über das Ausgangsphänomen und ihre Überprüfung mit dem Modell.

Für die Einbindung von Experimenten und Modellen werden grundsätzlich solche methodischen Umsetzungen empfohlen, die konstruktivistisches Lernen ermöglichen und damit eine Anknüpfung an das Vorwissen der Schülerinnen und Schüler sowie eine Ausrichtung an ihren Interessen und Erfahrungen erlauben. Dabei wird ihnen auch die Möglichkeit eröffnet, bereits erworbene (und noch zu erwerbende) fachliche Kenntnisse auf Alltagsprobleme anzuwenden. Die folgenden individualisierten bzw. kooperativen Unterrichtsformen werden diesen Ansprüchen gerecht:

— Wochenplanarbeit
— Stationenarbeit
— Expertenpuzzle
— Projektorientierter Unterricht
— Forscherauftrag
— Plan- und Rollenspiele

11.3.4.2   Medieneinsatz (▶ Kap. 9 und 10)

Für den Medieneinsatz stellt sich bei der Unterrichtsplanung die Frage, welche der zahlreichen klassischen Medien und ihre digitalen Verwandten unter den Bedingungen des Lernorts und der Lerngruppe gewählt werden sollten, um die geplanten Ziele zu erreichen. Wie sollten die Materialien wie Aufgaben, Arbeitsblätter, Folien usw. zu diesem Zweck gestaltet sein?

Als Basis für jede Mediengestaltung sollte die sinnvolle Verknüpfung von Texten, Bildern und Symbolen beachtet werden. Kann zwischen geschriebenem und gesprochenem Text zur Erklärung von Bildern, Modellen, Arbeitsweisen gewählt werden, sollte der gesprochene Text bevorzugt werden, um das Auge als visuellen Kanal zu entlasten und ihn für die Wahrnehmung der bildlichen Informationen freizuhalten. Die kognitive Verarbeitung von geschriebenem Text nimmt sehr viel Zeit in Anspruch und kann gerade durch den Einsatz digitaler Medien auch mal vermieden werden (z. B. durch Erklärvideos beim Experimentieren anstatt einer klassischen papierbasierten Versuchsanleitung). Im Gegensatz dazu können fachliche Lesekompetenz und Begriffsverständnis auch ein explizites Lernziel sein. Insofern sollte also auch die Gestaltung und Auswahl von Medien wohlbegründet erfolgen.

In unserer Unterrichtsstunde (▶ Beispielaufgabe 11.7) kommen als mediale Grundlage für das Expertenpuzzle Modelle, Infotexte und Arbeitsblätter zum Einsatz. Infotexte und Arbeitsblätter können variabel für das Unterrichtsbeispiel gestaltet werden. Entweder legen Sie die Materialien „klassisch" papierbasiert vor oder Sie experimentieren einmal mit der digitalen Variante und nutzen ein iPad bzw. lassen auch die Schüler dieses für ihre Dokumentation in der Expertenphase nutzen.

11.3.5 Stundenverlaufsschema/Artikulationsschema

Zum Abschluss der Planung einer Unterrichtsstunde wird ein Stundenverlaufsschema entworfen. Dieses dient zur Orientierung und Erinnerung und kann bei der Durchführung des Unterrichts als Spickzettel eingesetzt werden. In dem Planungsraster werden die Phasen der Unterrichtsstunde hinsichtlich ihres zeitlichen Ablaufs, der Lehrer-Schüler-Interaktion, der vorhandenen Sozial- oder Organisationsform und der verwendeten Medien spezifiziert (◘ Tab. 11.5).

Das Expertenpuzzle zum Thema *Die Atmung experimentell und mit Modellen untersuchen* (▶ Beispielaufgabe 11.7) eignet sich für die 10. Jahrgangsstufe im Unterrichtsfach Biologie in Bayern (◘ Abb. 11.2). Es umfasst durchschnittlich drei Unterrichtsstunden. Dabei führen die Schülerinnen und Schüler in einer Doppelstunde die gestellten Aufgaben mithilfe der jeweils

◘ **Tab. 11.5** Stundenverlaufsschema zur Unterrichtsstunde *Die Atmung experimentell und mit Modellen untersuchen*; Abkürzungen: Lehrkraft (LK), Schülerinnen und Schüler (SuS)

Zeit	Phase, Aktivitäten	Handlungsmuster/ Sozialform	Material/Medien
Motivationsphase			
5 min	– LK oder SuS lesen eine Urlaubsgeschichte vor – LK wirft das Einstiegsproblem anhand einer dieser Urlaubsgeschichten auf: *Gibt es eine Begrenzung für die Länge eines Schnorchels? Falls ja, welchen Sinn hat diese?* – SuS formulieren Hypothesen zu der Fragestellung (gegebenenfalls mit Hilfen) – LK fasst zusammen und leitet das Stundenthema ab: *Die Atmung experimentell und mit Modellen untersuchen*	– L-S-Gespräch – Plenum	– Textblatt – Dokumentenkamera Alternativ – iPad mit Audiodatei

Zeit	Phase, Aktivitäten	Handlungsmuster/ Sozialform	Material/Medien
Erarbeitungsphase 1: Lösungsplanung I			
10 min	– SuS nennen wichtige thematische Aspekte, die zur Beurteilung der Hypothesen untersucht werden müssen: Atmungsorgane, Atemgase, Lungenvolumen … – SuS planen mit Unterstützung der LK in Grundzügen eine exemplarische Untersuchung (Experiment oder Modellarbeit) zu einem Themenaspekt (kann im Anschluss einer leistungsschwächeren Expertengruppe zugewiesen werden)	– L-S-Gespräch – Plenum	- Tafel
Ergebnissicherung 1			
2 min	– Kurzvorstellung der Expertenthemen und weiteres Vorgehen durch die LK	– Vortrag LK – Plenum	– Infoblatt – Dokumentenkamera Alternativ – Digitale Präsentation
Erarbeitungsphase 2: Lösungsplanung II, Erarbeitung und Auswertung			
25 min	– LK teilt die Expertengruppen ein und weist Themen zu – SuS arbeiten in den Expertengruppen an der Lösung: Durchführung des Experiments/der Modellarbeit, Auswertung und Interpretation – Nutzen gegebenenfalls (digital verfügbare) Hilfen	– Plenum – Expertenpuzzle – Gruppenarbeit	– Bezifferte Karten in unterschiedlichen Farben – Arbeitsmaterialien der Expertengruppen (▶ Beispielaufgabe 11.7, gegebenenfalls digital)
Ergebnissicherung 2: Dokumentation			
5 min	– SuS stimmen sich ab, dokumentieren ihre Arbeitsergebnisse gemeinsam und füllen die Arbeitsblätter der Expertengruppen aus	– Expertenpuzzle – Gruppenarbeit	– Arbeitsblätter
Festigung: Vermittlungsphase des Expertenpuzzles			
35 min	– SuS wechseln die Gruppen, Vermittlungsgruppen bilden sich – LK formuliert Arbeitsauftrag für die Vermittlungsphase: *Entwerft ein gemeinsames Plakat (oder digitale Präsentation) mit den Arbeitsergebnissen der ersten Phase. Ordnet die Ergebnisse so, dass man mit ihnen die Hypothesen zum Schnorcheln überprüfen kann; entwickelt mögliche Problemlösungen* – SuS erläutern sich gegenseitig ihre Arbeitsergebnisse aus der ersten Gruppenphase mit Bezug zum Ausgangsproblem	– Plenum – Impuls LK – Expertenpuzzle – Gruppenarbeit	– Karten s.o. – Infoblatt – Dokumentenkamera Alternativ – Digitale Präsentation – Ausgefüllte Arbeitsblätter – Gegebenenfalls Modelle

11

◨ **Tab. 11.5** Fortsetzung

Zeit	Phase, Aktivitäten	Handlungsmuster/ Sozialform	Material/Medien
Ergebnissicherung 3			
8 min	– SuS erstellen Plakat – LK sammelt die Arbeitsergebnisse (Plakate oder Präsentationen) für die nächste Stunde ein – Organisatorischer Abschluss des Gruppenpuzzles, Verabschiedung	– Expertenpuzzle – Gruppenarbeit	– DIN-A1-Plakate, dicke Filzstifte Alternativ – iPad, *Explain Everything App*
Ende der Doppelstunde			
Mögliche Anschlussstunde: Vertiefung			
	– Diskussion der Hypothesen vom letzten Stundenbeginn anhand der verschiedenen Plakate – Aufgaben zur Sportphysiologie und Gesunderhaltung der Atmungsorgane (Atmung bei Höhentraining, Tauchen; Veränderung bei sportlicher Belastung)	– L-S-Gespräch – Plenum	– Plakate oder Präsentationen

verlangten naturwissenschaftlichen Arbeitsweise durch und dokumentieren ihr Vorgehen und ihre Ergebnisse schriftlich in Papierform oder digital. Die dritte Unterrichtsstunde dient zur Präsentation und Besprechung im Klassenplenum sowie der Vertiefung der Ergebnisse.

11.4 Übungsaufgaben zum Kap. 11

 1. Didaktische Analyse für eine Unterrichtsstunde
   a. Führen Sie eine Relevanzanalyse zu einem Lehrplanthema Ihrer Wahl durch. Berücksichtigen Sie hierbei insbesondere auch Fehlvorstellungen der Schülerinnen und Schüler und berücksichtigen Sie diese bei der Sequenzierung thematischer Aspekte.
   b. Formulieren Sie für diese Unterrichtsstunde vier bis fünf Feinlernziele. Jeder Lernzielbereich sollte dabei vertreten sein. Berücksichtigen Sie hierbei auch die Bildungsstandards (Kompetenzen).
2. Fachliche Klärung zum Experiment oder zur Modellbildung
   a. Formulieren Sie eine geeignete Fragestellung und Hypothesen zum Thema einer Unterrichtsstunde Ihrer Wahl, die Sie experimentell oder mithilfe von Modellarbeit bearbeiten können.
   b. Planen Sie Experimente, um mögliche Einflussfaktoren zu überprüfen; achten Sie dabei unbedingt auf die Variablenkontrolle! ODER
   c. Entwickeln Sie ein Modell und überprüfen Sie gemäß des Modellbildungsprozesses dessen Gültigkeit.

3. Didaktische Planung mit naturwissenschaftlichen Arbeitsweisen
   a. Ordnen Sie einem Schülerexperiment bzw. einer Modellarbeit Ihrer Wahl Kompetenzen nach Bildungsstandards oder EPA zu und bestimmen Sie einen geeigneten Themenbereich auf Basis des Lehrplans Ihres Bundeslandes.
   b. Entwickeln Sie eine schülerzentrierte Arbeitsphase in einer Unterrichts-(doppel)stunde, bei der das hypothesengeleitete Experimentieren bzw. Modellieren im Zentrum steht.
   c. Entwerfen Sie ein Arbeitsblatt mit Arbeitsaufträgen und gestufte Hilfen für Schülerinnen und Schüler. Achten Sie auf schülergerechte Formulierungen und eine hypothesengestützte Planung der Experimente bzw. der Modellbildung.
4. Planung einer Unterrichtsstunde
   a. Planen Sie eine Unterrichtsstunde zu einem naturwissenschaftlichen Thema Ihrer Wahl mit Bezug zum Lehrplan Ihres Bundeslandes. Wählen Sie einen der möglichen Schwerpunkte für diese Stunde: Einführung (in die zugehörige Unterrichtseinheit), Erarbeitung oder Übung/Differenzierung.
   b. Erstellen Sie einen elektronischen Planungsraster zum Unterrichtsverlauf (mindestens zwei Seiten).
   c. Gestalten Sie selbst ein Medium mit Arbeitsaufträgen, das in Ihrer Stunde zum Einsatz kommen soll.
   d. Entwickeln Sie ein Tafelbild für Ihre Stunde.

Ergänzungsmaterial Online:

https://goo.gl/RUOT7R

Literatur

Fleige J, Seegers A, Upmeier zu Belzen A et al (Hrsg) (2012) Modellkompetenz im Biologieunterricht 7–10. Phänomene begreifbar machen – in 11 komplett ausgearbeiteten Unterrichtseinheiten. Auer-Verlag, Augsburg

Hallitzky M, Seibert N (2009) Theorie des Unterrichts. In: Apel HJ, Sacher W (Hrsg) Studienbuch Schulpädagogik. Klinkhardt, Bad Heilbrunn, S 133–180

Helmke A (2015) Unterrichtsqualität und Lehrerprofessionalität. Diagnose, Evaluation und Verbesserung des Unterrichts, 6. Aufl. Friedrich Verlag, Seelze

Kattmann U (2007) Didaktische Rekonstruktion – eine praktische Theorie. In: Krüger D, Vogt H (Hrsg) Theorien in der biologiedidaktischen Forschung. Springer, Heidelberg

KMK (2005a) Bildungsstandards im Fach Biologie für den Mittleren Schulabschluss. Luchterhand (Wolters Kluwer Deutschland GmbH), München, Neuwied. https://www.kmk.org/themen/qualitaetssicherung-in-schulen/bildungsstandards.html#c2604 Zugegriffen: 21.12.2016

KMK (2005b) Bildungsstandards im Fach Chemie für den Mittleren Schulabschluss. Luchterhand (Wolters Kluwer Deutschland GmbH), München, Neuwied. https://www.kmk.org/themen/qualitaetssicherung-in-schulen/bildungsstandards.html#c2604 Zugegriffen: 21.12.2016

Meisert A (2012) Wie kann Biologieunterricht geplant werden? In: Spörhase U (Hrsg) Biologiedidaktik – Praxishandbuch für die Sekundarstufe I und II, 5. Aufl. Cornelsen, Berlin S 241–272

Meyer H (2004) Was ist guter Unterricht? Cornelsen Verlag, Berlin

Meyer H (2009) Leitfaden Unterrichtsvorbereitung – der neue Leitfaden, 3. Aufl. Cornelsen Scriptor, Berlin

Mortimer CE, Müller U (Hrsg) (2015) Chemie – Das Basiswissen der Chemie, 12. Aufl. Thieme Verlagsgruppe, Stuttgart

Neuhaus B (2007) Unterrichtsqualität als Forschungsfeld für empirische biologiedidaktische Studien. In: Krüger D, Vogt H (Hrsg) Theorien in der biologiedidaktischen Forschung. Springer, Berlin

Pach S, Riemeier T (2007) Schülervorstellungen zum Blutkreislauf und ihre Veränderung durch Lernangebote – Konzeption und empirische Evaluation von Lernangeboten. In: Vogt H et al Erkenntnisweg Biologiedidaktik, Bd 6, S 7–19 Abrufbar unter: http://www.bcp.fu-berlin.de/biologie/arbeitsgruppen/didaktik/Erkenntnisweg/2007/, Zugegriffen: 21.12.2016

Sadava D, Hillis DM, Heller HC et al (2011) Purves Biologie, 9. Aufl. Spektrum Akademischer Verlag, Heidelberg

Schmiemann P, Linsner M, Wenning S et al (2012) Lernen mit biologischen Basiskonzepten. MNU – Der mathematische und naturwissenschaftliche Unterricht 65(2):105–109

Upmeier zu Belzen A (2013) Unterrichten mit Modellen. In: Gropengießer H, Harm U, Kattmann U (Hrsg) Fachdidaktik Biologie, 9. Aufl. Aulis Verlag, Halbergmoos, S 325–334

Weitzel H, Schaal S (Hrsg) (2012) Biologie unterrichten: planen, durchführen, reflektieren, 1. Aufl. Cornelsen Scriptor, Berling

Kapitelübergreifende Aufgaben für die Klausur- und Examensvorbereitung

© Springer-Verlag GmbH Deutschland 2017
C. Nerdel, *Grundlagen der Naturwissenschaftsdidaktik*,
DOI 10.1007/978-3-662-53158-7_12

12.1   Beobachten im Biologieunterricht

Im Rahmen einer Unterrichtseinheit zur Verhaltensbiologie planen Sie mit Ihrer Klasse/ Ihrem Kurs eine Exkursion in das Affenhaus im Zoo Ihrer Stadt, um Verhaltensbeobachtungen durchzuführen.

a. Orden Sie das Beobachten in die Erkundungsformen ein und grenzen Sie es gegen andere Formen ab.

b. Formulieren Sie geeignete Hypothesen zum Lern- oder Sozialverhalten der Menschenaffen. Diskutieren Sie, inwieweit dieses Verhalten von möglichen Einflussfaktoren im natürlichen Lebensraum abhängig ist.

c. Planen Sie mit Ihren Schülerinnen und Schülern und in Kooperation mit dem Zoo ein Semesterprojekt (▶ Kap. 11), um die Wirkung der in b) genannten Faktoren im Zoo zu überprüfen.

d. Wählen Sie geeignete Medien aus (▶ Kap. 10), um Ihre Forschungsergebnisse in der Schule, Öffentlichkeit und bei Forschern bekannt zu machen. Begründen Sie Ihre Wahl und beachten Sie (fach-)sprachliche Aspekte für die jeweilige Zielgruppe.

12.2   Fachsprache beim Thema Zellatmung

a. Für die verschiedenen Teilprozesse des oxidativen Glukoseabbaus können Reaktionsgleichungen mithilfe unterschiedlicher Repräsentationen formuliert werden. In ◘ Tab. 12.1 sind die Edukte und Produkte der Teilprozesse der Zellatmung gegeben.
    Ergänzen Sie die Angaben in ◘ Tab. 12.1 um die Ausgangsstoffe und Endprodukte des gesamten Stoff- und Energieumsatzes der Zellatmung und formulieren Sie zwei unterschiedliche Arten von Reaktionsgleichungen. Erläutern Sie die Gesamtgleichung unter Berücksichtigung der Teilschritte.

b. Erläutern Sie, welche weiteren Repräsentationen Sie zur Veranschaulichung der Zellatmung im Biologieunterricht einsetzen können und begründen Sie Ihre Auswahl.

c. Wählen Sie zur Darstellung der Endoxidation zwei geeignete Medien und diskutieren Sie Vor- und Nachteile dieses Medieneinsatzes.

d. Lassen sich durch die gewählten Medien c) Kompetenzen im Bereich der Erkenntnisgewinnung fördern? Bitte begründen Sie Ihre Antwort.

◘ Tab. 12.1 Edukte und Produkte verschiedener Stoffwechselprozesse der Zellatmung

Prozess	Edukt	Produkt
Glykolyse	Glukose (C6-Körper)	Pyruvat (C3-Körper)
Zitronensäurezyklus	Pyruvat (C3-Körper)	Oxalacetat (C2-Körper)
Endoxidation	NADH+H$^+$ bzw. FADH$_2$	H$_2$O
Gesamtgleichung	???	???

12.3 Experimentieren im naturwissenschaftlichen Unterricht

Die optimalen Bedingungen für die alkoholische Gärung von Hefepilzen sollen im Rahmen einer Unterrichtsstunde experimentell ermittelt werden. Bei der Vorbereitung der Unterrichtsstunde erarbeiten Sie zunächst für sich selbst die folgenden Aspekte:

a. Orden Sie das Experiment in die Erkundungsformen ein und grenzen Sie es gegen andere Formen ab.

b. Formulieren Sie in Vorbereitung auf die Stunde geeignete Hypothesen zur Wirkung von mindestens drei verschiedenen Faktoren auf die alkoholische Gärung.

c. Planen Sie geeignete Experimente, um die Wirkung der genannten Faktoren überprüfen zu können.

d. Stellen Sie das vermutete Ergebnis für einen der Faktoren grafisch dar.

e. Entwerfen Sie geeignete Lernhilfen, um leistungsschwächere Schüler im Rahmen des Offenen Experimentierens bei der Fragestellung und Planung der Experimente zu unterstützen.

12.4 Repräsentationen von Seifen

a. Ermitteln Sie im Rahmen einer fachlichen Klärung, wie viele verschiedene Fettmoleküle aus Glycerin, Ölsäure und Palmitinsäure hergestellt werden können und zeichnen Sie eine dieser Fettsynthesen mit Strukturformeln.

b. Ordnen Sie das Thema Fette in einen geeigneten Lehrplan ein. Erläutern Sie jeweils zwei mögliche vertikale und horizontale Vernetzungen dieses Themengebiets.

c. Die alkalische Verseifung eines Fettes kehrt die Reaktion aus 12.4 a) irreversibel um. Es entstehen Alkalisalze der Fettsäuren, die sogenannten Seifen. Ein Streichholz kann als Modell für ein Seifenanion dienen. Legen Sie aus Streichhölzern eine Kugelmizelle in Wasser und eine kleine Seifenblase. Diskutieren Sie diese Modelle und ihren unterrichtlichen Einsatz.

d. Ordnen Sie die Strukturformeln aus 12.4 a) und das verwendete Modell aus 12.4. c) den drei Grundformen von Repräsentationen zu.

12.5 Modellexperimente

Im Rahmen der Immunbiologie wird die Verträglichkeit von Blutgruppen behandelt. Blutgruppen kommen durch Antigene auf roten Blutkörperchen zustande. Erhält ein Empfänger eine nicht zu seiner Blutgruppe passende Blutinfusion, tritt eine lebensbedrohliche Verklumpung des Blutes ein. Die Verklumpung basiert auf einer Antigen-Antikörper-Reaktion, bei der sich Antikörper im Serum mit den dazu passenden Antigenen verbinden.

a. Damit es zu keiner lebensbedrohlichen Verbindung der Antikörper mit den Antigenen kommen kann, passen diese bei einer Blutgruppe entweder nicht zusammen oder es fehlen Antigene auf den roten Blutkörperchen bzw. die Antikörper im Serum. Vervollständigen Sie das Schema. Erläutern Sie dabei die im Schema verwendeten Repräsentationsformen (◘ Abb. 12.1).

Antigene (Erythrozyten)	A	B		0
Antikörper (Serum, der wässrige Bestandteil des Blutes)		A	keine	
Blutgruppe	A		A/B	0

◻ Abb. 12.1   Antigene und Antikörper der verschiedenen Blutgruppen

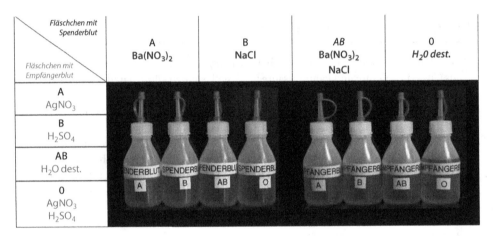

Fläschchen mit Spenderblut / Fläschchen mit Empfängerblut	A Ba(NO₃)₂	B NaCl	AB Ba(NO₃)₂ NaCl	0 H₂0 dest.
A AgNO₃				
B H₂SO₄				
AB H₂O dest.				
0 AgNO₃ H₂SO₄				

◻ Abb. 12.2   Modellexperiment zur Blutgruppenverträglichkeit (Achter und Nerdel 2013)

b. Ihre Schülerin Anja hat die Blutgruppe A und fragt Sie im Unterricht, welche Blutgruppe ein potentieller Spender bei einer Erythrozyten-Spende haben darf. Entwickeln Sie mit Ihrer Klasse eine Hypothese für Anja und planen Sie ein Experiment, mit dem Sie dieses überprüfen können.

c. Das Arbeiten mit menschlichem Blut ist aus hygienischen Gründen in der Schule nicht mehr gestattet. Stattdessen kann man sich Salzlösungen in einem Modellexperiment zunutze machen, die den Effekt der Verklumpung darstellen.

Führen Sie das in 12.4 b) geplante Experiment mithilfe der Salzlösungen (◨ Abb. 12.2) in Gedanken durch und diskutieren Sie die Ergebnisse. Nutzen Sie dazu die chemischen Reaktionsgleichungen.

d. Gehört das Modellexperiment zu den Medien? Diskutieren Sie diese und gegebenenfalls alternative Einordnungen.

12.6 Schulbuchanalyse zum Thema *Alkohole*

a. Analysieren Sie die dargestellten Repräsentationen auf der gegebenen Doppelseite eines Chemieschulbuchs und beurteilen Sie die Zweckmäßigkeit der Darstellung (◨ Abb. 12.3).

b. Erläutern Sie, was unter einem multicodalen Medium zu verstehen ist und nennen Sie mindestens zwei Beispiele.

c. Ordnen Sie den Umgang mit Fachsprache und Repräsentationen in einen Kompetenzbereich der KMK-Bildungsstandards ein und konkretisieren Sie Ihre Einordnung mithilfe des Materials aus 12.6 a).

d. Wählen Sie für die Erarbeitung des Themas *Alkohole* eine Unterrichtsmethode, mit der Sie andere Kompetenzen als die in c) genannten fördern können.

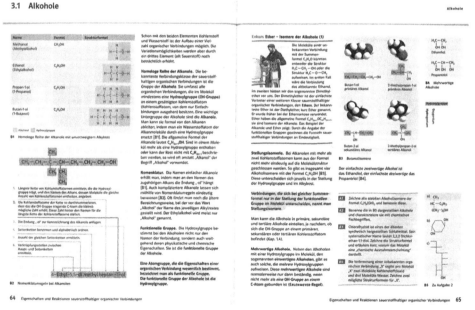

◨ **Abb. 12.3** Multiple externe Repräsentationen zum Thema Alkohole in einem Schulbuch (Brückl et al. 2008, S. 64f.)

Ergänzungsmaterial Online:

https://goo.gl/cW55zw

Literatur

Achter M, Nerdel C (2013) Blut ist nicht gleich Blut. In: Schmiemann P, Mayer J (Hrsg) Experimentieren Sie! Biologie-unterricht mit Aha-Effekt. Cornelsen Scriptor, Berlin, S 8–10
Brückl E, Große H, Zehentmeier P (2008) Elemente Chemie 10, Bayern NTG. Klett Verlag, Stuttgart

Serviceteil

© Springer-Verlag GmbH Deutschland 2017
C. Nerdel, *Grundlagen der Naturwissenschaftsdidaktik*,
DOI 10.1007/978-3-662-53158-7

Stichwortverzeichnis

Printed in the United States
By Bookmasters